Mark Feuerle
Blide – Mange – Trebuchet

Für Yvonne

Veröffentlichungen des 1. Zentrums für Experimentelles Mittelalter, Vechta

1

Mark Feuerle

Blide – Mange – Trebuchet: Technik, Entwicklung und Wirkung des Wurfgeschützes im Mittelalter

Eine Studie zur mittelalterlichen Innovationsgeschichte

Diepholz · Stuttgart · Berlin 2005

Verlag für Geschichte
der Naturwissenschaften und der Technik

Bibliografische Information der Deutschen Bibliothek

Die Deutsche Bibliothek verzeichnet diese Publikation in der Deutschen Nationalbibliografie; detaillierte bibliografische Daten sind im Internet über <http://dnb.ddb.de> abrufbar.

4. Auflage 2020.

Über den Autor:
Dr. phil. Mark Feuerle studierte in Bremen Geschichte, Philosophie und Kulturwissenschaften. Er promovierte 2003 am Institut für Geschichte und Historische Landesforschung der Universität Vechta über »Garnisonsgeschichte am Beispiel Nienburgs« (veröffentlicht 2004 unter dem Titel »Garnison und Gesellschaft – Nienburg und seine Soldaten«). Daneben verfasste er u. a. Werke zu Themen der frühneuzeitlichen Diplomatie- sowie der Stadt- und Mikrogeschichte. Zur Zeit ist er Mitarbeiter am Historischen Seminar der Leibniz Universität in Hannover.

Umschlagabbildung aus:
Maastrichter Stundenbuch, Stowe Ms 17, British Library, f.243v-244r, 93 x 67 cm, um 1310-1320.
In der Tradition der mittelalterlichen Naturkunde, deren Beschreibungen und Illuminationen der Tierwelt den Begriff des »Bestiariums« prägten, ist die Umschlagabbildung aus dem »Maastrichter Stundenbuch« zu betrachten. Dieses wurde vermutlich für eine adlige Frau geschaffen, die auf diversen Abbildungen des Codices zu sehen ist. Diese Art von Buch, auch »Horarium« genannt, war ein Gebets- und Gebrauchsbuch für Laien und enthielt neben Gebeten und Litaneien oft auch Offizien und Auszüge aus Heiligenviten und Evangelien, die je nach Stand und Vermögen des Besitzers oftmals reich und anschaulich illustriert waren. Den hier dargestellten Tierarten werden in diesem Falle vermutlich keine festen Symbolgehalte zugesprochen, vielmehr läßt gemäß mittelalterlicher Tradition ihr jeweiliges natürliches Verhalten verschiedene Deutungsmöglichkeiten zu. So können die abgebildeten, kämpfenden Tiere wahrscheinlich als durchaus allegorisch gemeinte Darstellungen für die unterschiedlichen Gruppen Kämpfender der beiden Kriegsparteien gedeutet werden: der Esel als beharrlicher Arbeiter am Hebelwurfgeschütz, der Hase als einfacher Waffenknecht, der vielseitig einsetzbar ist und z.B. die feindliche Festung unterminiert, der Fuchs als zäher, listenreicher Soldat, der Wolf als aggressiver und gefährlicher Kämpfer im Sturm auf die Mauern, während die Affen, die als häßliches Abbild des Menschen weder Mensch noch Tier zu sein scheinen, sich verzweifelt verteidigen.

Umschlaggestaltung:
Lukas B. Aufgebauer.

ISBN 978-3-928186-78-0
Printed in Germany.

Inhaltsverzeichnis

Einführung

Das erste Zentrum für „Experimentelles Mittelalter" in Deutschland

In Deutschland gibt es seit über 20 Jahren eine historisch motivierte Bewegung, die sich von der politisch-alternativen der 80er Jahre abgesondert hat: die „Mittelalterszene". Konnte man anfänglich meinen, daß es den Vertretern nur um alternative Einkommensmöglichkeiten ging, so stellte sich bald heraus, daß es hier auch um eine ernsthafte Auseinandersetzung mit der Epoche des Mittelalters und seinen Lebensformen ging. Die Spreu trennte sich vom Weizen: Veranstalter der ersten Mittelaltermärkte wie „Kramer, Zunft und Kurzweyl" legten strenge Richtlinien in Bezug auf Authentizität von Bekleidung und Präsentation der teilnehmenden Marktleute und Spielleute an. Wer diesen nicht entsprechen wollte oder konnte wurde ausgeschlossen.

Die frühen „Mittelalter Spectaculi" waren nicht nur eine neue Form von Jahrmarktveranstaltungen, sondern zunehmend ein Treffpunkt für Personen, die in ihrer Freizeit Abstand von ihrem Streßalltag suchten, in dem sie sich in eine andere Zeit versetzen. „Mittelalter" bedeutet ein archaisches Lebensgefühl, das die Abkehr von einem hochtechnisierten Umfeld mit Computern, Mikrowelle und Auto beinhaltet, das zumindest zeitweise versucht, der Anonymität und Vereinsamung der Großstädte zu entfliehen, das der Leistungs- und Ellenbogengesellschaft zu entkommen sucht. Wer das ganze Jahr (April bis Oktober) von einem Markt oder Heerlager zum anderen zieht, zeigt sich selber, daß er oder sie sich ein Stück Unabhängigkeit und Freiheit bewahrt hat (scheinbar oder real?). Wer sich auf offenem Feuer aus rohem Gemüse und Fleisch ein Essen zubereitet hat, beweist sich, daß er/sie noch ohne Konserven und Tiefgefrorenes auskommen kann, nimmt sich Zeit für sich, seine Tischgenossen und seine Mahlzeiten, stimuliert auf ungewohnte Art und Weise seine Geschmacksnerven. Wer die Nacht auf Stroh und unter Felldecken im Zelt zugebracht hat, verläßt den geschützten Raum und die Abgeschirmtheit seiner eigenen vier Wände und entdeckt das Schlafen neu. Wer sich seine Schuhe und Kleidung selbst hergestellt hat, wird seinem normalen „Outfit" nur noch Alltäglichkeit zubilligen. Und wer gar in einer nachgestellten mittelalterlichen Schlacht mitgekämpft hat, wird Angst, Mut, Vertrauen und sein eigenes Körpergefühl neu definieren.

Diese Herausforderungen, diese Grenzerfahrungen bei dem Versuch, mittelalterliches Leben nachzuvollziehen, suchen heute in Deutschland weit mehr als 500.000 Menschen. Die „Mittelalterszene" ist inzwischen eine Massenbewegung geworden, die weiter ungebrochenen Zulauf erfährt. In einer Zeit des gesellschaftlichen und wirtschaftlichen Umbruchs suchen viele Menschen eine neue Orientierung, einhergehend mit einer neuen Definition ihrer ethischen Werte. Viele wenden sich dabei romantisierend der Geschichte, speziell dem Mittelalter zu.

In der Epoche des Historismus im 19. Jahrhunderts fand ein ähnliches gesellschaftliches Phänomen statt. Aus dieser Zeit ist eine Vielzahl von mittelalterlichen Repliken – von Handwerkzeug/Kleidung über Waffen bis hin zu architektonischen Nachbauten mittelalterlicher Häuser – auf uns gekommen. Hervorragende lexikalische und enzyklopädische Werke über die mittelalterliche Sachkultur wurden publiziert. Man führte Theaterstücke auf der Grundlage mittelalterlicher Stoffe in authentischer Kleidung auf.

Historische Vorführung des mittelalterlichen Schmiedehandwerks.

Der Unterschied zwischen der heutigen Zeit und der des Historismus ist aber der inzwischen fast vollständige Verlust von praktizierbarem altem Wissen im Bereich der Haushaltsführung, des Handwerks, der Landwirtschaft, der Medizin u.v.m.. Der Umbau zur modernen Gesellschaft ist so radikal verlaufen, daß wir z.B. inzwischen nach China fahren müssen, um zu erfahren, wie pflanzengefärbtes Leder hergestellt wird.

Heute beginnen wir wieder, mit aufwendigen naturwissenschaftlichen und historischen Forschungen, uns dieses verlorengegangene Wissen anhand von mittelalterlichen Text- und Bildquellen zurückzuholen – in Anerkennung der hervorragenden Leistungen des mittelalterlichen Menschen bei der Schaffung seiner über Jahrhunderte nachhaltigen Sachkultur. Dabei sind die damaligen Lebensbedingungen zu berücksichtigen, unter denen diese entstanden. Da in den skandinavischen Ländern (vor allem in Dänemark und Schweden), in England, Frankreich, der Schweiz und Italien das Interesse am Mittelalter eine viel längere Tradition als in Deutschland hat, besteht die wissenschaftliche Aufarbeitung und öffentliche Rezeption der mittelalterlichen Sachkultur hierzulande immer wieder in der Gefahr, Erkenntnisse aus diesen Ländern auf Deutschland zu übertragen. Viel zu lange beschäftigte sich z.B. die deutsche Archäologie fast überwiegend mit der Vor- und Frühgeschichte und der Römerzeit. Erst in den letzten Jahren scheint das archäologische Interesse am Mittelalter zu wachsen.

Eine weitere Negativentwicklung in der Aufarbeitung mittelalterlichen Lebensformen ist über die inzwischen zu Hunderten in Deutschland existierenden Mittelaltermärkte entstanden.

Bei vielen Teilnehmern der Mittelalterveranstaltungen ist der anfängliche Anspruch nach Authentizität verlorengegangen. Mit der stetig steigenden Kommerzialisierung von sogenannten Histotainment-Events hält immer stärker der Fantasy- und Hollywood-Faktor Einzug. Das Mittelalter wird für den Besucher trotz hoher Eintrittsgelder kaum noch sichtbar, falsche Assoziationen werden geprägt und verfestigt.

Als vor zehn Jahren in Vechta das Museum im Zeughaus als Erlebnis- und Mitmachmuseum begründet wurde, wurde gleichzeitig im Konzept ein experimentelles Forschungsanliegen im Bereich der historischen Sachkultur festgeschrieben. Da sich ein Großteil des damaligen Sammlungsbestandes auf das Mittelalter bezog, wurde auch in diesem Zeitalter der Ansatz für die Museumsarbeit gelegt. Nach anfänglich nur auf das Schmiedehandwerk bezogenen Mitmachkursen zur Weitervermittlung des Wissens aus diesem Gewerk an interessierte Personen, wurde vor zwei Jahren das „Erste Zentrum für Experimentelles Mittelalter in Deutschland“ gegründet. In diesem Zentrum finden seitdem jährlich Workshops statt, die von Fachleuten mittelalterlicher Sachkultur in den Bereichen Schmieden, Kochen, Geweihschnitzen, Gewandnähen, Lederarbeiten, Bogenbau, Schwertkampf, Laternenbau, Filzen und mit dem Jahr 2005 auch im Bereich Wurfmaschinenbau veranstaltet werden. Entscheidend für das Zentrumskonzept ist, daß diese Workshops alle parallel an den jeweiligen Wochenenden im März und November stattfinden, die Teilnehmer somit die Gelegenheit haben, bei den anderen Gewerken vorbeizuschauen. Daraus hat sich ein Rotationsprinzip bei den Teilnehmern ergeben, die häufig an aufeinanderfolgenden Terminen weitere Kurse belegen. Die Kurstermine liegen jeweils zu Beginn und Ende der Mittelalterjahressaison und dienen der Qualifizierung und Schulung der Teilnehmer von Märkten und Heerlagern. Dort kann das in den Fortbildungen erworbene Wissen an andere weitergegeben werden. In den Workshops wird größter Wert auf historische Authentizität gelegt. Alle Werkstücke oder Übungen sind aus erhaltenen mittelalterlichen Text- und Bildquellen von Experten ermittelt worden und werden weiter ermittelt. Die Workshops dienen als Diskussions- und Informationsforen, aus denen der momentane Wissenstand weiter entwickelt wird. Der Kontakt zu Universitäten und Einrichtungen der Landesarchäologie Niedersachsens ermöglicht eine ständige Kontrolle.

Bogenschützen im historischen Kostüm

Ein weiterer Prüfstand für die Arbeit des Mittelalterzentrums ist die Öffentlichkeit bei den alljährlich Ende September stattfindenden Burgmannen-Tagen, dem mittelalterlichen Spectaculum mit Markt und Heerlager. Hieran nehmen die Schwertkampfgruppe und die Bogner des Zentrums mit eigenen Aktionen, Schaukämpfen und Turnieren teil.

Der Anspruch des Experimentellen Mittelalterzentrums ist, durch eine eigene Publikationsreihe dazu beizutragen, die Kenntnisse über das Mittelalter in all seinen Facetten zu erweitern. Wir hoffen zusammen mit dem Autoren dieses ersten Bandes der Reihe, Herrn Dr. Mark Feuerle, diesem Ziel ein wenig näher gekommen zu sein.

Wir danken Herrn Dr. Mark Feuerle ganz herzlich für seine hervorragende Ausarbeitung über die mittelalterlichen Hebelwurfgeschütze, der ersten zusammenfassenden Darstellung im deutschsprachigen Raum.

Axel Fahl-Dreger
Leiter des Zentrums

Vorwort

„[...] As an undergraduate fifty years ago, I learned two firm facts about medieval science: (1) there wasn`t any, and (2) Roger Bacon was persecuted by the church for working at it. [...]“
Lynn White: Medieval Religion and Technology, Berkeley 1978, S. xi-xii.

Wie jede Epoche der menschlichen Vergangenheit, so läßt auch das Mittelalter eine Untersuchung seiner Strukturen und „Lebenswirklichkeiten“ aus einer Vielzahl ganz unterschiedlicher Betrachtungswinkel und Fragestellungen zu. In kaum einer anderen Epoche erscheint die Verzahnung von so unterschiedlichen Forschungsgebieten, wie sie die Bereiche der Wirtschafts- und Sozialgeschichte, der Religions- und Philosophiegeschichte oder der Ereignis- und Kriegsgeschichte darstellen, dringender geboten. Zwar ist der Abschnitt der Geschichte, den wir heute als Mittelalter bezeichnen und der in etwa die Zeitspanne zwischen Untergang des Weströmischen Reiches und der Entdeckung Westindiens umfaßt, von einer Vielzahl von Einflüssen geprägt, deren exakte Untersuchung durch spezialisierte Forschungsgebiete als geboten erscheint, doch bleibt dabei stets die eigentliche *Unteilbarkeit* und *Universalität* des geschichtlichen Prozesses zu beachten, der in seinem Ablauf keine Rücksicht auf den bevorzugten Betrachtungswinkel spezieller Einzelwissenschaften nimmt.

In diesem Kontext erweist sich die Technikgeschichte – so spezialisiert sie dem Laien auch zunächst anmuten mag – gleichsam als Brennglas und Integrationspunkt unterschiedlichster Forschungsrichtungen. So knüpfen sich an die Untersuchung technischer Gegenstände und ihrer Invention und Innovation zahlreiche Fragenkomplexe angrenzender Fachgebiete. Schnell wird hierbei deutlich, daß der technische Gegenstand nicht für sich allein, gewissermaßen separiert vom historischen Umfeld, auftritt, sondern daß er sich stets in den Kontext seines geschichtlichen Umfeldes integriert zeigt. Nahezu jede Technik und jeder technische Gegenstand läßt sich somit einerseits als Ursache weiterer historischer Prozesse andererseits als Wirkung bereits vorangegangener geschichtlicher Entwicklungen begreifen. Hierbei ist nicht allein an den technischen Vor- und Nachlauf zu denken, sondern vor allem auch an mentale und soziale Voraussetzungen und Auswirkungen technischer Innovationen.

So wird die Untersuchung des technischen Gegenstandes einerseits zum Sammelpunkt für Erkenntnisse naturwissenschaftlicher Fachgebiete; beispielsweise wäre hier an die Unterstützung durch die Chemie in Fragen des Verhüttungswesens oder der Physik auf dem Gebiete des Mühlenbaus oder anderer mechanischer Geräte zu denken. Andererseits wiederum bildet der untersuchte Gegenstand den erneuten Ausgangspunkt für begleitende Fragestellungen anderer historischer Fachbereiche. Vielfältig sind hier die „Dienstleistungen“, die die Technikgeschichte beispielsweise für die Sozial- oder Wirtschaftsgeschichte zu erbringen vermag. Technik und gesellschaftlicher Wandel stehen in einem engen Zusammenhang, der von der Sozialgeschichte zwar selten bestritten, aber oftmals unterschätzt wird.

Es gibt jedoch einen weiteren Forschungsbereich, dessen Abhängigkeit von der Technikgeschichte weit offensichtlicher erscheint und der wiederum mit der Ereignisgeschichte in direktem Zusammenhang steht: die Militärgeschichte.[1] So wie das Schicksal eines Herrschers oder ganzer Regionen zuweilen vom Ausgang einer militärischen Auseinandersetzung abhängig war, so abhängig war oftmals der Ausgang eben jener militärischen Auseinandersetzung vom Einsatz technischer Geräte oder der Anwendung bestimmter Techniken.[2] Ziviles und militärisches Wissen durchdrangen und beeinflußten einander dabei in vielen Fällen. Zu denken wäre beispielsweise an den militärischen Einsatz technischer Spezialisten aus dem Bereich des Montanwesens, um durch geschicktes Minieren den Ausgang einer Belagerung entscheidend zu beeinflussen. Es sei an dieser Stelle nur auf die gegen Ende des 12. Jahrhunderts aufkommenden Bergbaufreiheiten verwiesen, die dem jeweiligen Privilegienerteiler neben dem ökonomischen Vorteil auch den militärisch relevanten Nebeneffekt sicherten, des Minierens kundige Bergleute in unmittelbarer Nähe zu wissen.[3]

Handelte es sich bei den im Falle des Minierens zu bewältigenden Schwierigkeiten in erster Linie um Probleme, die mit Hilfe bestimmter *technischer Verfahrensweisen* zu lösen waren, so gilt hingegen auch für den Großteil der *technischen Gegenstände* des gebräuchlichen Antwerks, daß sie Schmelzpunkt vielfältiger ziviler Fachkenntnisse waren und sich in ihnen der höchste Stand jeweiliger Handwerkskunst vereinte.

Wie bereits angedeutet, darf jedoch auch die rein militärische Dimension technischer Gegenstände nicht in die vermeintliche Marginalität bloßen Spezialwissens verwiesen werden. Ohne Verständnis der Kampfmittel, ihrer Herstellung, ihrer Einsatzmöglichkeiten und der Grenzen ihrer Leistungsfähigkeit bleiben uns die Zusammenhänge vieler Quellen und Ereignisse verschlossen. Hierzu gehört auch eine Vielzahl von Quellen, die uns zunächst ohne militärischen Hintergrund erscheinen. So wirken beispielsweise die Passagen spätmittelalterlicher Handwerksordnungen, die Fleischer oder Wurstmacher anweisen, torsionsfähige Innereien (wie Sehnen) nur an einige festgelegte Seilmacher zu verkaufen, unverständlich ohne das Wissen um die Bedeutung torsionsfähigen Materials für die Herstellung von Flachbahngeschützen, die wiederum für die städtische Verteidigung im Spätmittelalter unerläßlich waren.[4]

Die Argumente für eine eingehende Beschäftigung mit den technischen Gegenständen im allgemeinen und mit den Kampfmitteln im besonderen lassen sich ohne Ausnahme auch auf das im Folgenden zu betrachtende Hebelwurfgeschütz anwenden. Hierbei soll zunächst der technische Gegenstand, seine Entwicklung und seine Effektivität im Zentrum der Betrachtung stehen. Des Weiteren werden jedoch auch Fragen nach dem Einfluß des Hebelwurfgeschützes auf das allgemeine Kampfgeschehen im

---

1 Zu der bereits bei Wilhelm Erben angedeuteten, jedoch erst in den letzten 30 Jahren vollständig erfolgten Ausdifferenzierung der Militärgeschichte in die Teildisziplinen: Geschichte der Kriegskunst, Heeres-, Waffen- und Uniformkunde, Militärpolitik, Rüstung und Wehrverfassung: vgl. u.a.: Schmidtchen, Volker: Kriegswesen im späten Mittelalter, Weinheim 1990, S. 4.

2 Vgl. hierzu u.a. die Ausführungen Karl Dittmars: Über den Einfluß der Entwicklung der technischen Kampfmittel auf die Kampfführung. (Militärwissenschaftliche Aufsätze, H. 18) Berlin (Ost) 1958.

3 Vgl. hierzu: Ludwig, Karl-Heinz: Bergbau zwischen ökonomischem Interesse und politischer Macht. In: Propyläen Technikgeschichte Bd. 3, Frankfurt/M 1992, S. 37-70.

4 Eine solche Anweisung findet sich beispielsweise in einer Anordnung des Berliner Rates für die Woll- und Leinweber-Knechte aus dem Jahre 1331. Vgl.: Urkundenbuch zur Berlinischen Chronik, hrsg. vom Verein für die Geschichte Berlins, Berlin 1869, S. 58.

mittelalterlichen Belagerungskrieg und der Kontext des übrigen Antwerks erläutert werden. Schließlich soll auch die „personale Dimension“ und die diesbezügliche Quellenlage eine Problematisierung erfahren, die eventuell einen ansatzweisen Einblick in Struktur und sozialen Status der Bedienungsmannschaften zu geben vermag.

Wenn es gelingt, dem Leser die Vielschichtigkeit des vorgestellten technischen Gegenstandes und die bereits angedeuteten Probleme, die sich aus seiner Betrachtung heraus ergeben, plastisch vor Augen treten zu lassen, so soll das Ziel dieser Darstellung erreicht und vielleicht eine Anregung zu weiteren Forschungen gegeben sein.

1 Grundfragen

1.1 Der technische Gegenstand

Das Hebelwurfgeschütz,[1] das diesen Namen seiner mechanischen Arbeitsweise verdankt und im Folgenden im Mittelpunkt unserer Betrachtung stehen wird, übertraf in Einfachheit und Effektivität jede vergleichbare antike poliorketische Technologie. Der lange und intensive Einsatz dieses Geschützes – etwa vom Beginn des Mittelalters bis in die früheste Neuzeit hinein – ist nicht zuletzt als Folge dieser Kombination von Einfachheit und Effektivität zu betrachten.

Das mechanische Prinzip beruhte auf der Ausnutzung der physikalischen Gesetze des Hebels, die eine Entfaltung von Kräften in einer Größenordnung möglich machten, wie sie bis dahin für das Schleudern von Wurfgeschossen nicht zur Verfügung standen. Gleich einer Wippe mit unterschiedlich langen Armen ruhte dabei der längere Arm – an dem sich die Schlinge zur Geschoßaufnahme befand – in seiner Ausgangsstellung, bis der kurze Arm des Hebels von einem Gegengewicht oder durch menschliche Zugkraft ruckartig herabbewegt wurde. Der lange Arm schnellte hierdurch herauf und sein Ende beschrieb eine Kreisbahn, die die des kleinen Armes um soviel übertraf, wie dieser länger war als er. Im gleichen Verhältnis wuchsen dabei auch Geschwindigkeit *und* Beschleunigung. Die Schleuder, am äußersten Ende des langen Hebelarmes befestigt, wurde dabei heraufgezogen und beschrieb nun ihrerseits eine Kreisbahn, deren Zentrum der Befestigungspunkt am Hebel bildete. Diese zweite Kreisbahn erhöhte nun – dem Grundprinzip jeder Schleuder folgend – die Geschwindigkeit des in der Schleudertasche befindlichen Geschosses noch einmal erheblich. Ihren Weg auf besagter Kreisbahn fortsetzend, öffnete sich die Schleuder in dem Moment, in dem sie einen genügend flachen Winkel zum Wurfarm erreicht hatte und das Geschoß somit freigab. Hierzu war nur ein Ende der Schleuder fest mit dem Wurfarm verbunden, während das zweite Ende über eine Öse verfügte, die über einen am Wurfarm befindlichen Haken gestreift wurde. Wenn also, infolge der ausgeführten Drehbewegungen, die Zugrichtung der Schleuder und die Ausrichtung des Hakens eine Linie bildeten, glitt die Öse von ihrer Arretierung herab und das Geschoß konnte seinen Weg frei mit der ihm beigebrachten Geschwindigkeit fortsetzen. Die Flugbahn folgte hierbei dem Winkel, unter dem das Geschoß freigegeben wurde. Geschwindigkeit und Abgangswinkel waren somit einerseits von der Länge der Schleuder, andererseits vom Krümmungswinkel des Arretierungshakens abhängig.

Dem geschilderten mechanischen Grundprinzip folgend, läßt sich das Hebelwurfgeschütz in zwei wesentlich voneinander zu unterscheidende Geschützvarianten differenzieren.

1 Zur Rechtfertigung der verwendeten Termini und ihrem Kontrast zur bisher erschienenen Fachliteratur vgl. Kapitel 1.4: Die „Termini-Frage" in Quellen und Literatur.

Abb. 1: Funktionsprinzip des Ziehkrafthebelwurfgeschützes nach Wilhelm Gohlke.

Abb. 1 zeigt ein Ziehkrafthebelwurfgeschütz,[2] bei dem mehrere Männer den kurzen Arm des Hebels auf ein gegebenes Kommando hin ruckartig herabziehen und so den langen Arm des Hebels mitsamt Geschoß nach oben schnellen lassen. Das abrupte und möglichst exakt simultane Ziehen ist bei dieser Variante des Hebelwurfgeschützes von großer Bedeutung, da es hier nicht möglich ist, die Kraft mittels einer zu lösenden Arretierung freizusetzen. Um das Moment der größten Kraft noch weiter zu konzentrieren, war es zudem verbreitete Praxis, daß sich eine Art „Ladeschütze" von unten an Geschoß und Schlinge hängte, um im Moment der größten Kraftanstrengung der ziehenden Mannschaft loszulassen, den Widerstand plötzlich um sein Gewicht zu verringern und so die Spontaneität der Kraftentfaltung zu vergrößern. Der Frage, ob das zusätzliche Gewicht des Ladeschützen zudem die anfallende Tensionskraft des Hebelarmes steigern sollte, und wie der technische Vorgang sich en detail vollzog, werden wir uns im Folgenden noch zuzuwenden haben. In jedem Falle war die möglichst exakte Auslösung der Kraft von entscheidender Wichtigkeit für Reichweite und Reproduzierbarkeit eines genauen Wurfes.

Die der Arbeit von Payne-Gallwey entnommene Abb. 2 hingegen[3] zeigt deutlich, wie beim Gegengewichtshebelwurfgeschütz die (in Position A) in Ruhe befindliche Masse des Gegengewichtes erst durch die Lösung der Arretierung die ihr innewohnende Kraft in Bewegung umzusetzen vermag und nun auf der angedeuteten Bahn ihrem Ruhepunkt unter dem Drehpunkt des Hebels entgegenstrebt, wobei, wie bereits angemerkt, Geschwindigkeit und Beschleunigung bis zur Freigabe des Geschosses (Position B) – bzw. dem Durchschreiten des Ruhepunktes – stetig anwachsen. Nach dem Durchgang durch den Ruhepunkt setzt das Gegengewicht zunächst aufgrund der Masseträgheit seinen Weg fort, bis der lange Arm des He-

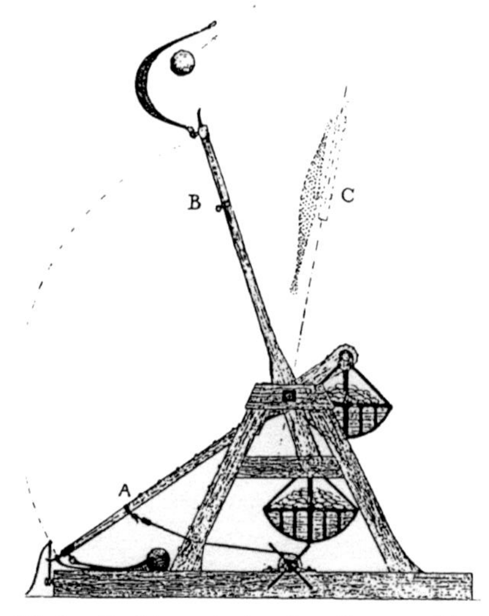

Abb. 2: Funktionsprinzip des Gegengewichtshebelwurfgeschützes nach Payne-Gallwey.

2 Vgl.: Gohlke, Wilhelm: Das Geschützwesen des Altertums und des Mittelalters. In: ZhWK 5, 1909-11, S. 382.

3 Vgl.: Payne-Gallwey, Ralph W.F.: A summary of the History, Construction and Effects in Warfare of the Projectile-Throwing Engines of the Ancients, London 1907, S. 32.

bels sich etwa in der von Payne-Gallwey angedeuteten Position C befindet und von dort erneut der Ruheposition entgegenstrebt, bis das Gegengewicht in seiner Ruhelage ausgependelt ist und der Hebelarm schließlich eine senkrechte Position eingenommen hat. Aus dieser senkrechten Ausgangsposition konnte der Hebelarm nun von neuem mittels einer Winde herabgewunden und in seiner Wurfposition arretiert werden.

Das Hebelwurfgeschütz zeigt sich also bereits bei dieser ersten Betrachtung als eine technische Invention, deren Wirksamkeit von einer Vielzahl unterschiedlicher Einflußkomponenten abhängig war. Doch vermag die Relevanz der Untersuchung dieses Objektes wohl kaum allein hierin zu wurzeln, sondern erstreckt sich vielmehr auf eine Reihe weiterer Faktoren, die es zunächst zu erwähnen gilt, bevor wir uns dem Gegenstand selbst eingehender zuwenden.

1.2 Die Bedeutung der Forschungsfrage

Wenngleich bereits der allgemeine Stellenwert der Militärgeschichte innerhalb einer umfassenden und möglichst alle Aspekte eines geschichtlichen Vorgangs ausleuchtenden Geschichtswissenschaft angemerkt wurde, so kommt im Rahmen der mittelalterlichen Geschichte der Poliorketik doch eine herausgehobene Stellung zu. Das sogenannte „Antwerk" – also das gesamte zur Belagerung benötigte schwere Wurf- und Schießzeug – erhält seine Bedeutung vor allem durch den Charakter der mittelalterlichen kriegerischen Auseinandersetzungen. So eröffnete Volker Schmidtchen einen 1982 veröffentlichten Beitrag zur Geschichte des Kriegswesens denn auch mit den Worten: „[...] Ein herausragendes Kennzeichen mittelalterlicher Kriegführung stellte der Kampf um feste Plätze in Form von Burgen oder stark befestigten Städten dar, denn nur in wenigen Fällen ist es gelungen, eine endgültige militärische Entscheidung direkt in der Feldschlacht herbeizuführen. [...] Hinter Türmen und Wällen waren [...] [die Verteidiger] zunächst in Sicherheit, da sich die Mittel der stationären Verteidigung in der Regel den technischen Möglichkeiten der Angreifer überlegen erwiesen. [...]"[4] Hinzu kam der für den Angreifer problematische Zeitfaktor, der vor allem in der nur 40tägigen Pflicht zur Heerfolge wurzelte[5] und den Belagerer zur Nutzung jedes Mittels zwang, dem Gegner möglichst rasch die Aufgabe des belagerten Platzes abzuringen.

Zu diesen Mitteln gehörte unter anderem der Versuch der Demoralisierung des Verteidigers durch Androhung härtester Maßnahmen für den Fall der Weigerung, den Platz nicht vor Ausbruch der eigentlichen Kampfhandlungen zu übergeben.[6] Auf diese

4 Vgl.: Schmidtchen, Volker: Militärische Technik zwischen Tradition und Innovation am Beispiel des Antwerks. Ein Beitrag zur Geschichte des Kriegswesens. In: G. Keil (Hrsg.): gelerter der arzenie ouch apoteker. Beiträge zur Wissenschaftsgeschichte. Festschrift zum 70. Geburtstag v. Willem F. Daems. (Würzburger Medizinhistorische Forschungen, Bd. 24) Pattensen 1982, S. 213. Zur allgemeinen Problematik können auch die Arbeiten von Holger Berwinkel erhellend sein, der indes einem stark auf amerikanische Forscher ausgerichteten Blickwinkel zuneigt. Vgl. auch: Berwinkel, Holger: Friedrich Barbarossas Krieg gegen Mailand (1158-1162) unter besonderer Berücksichtigung der Belagerungen. Diss. phil. masch., Philipps-Universität Marburg 2004.

5 Vgl. hierzu u.a.: Schmidtchen: Kriegswesen, S. 59.

6 Eine Untersuchung zur allgemeinen Ausweitung des Kampfgeschehens und dem Mittel des sog. „Terrorkampfes" zur Erzwingung der Kapitulation liefert: Angermann, Heinrich: Ausweitung des Kampfgeschehens und psychologische Kriegsführung im frühen Mittelalter, Diss.Würzburg 1971. Vgl. hierzu jedoch auch Kapitel 3.1.

Weise gab es zwei erfolgreiche Wege, den vom Feind besetzten Platz in Besitz zu nehmen: Zum einen die Einigung beider Seiten in Form einer „lex deditionis“ – einer Absprache, die in der Regel ehrenvolle Gefangennahme oder gar freien Abzug der Kombattanten und Schonung der Nichtkombattanten beinhaltete;[7] zum anderen die Brechung des gegnerischen Widerstandes mit Waffengewalt, wobei die Belagerten im Falle der Niederlage dem Schwert verfielen. Das Ende der friedlichen Einigungsmöglichkeit wurde dabei in der Regel vom Belagerer durch den ersten Schuß oder Wurf eines Belagerungsgerätes verkündet und die bewaffnete Auseinandersetzung hiermit eingeleitet.[8] In der nun folgenden Auseinandersetzung kam naturgemäß dem Wurfzeug eine entscheidende Rolle zu, da ein Aushungern der Belagerten oftmals zu zeitaufwendig und ein direkter Sturm auf die Mauern mit hohen Verlusten verbunden war.

Die Frage, welche Bestimmung dem schweren Wurfzeug und also auch dem Hebelwurfgeschütz in dieser Situation zukam, vermag in vielen Belagerungssituationen den weiteren Verlauf der Ereignisse zu erklären. Zuweilen jedoch mögen die Folgen eines möglichst effektiven Geschützeinsatzes über die eigentliche Kampfsituation hinausgegriffen und Ereignisse von größerer Tragweite entfesselt haben. In diesem Zusammenhang sei nur auf die Ausbreitung der großen Pest in Europa verwiesen, die ihren Ausgangspunkt in der von Tartaren belagerten Stadt Caffa, dem heutigen Feodosia, nahm. Nachdem im Lager der Tartaren die Pest ausgebrochen und eine Fortsetzung der Belagerung dadurch unmöglich geworden war, schleuderten die Tartaren ihre Pesttoten mittels eines Hebelwurfgeschützes[9] in die Stadt, von wo sich die Pest durch die Flucht genuesischer Handelsschiffe über Europa verbreitete.[10]

Mag dies auch als besonders drastisches Beispiel für die möglichen Folgen eines Wurfgeschützeinsatzes zu werten sein, so sind hingegen die Quellen, die von bloßem Sieg oder Niederlage eines Herrschers infolge des mehr oder weniger geglückten Einsatzes von Wurfgeschützen berichten, zahlreich. Kalervo Huuri vermag in diesem Kontext von der Niederlage Mohammeds bei der Belagerung al-Ta`ifs im Jahr 630 zu berichten, bei der der erfolglose Einsatz von Wurfgeschützen offenbar auf mangelnde Kenntnisse der Bedienungsmannschaften zurückzuführen war[11] und die schmerzliche Niederlage unumgänglich machte, da die Stadt augenscheinlich im offenen Sturm über die Mauern nicht einzunehmen war.

Neben diesen ganz direkten Auswirkungen ereignisgeschichtlicher Tragweite erhalten die das Hebelwurfgeschütz betreffenden Fragen ihre Relevanz nicht zuletzt durch die bereits angedeutete Technikkumulation und -kulmination, die sich in den schweren Belagerungsgeschützen abzeichnet. Ebenso wie der Einsatz von Mühlentechnologie ist somit auch die Verbreitung bestimmter Waffentechnik als Indikator für den Grad der Technisierung einer Region zu betrachten. Das Hebelwurfgeschütz

---

7 Vgl.: Schmidtchen: Kriegswesen, S. 60.

8 Vgl. hierzu: Keen, Maurice: The Laws of War in the Late Middle Ages. London 1965, S. 120-122; aber auch: Schmidtchen, Volker: Ius in bello und militärischer Alltag – Rechtliche Regelungen in Kriegsordnungen des 14. bis 16. Jahrhunderts. In: Brunner, Horst (Hrsg.): Der Krieg im Mittelalter und in der frühen Neuzeit: Gründe, Begründungen, Bilder, Bräuche, Recht (= Imagines medii aevi, Bd. 3), Wiesbaden 1999, S. 31.

9 Zum genauen Beweisgang für die Verwendung eines Hebelwurfgeschützes bei der Belagerung Caffas vgl. vor allem Kapitel 3.1: Invention und Innovation.

10 Vgl.: Bergdolt, Klaus: Der schwarze Tod in Europa, München 1994, S. 35ff.

11 Vgl.: Huuri, Kalervo: Zur Geschichte des mittelalterlichen Geschützwesens aus orientalischen Quellen, Helsinki 1941, S. 134.

nimmt in dieser Beziehung wiederum eine herausgehobene Stellung ein. Es vereinigt den hohen Stand traditioneller Handwerkskunst, so den Holzbau, das Schmieden stark belastbarer Eisenteile und die Herstellung von Seilen großer Zugfestigkeit mit den Wirkungsprinzipien der Mechanik. Hier sind vor allem drei zu nennen: die erstmalige Nutzung des (zweiarmigen)[12] Hebels für die Umsetzung der Kraft zum Wurf, die Verstärkung der Wirkung durch den Einsatz der Schleuder und das Umlenken großer Zugkräfte mittels mechanischer Winden. Aber auch eine Vielzahl „kleinerer Techniken" fand ihre Anwendung im Detail, so etwa beim Auslösemechanismus und bei der Aufhängung des Gegengewichtes, das durch seine große Masse hohe Anforderungen an den Stand der Lagerungstechnik stellte. Die Bewältigung dieser Schwierigkeiten wiederum brachte neue Impulse für andere Bereiche der Technik mit sich. So weisen die Art der Holzkonstruktion des Glockenstuhls und die eiserne Lagerung der Schwingachse der schweren Hauptglocke des Freiburger Domes deutlich auf die Hand eines „Blidenmeisters".[13]

Die bis hierher vorgebrachten Argumente für eine eingehende Beschäftigung mit dem Hebelwurfgeschütz haben sich in den letzten Jahren in einer Neubelebung der fachlichen, halbfachlichen und Romanliteratur widergespiegelt. So haben die in Toronto und Shropshire versuchten Nachbauten sowie die von Paul Chevedden und anderen vorgenommenen Berechnungen und Computersimulationen ein Aufsehen erregt, das seinen Ausdruck in Zeitschriftenartikeln von „Technology and Culture"[14] bis „Spektrum der Wissenschaften"[15] fand. Über diese fachliche Beschäftigung hinaus hat sich der Historiker Michael Kirchschlager in seinem Roman „Das teuflische Werkzeug"[16] mit der Einführung des Gegengewichtshebelwurfgeschützes in Deutschland in erzählender Form beschäftigt und damit auch dem Laien die Grundkenntnis des Hebelwurfgeschützes zugänglich gemacht. Doch stehen inzwischen auch zahllose populäre Zeitschriften und Magazine bereit, dem Interessierten einen ersten Einblick in die oft als „Artillerie des Mittelalters" titulierte Technik des Hebelwurfgeschützes zu vermitteln.[17]

Wenn das Interesse also auch auf breiter werdender Front wiedererwacht ist, so steht jedoch eine neuere Zusammenfassung der gesamten Forschung und eine aktualisierte Erfassung der vorliegenden Fachliteratur bisher aus. Weiterhin wurde in den

---

12 Die Terminologie des „zweiarmigen Hebels" findet sich in der Fachliteratur häufig und wird in Kapitel 1.4 (Die „Termini-Frage" in Quellen und Literatur) eingehender behandelt. Bereits an dieser Stelle sei jedoch angemerkt, daß die Charakterisierung des Hebels als „zweiarmig" eine dem Hebel an sich innewohnende Eigenschaft darstellt und somit in dieser Arbeit als Terminus keine Verwendung findet.

13 Unter anderem hat Bernhard Rathgen bereits 1928 auf diese Begebenheit hingewiesen und eine Konstruktionsskizze für den kurz nach 1258 (dem Gußjahr der ältesten Glocke) errichteten Glockenstuhl vorgelegt. Vgl.: Rathgen, Bernhard: Das Geschütz im Mittelalter. Neu herausgegeben und eingeleitet von Volker Schmidtchen. Reprint d. Ausgabe von 1928, Düsseldorf 1987, S. 624 u. 719.

14 Vgl.: Tarver, W. T. S.: The Traction Trebuchet: A Reconstruction of an Early Medieval Siege Engine. In: Technology and Culture, Januar 1995, Vol. 36, Nr. 1, S. 136-167; sowie Kapitel 2.5: Rekonstruktionsversuche und ihre Aussagekraft.

15 Vgl.: Chevedden, Paul E.; Eigenbrod, Les; Foley, Vernard; Soedel, Werner: Das Trebuchet – Die mächtigste Waffe des Mittelalters. In: Spektrum der Wissenschaft, 9/95, S. 80-86; sowie Kapitel 2.6: Mathematische Modellbeschreibungen.

16 Vgl.: Kirchschlager, Michael: Das teuflische Werkzeug, Weißensee/Thür. 1995.

17 Vgl. u.a.: Karfunkel – Zeitschrift für erlebbare Geschichte, Re-enactment und Histotainment, Nr. 48 (Okt./Nov. 2003).

bislang vorliegenden Arbeiten die „Endphase“ des Einsatzes des Hebelwurfgeschützes (vom Aufkommen des Pulvergeschützes bis zum Verschwinden und schließlichem Vergessen der Existenz dieser Belagerungswaffe) weitgehend vernachlässigt.

Unter Berücksichtigung der genannten Defizite und der zusätzlichen Erschließung neuer Schrift- und Bildquellen war es das Ziel, einen kompakteren und auf dem neuesten Forschungsstand befindlichen Überblick über den zum Hebelwurfgeschütz gehörenden Fragenkomplex zu ermöglichen.

1.3 Die problematische Quellenlage

Nachdem nun der technische Gegenstand selbst näher eingegrenzt und die Bedeutung seiner Erörterung dargelegt wurde, stellt sich sogleich die Frage nach der Beurteilung der Quellenlage zur Klärung der anstehenden Forschungsfragen. Es soll zunächst also etwas über die allgemeine Quellensituation in qualitativer wie auch quantitativer Hinsicht gesagt sein, bevor es gilt, bei einzelnen Quellen längere Zeit zu verweilen.

Von den drei für die Untersuchung in Frage kommenden, Quellengruppen liefert ohne Frage die Gruppe der archäologischen Quellen – also jene der materiellen Überreste – den quantitativ kleinsten Beitrag. Ein vollständiges mittelalterliches Hebelwurfgeschütz ist heute leider nicht mehr erhalten. Nach Angaben Bernhard Rathgens befand sich zwar das große Baseler Gegengewichtshebelwurfgeschütz, mit dem 1445 die Burg Rheinfelden beschossen wurde, noch im Jahr 1800 im dortigen Zeughaus, war jedoch bereits zu Rathgens Zeit dort nicht mehr vorhanden.[18] Eine weitere Chance, das Original einer solchen Belagerungswaffe der Forschung zugänglich zu machen, bot sich noch einmal etwa 100 Jahre später, als beim Abbruch der alten Kirche im Ostpreußischen Liebemühl[19] ein zerlegtes Hebelwurfgeschütz auf dem dortigen Dachboden gefunden wurde. In Verkennung der Situation wurde es jedoch einer Verwendung als Brennholz zugeführt und so „[...] der durch einen glücklichen Zufall erhaltene geschichtlich so wertvolle Schatz vernichtet. [...]“[20]

Die Möglichkeit, jemals einen weiteren Fund dieser oder ähnlicher Art zu machen, scheint gering. Neben einem vergleichbaren Zufallsfund wie in Liebenau ist hierbei vor allem daran zu denken, daß zumindest die Teile der Konstruktion, die aus Eichenholz oder gar Metall gefertigt sind, auch heute noch auf archäologischem Wege zugänglich gemacht werden könnten. Bisher liegt hier jedoch einzig der Bericht Prigges aus den 30er Jahren dieses Jahrhunderts vor, der neben seinem eigentlichen Anlaß – nämlich der Beschäftigung mit Steingeschoßfunden im Beckdorfer Moor[21] – auch auf einige am Rande gemachte Holzfunde eingeht, in denen er die Überreste eines Gegengewichtshebelwurfgeschützes vermutet.[22] Im wesentlichen handelt es sich bei diesen Überresten indes lediglich um eine Fundstelle mit hohem Anteil an Holzresten und einer Ansammlung kleinerer Gesteinsbrocken, die eventuell als Gegengewicht gedient

18 Vgl.: Rathgen: Das Geschütz im Mittelalter, S. 613 u. 622.

19 Das heutige Miłomłyn.

20 Vgl.: Rathgen: Das Geschütz im Mittelalter, S. 613.

21 Vgl. Kapitel 3.1: Invention und Innovation.

22 Vgl.: Prigge, Heinrich: Steingeschoßfunde mittelalterlicher Wurfmaschinen. In: ZhWK 16 (1940-42), S. 136-142.

haben könnten.[23] Ist uns also die Waffe selbst nicht in materieller Form überliefert, so bleiben doch wenigstens die steinernen Geschosse, die uns indirekte Schlüsse über die Instrumente erlauben, mit denen sie vermutlich geworfen wurden. Leider liegt bisher keine konsequente Auswertung aller bislang gemachten Geschoßfunde vor, so daß die möglichen Rückschlüsse in ihrer Aussagekraft beschränkt sind. Dennoch soll in Kapitel 3.1 unter anderem eine exemplarische Darstellung anhand in der Fachliteratur bereits vorgestellter sowie vom Autor selbst vorgenommener Untersuchungen von Steingeschoßfunden versucht sein.

Den spärlichen materiellen Zeugen steht indes eine recht stattliche Anzahl schriftlicher und bildlicher Quellen gegenüber, die jedoch in qualitativer Hinsicht erhebliche Schwankungen aufweisen. Hierbei treten einerseits Deutungserschwernisse auf, die beiden Quellengattungen gemeinsam sind, andererseits jedoch auch spezifische Probleme, die in den Eigenheiten der Quellengruppe selbst liegen – wie z.B. die oftmals stark verzerrten Perspektiven mancher bildlicher Darstellungen.[24]

Zu den allgemeinen Problemen bei der Beurteilung des Aussagegehaltes gehört eine Schwierigkeit, die in der gesamten Technikgeschichte von erheblicher Relevanz ist, nämlich die Tatsache, daß die Beschreibung technischer Geräte vor allem durch technisch nicht – oder nur ungenügend – vorgebildete Laien erfolgt ist, da – wie schon Lynn White treffend bemerkte – „[...] die Technik hauptsächlich in den Händen von Menschen gelegen hat, die wenig geschrieben haben [...]“.[25] Dies trifft nicht allein auf einen Großteil klerikaler Quellen, wie die Beschreibung der normannischen Belagerung von Paris durch den Mönch Abbo[26] oder die Chronik des ersten Kreuzzuges des Albert von Aachen[27] zu, sondern auch auf einen Teil der frühneuzeitlichen Kompendienliteratur, wie die Cosmographey des Sebastian Münster[28] oder die Schedelsche Weltchronik.[29]

Naturgemäß machen diese eher beiläufigen Erwähnungen technisch eher ungebildeter Chronisten den quantitativ größten Teil des verfügbaren Quellenmaterials aus. Dies gilt insbesondere für die frühen Zeiten, also etwa den Zeitraum zwischen dem 8. und dem 13. Jahrhundert, da hier vor allem aufgrund mangelnder Alphabetisierung kaum Aufzeichnungen technischer Spezialisten vorliegen. Für die Auslegung – insbesondere der Textquellen – führt dieser Umstand zuweilen zu erheblichen Schwierig-

23 Vgl.: Prigge: Steingeschoßfunde, S. 141.

24 Zur allgemeinen Einschätzung der Problematik vgl. auch: Popplow, Marcus: Militärtechnische Bildkataloge des Spätmittelalters. In: Krieg im Mittelalter, hrsg. v. Hans-Henning Kortüm, Berlin 2001, S. 251-268.

25 Vgl.: White, Lynn: Die mittelalterliche Technik und der Wandel der Gesellschaft, München 1968, S. 7.

26 Die von Abbo in Form eines Gedichtes vorgebrachte, zum Teil recht verwirrende Schilderung wird uns im Zusammenhang mit der Frage nach dem Fortleben des antiken Torsionsgeschützes noch zu beschäftigen haben. Vgl.: Abbonis de bello parisiaco libri III; ed. Pertz, MGH SS rer. Germ. in us. scol. I, Hannover 1871; sowie Kapitel 3.1: Invention und Innovation – Die Rolle des Hebelwurfgeschützes im Kontext des übrigen Antwerks.

27 Vgl.: Alberti Aquensis historiae libri XII, RHC Occ. IV, Paris 1879; sowie die deutsche Übersetzung von Herman Hefele: Albert von Aachen: Geschichte des ersten Kreuzzugs, 2 Bde., übers. und eingel. von Herman Hefele, Jena 1923.

28 Vgl.: Muenster, Sebastian: Cosmographey – das ist Beschreibung aller Länder [...], Basel 1614, die als eine der wenigen Ausgaben Hinweise auf das Hebelwurfgeschütz enthält. Vgl. dazu auch Kapitel 3.2: Aufkommen der Pulvergeschütze und schließliches Verschwinden (Vergessen) der Hebelwurfgeschütze.

29 Vgl.: Schedel, Hartmann: Liber chronicarum, dt. von Georg Alt, Wilhelm Pleydenwurff u. Michael Wolgemut. (Faksimile-Nachdruck d. Ausgabe) Nürnberg, Koberger 1493, New York / Brüssel 1966, Blatt LXIIII.

keiten bei der Beurteilung der Glaubwürdigkeit der vorliegenden Beschreibungen. So hat Wilhelm Erben schon 1929 in seiner „Kriegsgeschichte" festgestellt: „[...] Nichts ist für die richtige Bewertung kriegsgeschichtlicher Quellen gefährlicher, als wenn [...] [man] die Anschaulichkeit des gebotenen Bildes zum Maßstab nimmt und darüber jene von Ort und Zeit abzuleitende Rangordnung beiseite schiebt [...]".[30] Die Fragestellungen an die Quellen müssen hier also unter anderem lauten: Hat der Schreiber oder Zeichner das fragliche Gerät wirklich gesehen oder berichtet er nur vom Hörensagen? Zeigen die geschilderten Auswirkungen von Geschützeinsätzen ein realistisches Bild der Kampfhandlungen oder handelt es sich vielmehr um die Inanspruchnahme dichterischer Freiheit zur Unterstreichung der Dramatik einer Auseinandersetzung? Und schließlich: passen die verwendeten Termini und die geschilderten oder gezeichneten Geräte zusammen? Gerade in letztberührter Frage hat es innerhalb der vergangenen einhundert Jahre eine rege Auseinandersetzung innerhalb der Fachwelt gegeben, die uns im folgenden Kapitel beschäftigen wird.

Über diese allgemeinen Schwierigkeiten hinaus ergeben sich für Text und Bildquellen jedoch auch eine Reihe spezifischer Probleme.

So findet sich bei den Textquellen unter anderem eine Vielzahl von Deutungsschwierigkeiten, die vor allem auf mangelnde Exaktheit in der Beschreibung zurückzuführen sind. Während also bei den Bildquellen in aller Regel zumindest die Art des dargestellten Geschützes offen zutage tritt, verlangt der Großteil der Textquellen dagegen eine genaue Analyse der beschriebenen Vorgänge. Nur so kann, wenn auch leider nicht immer zweifelsfrei, eine Aussage über Art, Bauweise und Effektivität des Belagerungsgerätes getroffen werden. Die vom Schreiber verwendeten Termini dürfen dabei nur ein Anhaltspunkt unter anderen sein, da ihre Verwendung innerhalb der Quellen keinesfalls als stringent zu betrachten ist.[31] Weder läßt hierbei die ausschließliche Nennung eines bestimmten Terminus auf die ausschließliche Verwendung eines Geschütztypus schließen, noch darf umgekehrt durch die Aufzählung mehrerer Termini automatisch der vermeintliche Einsatz verschiedener Geschützarten angenommen werden, wie dies Kalervo Huuri weitgehend ohne kritisches Hinterfragen getan hat.[32]

Insbesondere in der älteren Fachwelt ist zudem oft versucht worden, sichere Einzelkriterien zu definieren, die innerhalb der Textquellen auf die Erwähnung eines Hebelwurfgeschützes schließen lassen. Jim Bradbury hat dazu in seinem jüngst erschienenen Werk „The Medieval Siege" verschiedene Haltungen diskutiert und kommt mit Recht zu dem Urteil, daß einzelne Hinweise, wie z.B. die Schilderung mauerbrechenden Einsatzes, für sich allein genommen nicht als wirklich sicherer Nachweis gewertet werden können.[33]

Dennoch bleibt das indirekte Schließen auf das Vorkommen eines Hebelwurfgeschützes – durch die Art der Geschosse, den angerichteten Schaden, charakteristische

30 Vgl.: Erben, Wilhelm: Kriegsgeschichte des Mittelalters. (Historische Zeitschrift, Beih.16) München 1929, S. 32.

31 In Kapitel 1.4 (Die „Termini-Frage" in Quellen und Literatur) wird zu zeigen sein, daß in eben dieser „Stringenzannahme" einer der Hauptfehler der älteren Literatur zu sehen ist.

32 Vgl.: Huuri: Geschützwesen, S. 62f.

33 Vgl.: Bradbury, Jim: The medieval Siege, Woodbridge 1992, S. 264: „[...] There are some grounds for this, in that counterweight trebuchets could do more damage than previous engines [...]. But to see a trebuchet, every time a source says considerable damage was done to walls, is clearly mistaken. [...]"

Konstruktionsmerkmale etc. – das wichtigste Mittel, um zu einer möglichst sicheren Trennung von Wahrheit und Dichtung zu gelangen. Auch müssen Quellen, die nur wenige oder ein einziges Anzeichen für die Erwähnung eines Hebelwurfgeschützes enthalten, nicht gänzlich verworfen werden. Es sollte jedoch ihr eingeschränkter Aussagegehalt deutlich gemacht und die Folgen, die sich daraus für die Einordnung der Quelle ergeben, berücksichtigt werden.[34]

Ein weiteres, allein den Corpus der Textquellen betreffendes Problem stellt zudem die häufige Kompilation und Interpolation vieler Chroniken dar, deren Verfasser oftmals bemüht waren, vorangegangene Schilderungen durch Hinzufügen neuerer Waffentechnik in ihrer Dramatik zu erhöhen. Die Überprüfung der einzelnen Quellenabschnitte hinsichtlich ihrer genauen Kompilationsgeschichte ist vor allem in Fragen des Erstbeleges und des Verbreitungsweges dringend geboten,[35] stellt jedoch bei der Vielzahl der Quellen für den einzelnen Forscher eine Überforderung dar, so daß hier weitgehend auf bereits vorliegende Arbeiten zur Geschichte der einzelnen Quellen zurückgegriffen werden muß.[36] Indes gilt auch hier, daß die Quellenabschnitte, die sich bei näherer Betrachtung als spätere Einfügungen oder Veränderungen erweisen, keineswegs als wertlos anzusehen sind, da ihre Datierung für erhebliche Teile der Untersuchung allenfalls eine untergeordnete Rolle spielt. Hier wären vor allem die Fragen aus dem Bereich der technischen Leistungsfähigkeit, aber auch die Erörterung der Bedeutung von Bedienungsmannschaften und technischen Spezialisten zu nennen. Dabei gilt es natürlich, eine genaue Einschätzung der eingefügten oder veränderten Quellenabschnitte bezüglich der Glaubwürdigkeit jener Passagen vorzunehmen, die das Hebelwurfgeschütz betreffen.

Die Essenz der Aussage muß dabei nicht unbedingt in der wahrheitsgemäßen Schilderung eines historischen Geschehens liegen, sondern kann ihren Erkenntniswert

---

34 Als vorbildlich in dieser Beziehung können nur wenige Abhandlungen gelten, u.a. die Ausführungen von Donald Hill, Joseph Needham und Clemens Biener. Vgl.: Hill, Donald: Trebuchets. In: Viator 4 (1973), S. 99-116; Needham, J.: Chinas trebuchets, manned and counterweighted. In: B.S. Hall & D.C. West (Hrsg.): On pre-modern technology and science, Malibu 1976, S. 107-145; Biener, Clemens: Waffennamen zur Zeit Kaiser Maximilians I. In: Wörter und Sachen – Kulturhistorische Zeitschrift für Sprach- und Sachforschung, Bd. XVI, 1934.

35 Dies gilt vor allem für Quellen mit einer so kompliziert zu klärenden Ursprungsgeschichte wie sie die sog. „Fränkischen Reichsannalen“ aufzuweisen haben, aber auch für die schwer nachzuzeichnenden Kompilationsgeschichten städtischer Chroniken, wie der des Franciscaner Lesemeisters Detmar oder der Chronik von St. Peter zu Erfurt. Vgl.: Annales regni Francorum et Annales qui dicuntur Einhardi, ed. F. Kurze (MGH SS rer. Germ.); ad annum 776, S. 44; sowie: Chronik von St. Peter zu Erfurt, hrsg. und übers. von G. Grandauer (Die Geschichtsschreiber der deutschen Vorzeit, Bd. 54, 12.Jh. Bd. 4) Berlin 1893, S. 72f.; und: Chronik des Franciscaner Lesemeisters Detmar, nach der Urschrift und mit Erg. aus anderen Chroniken, hrsg. von Ferdinand Heinrich Grautoff, Th.1.2., Hamburg 1829; wie auch: Chroniken der deutschen Städte 19, 1884, S. 115-597.

36 Hier bieten sich einerseits die einschlägigen Werke der Fachliteratur zur Quellenkunde (wie Wattenbach-Levison-Löwe oder verschiedene Verfasserlexika), andererseits jedoch auch die spezifischen Aufsätze und Abhandlungen der jeweiligen Editoren an, auf die an den diesbezüglichen Orten verwiesen wird. Zur allgemeinen Literatur vgl. u.a.: Wattenbach-Levison: Deutschlands Geschichtsquellen im Mittelalter – Vorzeit und Karolinger, Heft I-V, bearb. von Wilhelm Levison und Heinz Löwe, 1952-1973; Die Deutsche Literatur d. Mittelalters. Verfasserlexikon. Begr. v. Wolfgang Stammler, hrsg. von Kurt Ruh zus. mit Gundolf Keil, Berlin/New York, Bd. 5, 1985; Hutchinson dictionary of scientific biography, ed. Roy Porter, 2. ed., Oxford 1994. Für das 15. und 16. Jahrhundert bietet das umfangreiche und auf dem neuesten wissenschaftlich-editorischen Stand befindliche Werk von Rainer Leng einen guten Einblick. Vgl. hierzu: Leng, Rainer: Ars belli – Deutsche taktische und kriegstechnische Bilderhandschriften und Traktate im 15. und 16. Jahrhundert, 2 Bde., Wiesbaden 2002.

zuweilen gerade durch die spezielle Blickweise des zeitgenössischen Autors gewinnen, der sich die Schlacht der Vergangenheit in den Farben seiner eigenen Zeit malt.[37] Auch hier muß jedoch stets die Frage gestellt werden, ob der Schreiber das fragliche Gerät und seine Wirkung aus eigener Anschauung kennt. Neben Hinweisen, die sich aus der Schilderung selbst ergeben, mag auch die Vita des Schreibers zuweilen Anhaltspunkte für die Glaubwürdigkeit seiner Aussagen geben. Die technische Kompetenz kann sich dabei in Form weiterer Veröffentlichungen[38] oder auch in der technischen Gesamtkompetenz einer einzelnen Schrift zeigen.[39] Daneben kann die nachgewiesene Anwesenheit eines Schreibers während einer Belagerung ein weiteres Indiz für eigene Anschauung und Kenntnis der eingesetzten Kriegsgeräte sein.[40]

Für den Bereich der Textquellen läßt sich also festhalten, daß eine einheitliche Beurteilung ihres Aussagegehaltes anhand bestimmter und strikt auszulegender Kriterien nur schwer möglich erscheint. Jede Quelle muß somit einzeln auf ihre innere Stimmigkeit bezüglich der von ihr geschilderten Vorgänge geprüft und in ihrem Kontext hinsichtlich weiterer Quellen mit ähnlichen oder widersprüchlichen Inhalten betrachtet werden, um so zu einer möglichst exakten Annäherung an den eigentlichen Wahrheitsgehalt zu gelangen.

Gilt dieses zwar prinzipiell auch für die Einordnung der Bildquellen, so zeigen sich doch einige spezifische Unterschiede, die es noch in einigen Sätzen zu erläutern gilt.

Zwar zeigen auch die Bildquellen hinsichtlich der in den Überschriften oder Kommentaren verwendeten Termini keine Einheitlichkeit, doch läßt sich in aller Regel das dargestellte Gewerf einwandfrei nach seinem Typus identifizieren. Auch Zeichner ohne technische Vorbildung treffen den Grundmechanismus des darzustellenden Gerätes zumeist sehr genau. Dies gilt selbst für Zeichner, deren künstlerisches Geschick man wohl eher als „eingeschränkt" klassifizieren muß. Manches mal ist die Darstellung eines Gerätes sogar derartig stark auf seine grundlegende mechanische Arbeitsweise reduziert, daß sich die Frage stellt, ob der Zeichner das fragliche Belagerungsgerät wirklich mit eigenen Augen gesehen hat oder aber seine Kenntnis aus zeitgenössischen mündlichen oder antiken schriftlichen Quellen bezieht. Ein Beispiel hierfür bietet die

37 Die zahlreichen und chronologisch weit gestreuten Vegetius-Ausgaben bieten hierfür in ihren, oft recht eigenwillig und individuell gehaltenen, zeitgenössischen Anhängen ein Beispiel. Zur Kriegstechnik und ihrer Darstellung bei Vegetius vgl. auch: Schmidtchen: Kriegswesen, S. 123-128.

38 So z.B. bei Mariano Taccola, dessen technische Bildung sich durch eine Reihe verschiedener Schriften erweist. Vgl. u.a.: Taccola, Mariano: De ingeneis, Liber primus Leonis, liber secundus draconis, addenda Books I and II, on engines, and addenda (The Notebook), by Gustina Scaslia, Frank D. Prager, Ulrich Montag, Facsimile of clm 197, part II in the Bayr. Staatsbibliothek, with additional Reproductions from Add 34113 in the British Library, London and from the codex Santini in the collection of A. Santini Urbino, o.O., o.J.; sowie: Taccola, Mariano: De rebus militaribus. Mit dem vollständigen Faksimile der Pariser Handschrift, hrsg., übers. und kommentiert von Eberhard Knobloch, Baden-Baden 1984.

39 Als Beispiel mag hier nur an Conrad Kyeser erinnert sein, der in seiner Schrift „Bellifortis" ein breites Spektrum militärtechnischer Kompetenz anhand Beschreibung und Darstellung einer Reihe verschiedener Kriegsgeräte und Waffentechniken aufzeigt. Vgl.: Kyeser, Conrad: Bellifortis – Faksimile d. Göttinger Pergamenthandschrift Ms. philos. 63. Umschr. u. Übers. von Götz Quarg, Bd. 1.2., Düsseldorf 1967; sowie: Heimpel, H.: Conrad Kyeser aus Eichstätt – Bellifortis. Umschrift und Übersetzung G. Quarg. In: Göttingische Gelehrte Anzeigen 223,1/2, 1971, S. 115-118.

40 Wie etwa im Falle des Freiherrn und Hauptmannes von Güns, Niklas Jurischütz, der in zwei Hilfegesuchen an Ferdinand II. die Kampfhandlungen um die Stadt Güns aus eigener Erfahrung heraus schildert. Vgl. dazu: Jurischütz, Niklas (Freiherr zu Günz): Des Türcken erschröckenliche belegerung der Stat und Schloß Günz, Güns 1532.

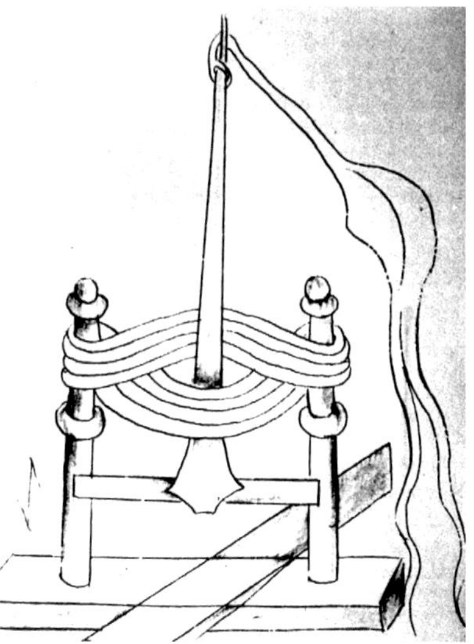

Abb. 3: Darstellung eines Torsionsgeschützes um 1430 nach: Cod.Pal.lat.Vat.1888.

Abb. 3, die einem um 1430 entstandenen Codex entnommen ist und offensichtlich ein Torsionsgeschütz zeigen soll.[41] Die Frage, ob eine solche Zeichnung als Nachweis des Torsionsgeschützes angesehen werden kann oder ob die Art der Darstellung nicht eher ein Beleg dafür ist, daß der Zeichner nie ein solches Gerät mit eigenen Augen erblickt hat, wird uns in Kapitel 3.1 zu beschäftigen haben.[42]

Das bereits bei den Textquellen erläuterte Datierungsproblem begegnet uns ebenfalls bei den Bildquellen, wenn auch in leicht modifizierter Form. Einerseits ist die grobe zeitliche Einordnung der Bilddarstellungen aufgrund ihres zeitspezifischen künstlerischen Stils einfacher und vor allem sicherer zu nennen. Andererseits jedoch gestaltet sich eine exakte Datierung oftmals als weitaus schwieriger als dies bei den Textquellen der Fall ist. Der Grund hierfür liegt in dem zumeist allgemein gehaltenen Kontext der bildlichen Darstellungen, der sich nur selten auf sehr konkrete Vorkommnisse bezieht. Zwar taucht auch ein Teil des Textmaterials in Kompendienliteratur[43] oder Anweisungsschriften für den Antwerkbau[44] auf (dies gilt natürlich um so mehr für die spätmittelalterlichen und frühneuzeitlichen Quellen), doch beziehen sich die schriftlichen Erwähnungen in der Mehrzahl der Fälle auf ein mehr oder minder exakt zu datierendes kriegerisches Ereignis.[45] Im Falle einer späteren Illustration eines solchen Textes mit Antwerksdarstellungen stellt sich wiederum die Frage nach der Augenzeugenschaft des Zeichners in besonders eindringlicher Weise, da sie nur selten von einem Beobachter oder vom Schreiber selbst stammen dürften.[46]

41 Bibliotheca Vaticana Rom, Cod. Pal. Lat. Vat. 1888, 1-3. Anonymus: „Belligerae machinae figuris expressae“, (dt./lat.), 3 Bde. Vgl. dazu auch: Schmidtchen: Kriegswesen, S. 160.

42 Vgl.: Kapitel 3.1: Invention und Innovation – Die Rolle des Hebelwurfgeschützes im Kontext des übrigen Antwerks.

43 Vgl. beispielsweise: Johannes de Garlandia: Dictionarius. In: Tony Hunt (Hrsg.): Teaching and Learning Latin in thirteenth-century England, Bd. I, Cambridge 1991, S. 191; sowie: Johannes de Garlandia: Dictionarius. In: Wright, Thomas: Volume of vocabularies, London 1853, S. 120-138; zudem: Alexander Neckam: De nominibus utensilium. In: Tony Hunt (Hrsg.): Teaching and Learning Latin in thirteenth-century England, Bd. I, Cambridge 1991, S. 177-190.

44 Wie etwa dem sog. „Bauhüttenbuch“ des Villard de Honnecourt, das zudem eine Reihe verschiedener Konstruktionsskizzen bietet und uns im weiteren noch beschäftigen wird. Vgl.: Villard de Honnecourt. Hrsg. von: H. R. Hahnloser: Kritische Gesamtausgabe d. Bauhüttenbuches, Ms. fr19093 der Pariser Nationalbibliothek. Nachdr. der Ausgabe Wien 1935. 2. rev. und erw. Auflage, Graz 1972.

45 So etwa im Falle der vermutlich von Michael Lottes verfassten Schrift: Eroberung / Plünderung und Schleifung des Schloss und Stadt Sanct Paul / der Stadt Monterol und Sanct Rickir / Sampt der Belegerung der Stadt Terruana inn Franck Reich, Erfurt oder Magdeburg 1537.

46 Dies betrifft beispielsweise Illustrationen, die sich in hochmittelalterlichen Kreuzzugsschriften – wie der des Wilhelm von Tyrus – finden lassen. Vgl. dazu: Wilhelm von Tyrus: Historia, Ms 828, bibliotheque municipale de lyon, fol. 33r.

Ein hervorstechendes Kennzeichen nahezu aller Bilddarstellungen zum Hebelwurfgeschütz bildet zudem die mangelhafte perspektivische Darstellung. In aller Regel führt dies jedoch einzig zu mangelnder Ästhetik, ohne sich auf Aussagegehalt oder Deutbarkeit des Bildes auszuwirken. Ausnahmen bilden hier Darstellungen sehr kompliziert konstruierter Gewerfe oder innovative Verknüpfungen mehrerer Geräte, wie etwa im Falle von Abb. 4, die Konrad Kyesers Bellifortis[47] entnommen ist[48] und einen Katzenwagen mit zusätzlich aufgebautem Hebelwurfgeschütz zeigt. Die handschriftliche Anweisung für den Gebrauch lautet in Übersetzung etwa wie folgt: „Das Körbchen hinten sei mit Sand oder Erde gefüllt / Lege einen Stein in die Schlinge und hänge die Hakenstange / In einen Zughaken ein; wenn Du einen Kurzwurf willst, mehr unten / Wenn dagegen einen Weitwurf, mehr oben. / Indem Du dann mit der Hakenstange herabziehst, werde das Seil an den Abzugsstift gelegt, / So daß Du das Gegengewicht festhältst. Wenn dann der Abzugsstift herausgeschlagen wird, fällt es herab. / Was schwerer wiegt, schleudert es weniger hoch in die Lüfte.“[49]

Die Anweisungen des Textes vermögen in diesem Beispiel die zeichnerischen Fehler und perspektivischen Mängel nur unzureichend auszugleichen – ja führen eher noch zu weiterer Verwirrung. Die Hakenstange (acutum) soll die beabsichtigte Wurfweite regulieren, indem sie in einen der am Seil befestigten Haken (ferruncula) eingehängt und herabgezogen wird. Das Gegengewicht (meta) wird auf diese Weise nur bis zu einem bestimmten Punkte herabgezogen, so daß durch das unterschiedliche Höhenniveau, von dem aus das Gegengewicht seinen Sturz beginnt, unterschiedliche Wurfweiten zustande kommen.

Wie auch Götz Quarg in seinem Kommentar feststellt,[50] ist das Gewerf in der dargestellten Form keinesfalls funktionsfähig, was auf zwei ganz unterschiedliche Gründe zurückzuführen ist: Zum einen ist die grundlegende technische Funktionsfähigkeit schon allein durch die mangelnde Aufhängung des Gegengewichts an einem Seil zu bezweifeln. Zum anderen würde – und hiergegen richtet sich Quargs Kritik hauptsächlich – der kurze Arm des Hebels nicht frei durchschwingen können und gegen den Kasten schlagen. In diesem Punkte stellt sich aber bei dieser Darstellung die Frage, ob es sich hier um eine konstruktive oder aber um eine zeichnerische Schwäche handelt. Quarg ist der Meinung, daß der Zeichner die Arbeitsweise des Gerätes nicht verstanden hat und der Fehler darin besteht, den hebeltragenden Mast in der Mitte des Aufbaukastens zu verankern.[51]

Diese Annahme ist jedoch nicht zwingend, da selbst ein Plazieren des Mastes am Rande des hölzernen Unterbaus die Funktionsfähigkeit nicht verbessern würde, zumal nun der ungünstige Schwerpunkt ein Umkippen der Gesamtkonstruktion herbeiführen

47 Zum Bellifortis und seinen Überlieferungen vgl. vor allem: Leng: Ars belli, Bd. 1, S. 109-148; sowie: Bd. 2, 423-440.

48 Vgl.: Kyeser: Bellifortis, fol. 51v.

49 „Sportula sit retro arena vel luto repleta / Lapidem in capsam repone atque ferrum acutum / Ferrunculo iunge, si vis prope, inferiori / Si vero remote, tunc iunge superiori. / Cum acuto retrahens funis ponatur ad axem / Donec capis metam axe levata subit / Quod gravius ponderat minus ad aera mittit.“

50 Vgl.: Kyeser: Bellifortis, Kommentbd., S. 33.

51 „[...] Der Zeichner hat den Sinn des Gerätes nicht verstanden: Wenn der Baum, der die Rute trägt, wie dargestellt in der Mitte des Unterbaus steht, kann das Gegengewicht natürlich nicht nach unten durchschlagen, kann also ein Schleudern nicht zustande kommen. [...]“ Vgl.: Kyeser: Bellifortis, Kommentbd., S. 33.

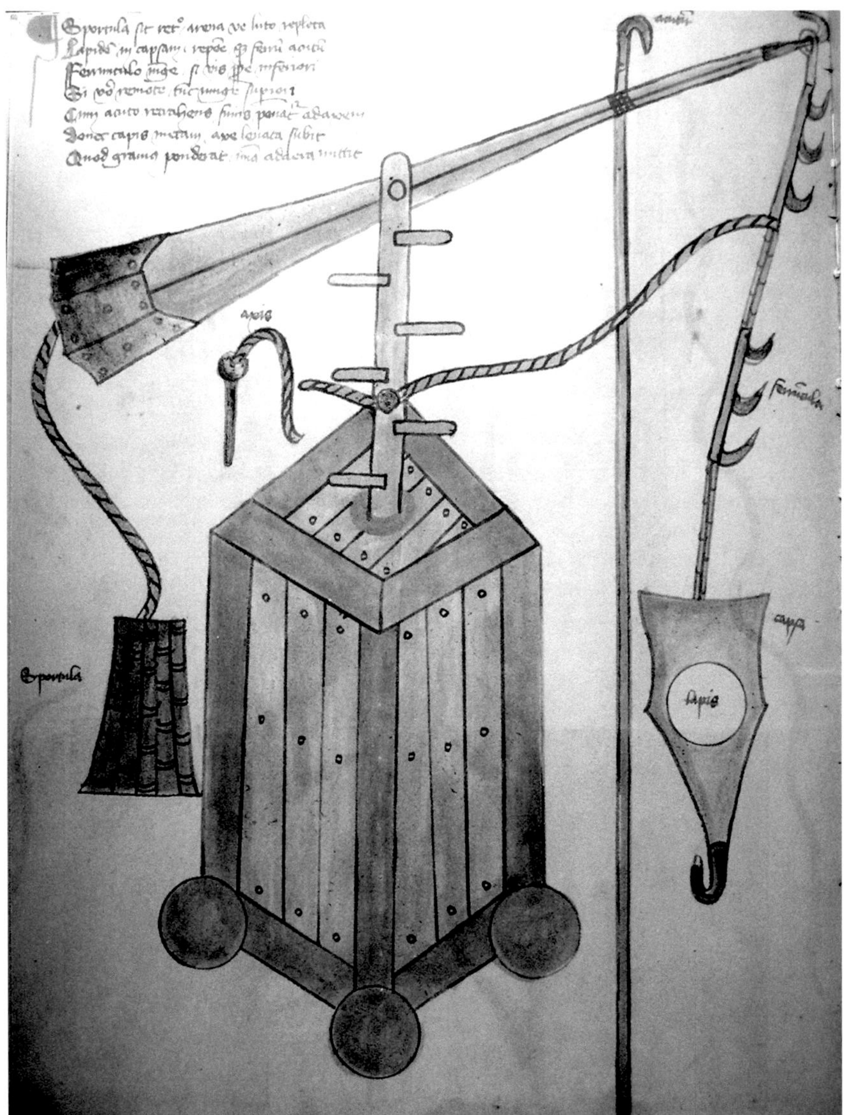

Abb. 4: Hoher Katzenwagen mit oben herausragendem, drehbarem Hebelwurfgeschütz, nach: Konrad Kyeser: Bellifortis.

könnte. Sinnvoller erscheint es hier, sich die Rahmenbedingungen des Zeichners vor Augen zu führen: Auf begrenztem Platz sollte ein Gewerf in seinen wesentlichen Bestandteilen dargestellt und seine Funktionsweise beschrieben werden. Die Hauptbestandteile der Konstruktion, wie Schleudertasche, Haken, Auslösemechanismus etc., sind zu diesem Zweck überdimensioniert zur Gesamtkonstruktion dargestellt. Auf perspektivischen Realismus wurde dabei nur insofern Rücksicht genommen, als er der genauen Abb. einzelner Details nicht im Wege stand. Dies wird insbesondere bei den Haken deutlich, die sämtlich quer zum Betrachter gezeichnet sind, um so in der Art ihrer Struktur deutlich erkennbar zu sein. Gleiches gilt für die Abzugsvorrichtung, die in einer Einzelzeichnung noch einmal erläutert wurde. Die Gesamtanlage der Zeichnung deutet somit auf eine Vernachlässigung bestimmter konstruktiver Merkmale, wie der Räder, des Holzkastens oder der exakten Dimensionierung der Einzelteile, zugunsten bestimmter Details, deren Funktionsweise der Zeichner nicht als bekannt voraussetzen konnte.[52]

Das freie Durchschwingen des Hebels hingegen mag dem Künstler als so selbstverständlich erschienen sein, daß der Mast, an dem dieser aufgehängt ist, nur angedeutet und in seiner Länge nicht voll ausgeführt wurde. Die mangelnde Fähigkeit zur perspektivischen Zeichnung muß also nicht immer die alleinige Ursache mißverständlicher Abbildungen sein. Welche Einschätzung der Bellifortisdarstellung man mithin auch vorzieht, mag an diesem Beispiel ein Teil der Schwierigkeiten deutlich geworden sein, die die Deutung manch unzureichender Bilddarstellung aufwirft.

Zu den Problemen der korrekten Datierung, der Frage der Augenzeugenschaft und der mangelnden Perspektive tritt häufig eine weitere Schwierigkeit, die sich in Form mangelnder Detailzuverlässigkeit vieler Bilddarstellungen äußert. Betroffen hiervon sind ebenso die Werke technisch spezialisierten Inhaltes, wie ein Großteil der Darstellungen, die sich auf den konkreten, situationsspezifischen Einsatz von Hebelwurfgeschützen beziehen.

So verraten uns denn auch die zahlreichen Zeichnungen nur wenig über die Befestigungskonstruktion der Schlinge und so gut wie gar nichts über die Lagerungsart des Hebels. Auch die Spannmechanismen zum Herabwinden des Hebels sind in aller Regel nur angedeutet und in den dargestellten Formen nicht funktionsfähig. Stellvertretend für eine Vielzahl von Beispielen mögen hier die unterschiedlichen Darstellungen von Ziehkrafthebelwurfgeschützen aus dem englischen Thickhill Psalter[53] (Abb. 5) und den Genueser Annalen[54] (Abb. 6) stehen, die eine ganze Reihe der genannten Schwierigkeiten in sich vereinen.

Trotz der Schwierigkeiten, die sich im Zusammenhang mit der Interpretation des Bildmaterials ergeben, stellen diese für den konstruktiven Fragenkomplex natürlich dennoch die wichtigste Quelle dar. Dies betrifft weniger die Fragen der technischen Leistungsfähigkeit der Gewerfe als vielmehr die Hinweise auf ihre Grundkonstruktion und ihre Dimensionierung. Auch bleibt noch einmal festzuhalten, daß die weitgehende

---

52 Zur Problematik der Deutung technikgeschichtlicher Darstellungen durch historisch ungenügend vorgebildete Editoren im Allgemeinen und den Schwächen der Bellifortis Edition durch den Ingenieur Götz Quarg im Besonderen vgl.: Leng: Ars belli, Bd. 1, S. 35ff.

53 Vgl.: Thickhill Psalter, New York, Public Library Spencer ms. 26, fol. 99v.

54 Vgl.: Annali Genovesi di Caffaro de suoi continuatori dal MCLXXIV al MCCCXXIV, Vol. II., hrsg. v. L.T. Belgrano, Genua 1901, Taf. II, Fig. XIV.

Irrelevanz der Terminifrage einen bedeutenden Vorteil gegenüber den schriftlichen Quellen birgt, die ihre mangelnde Aussagekraft oftmals einer mehrdeutigen Verwendung der Geschützbezeichnungen verdanken.

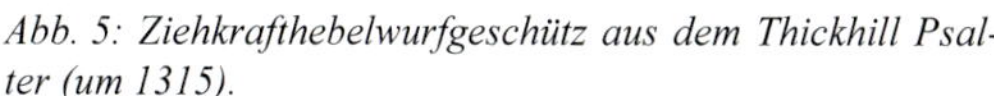

Abb. 5: Ziehkrafthebelwurfgeschütz aus dem Thickhill Psalter (um 1315).

Abb. 6: Ziehkrafthebelwurfgeschütz aus der Illustration der Genueser Annalen (Ende 13. Jhrdt.)

Da die Behandlung dieser Terminifrage innerhalb der Fachliteratur der letzten einhundert Jahre jedoch eine bedeutende Rolle gespielt hat, soll zum besseren Verständnis der Quellen und der Sekundärliteratur diese Problematik im Folgenden noch einmal aufgenommen werden.

1.4 Die „Termini-Frage" in Quellen und Literatur

Den Ausgangspunkt zur komplizierten Problematik der Verwendung einer verwirrenden Vielfalt unterschiedlicher Termini innerhalb der Sekundärliteratur bilden die Quellen selbst. Wie bereits im vorangegangenen Kapitel angedeutet, zeigen die schriftlichen – aber auch die bildlichen – Quellen keine einheitliche Verwendung von Bezeichnungen, die zeitlich und räumlich konstant mit bestimmten, ihnen entsprechenden Gegenständen verknüpft wären. So stellt beispielsweise keine der von Aegidius Romanus in seinem „regimine principum"[55] (um 1280) verwendeten Begriffe für die verschiedenen Geschützarten eine zu seiner Zeit gebräuchliche Bezeichnung dar.[56] Die Unzuverlässigkeit in der Verwendung einheitlicher Termini mag durch die nachgestellten Abbildungen noch einmal besonders deutlich werden. Zwar stellt hier – bezogen auf die Bilder selbst – der Gebrauch unterschiedlicher Ausdrücke keine Schmälerung des Erkenntniswertes dar, doch wird in ihnen gerade durch die direkte Gegenüberstellung von technischem Gerät und verwendetem Terminus die These der Unzuverlässigkeit der Termini in besonders eindringlicher Weise unterstützt.

55 Vgl.: Aegidius Romanus: De regimine principum libri tres. Ed. und hrsg. von Rudolf Schneider. In: R. Schneider: Die Artillerie des Mittelalters, Berlin 1910, S. 105-182; aber auch die Ausgabe: Aegidius Romanus: De regimine principum libri III, Nd. D. Ausg. Rom 1607, Aalen 1967; sowie: Kapitel 2.1-2.4. Zur Einordnung auch: Leng: Ars belli, Bd. 1, S. 77-79.

56 Vgl. hierzu u.a.: Schneider: Artillerie, S. 41f.; Jähns, Max: Geschichte der Kriegswissenschaften, Bd. I (Geschichte der Wissenschaften in Deutschland, Bd. 21), München/Leipzig 1889, S. 191ff.; sowie: Piper, Otto: Burgenkunde, Augsburg 1993 (Neudr. d. 3. Aufl. 1912), S. 388f.

Abb. 7: Als Balliste bezeichnetes Gegengewichtshebelwurfgeschütz innerhalb eines Vegetius-Kommentars 1607.

Abb. 8: Als Balliste bezeichnetes Pfeilgeschütz eines Anonymus 1607.

So zeigt die mit „Balistae maioris figura“ betitelte Abb. 7 ein Gegengewichtshebelwurfgeschütz in gespanntem Zustand.[57] Die mit „Balista quadrirotis“ überschriebene Abb. 8 hingegen[58] zeigt ein Pfeilgeschütz, dessen genaue Antriebsweise zwar unklar bleibt, vermutlich jedoch auf der Verdrillung eines Torsionsstranges im Innern beruht, der von den gezeigten Männern unter Spannung gesetzt wird. Beide Geräte – wie sie unterschiedlicher kaum sein könnten – werden hier als „Ballisten“ bezeichnet. Unter solchen „Ballisten“ versteht man in aller Regel jedoch Flachbahngeschütze, die ihre Energie aus zwei senkrecht stehenden Torsionssträngen beziehen. Ein solches Geschütz in seiner technischen Funktionsweise zeigt Abb. 9, die einer Abhandlung Payne-Gallweys entnommen ist,[59] sowie das Relief eines römischen Grabsteins, das in Abb. 10 zu sehen ist.[60]

Zwar ist der Ausdruck „Balliste“ in den gezeigten frühneuzeitlichen Abbildungen durch Verwendung zusätzlicher Attribute jeweils näher qualifiziert, doch bleibt hier festzuhalten, daß in diesen Fällen der Terminus „Balliste“ zur Bezeichnung zweier grundsätzlich von einander verschiedener, mechanischer (also nicht mit Pulver bestückter) Geschütze dient, deren mechanische Arbeitsprinzipien sich so stark voneinander unterscheiden, daß die einwandfreie Bildung einer Geschützkategorie unter dem

57 Vgl.: Godeschalci Stewechi & Franciscii Modii: Commentaria et Notae in Vegetium & Frontinum de Re Militari. In: Vegetius Renatus, Flavius: De re militari libri. Accedunt Frontini Strategematibus eiusdem auctoris alia opuscula. Cum Commentariis aut Notis God. Stewechii & Fr. Modii., Antwerpen 1607, S. 267.

58 Vgl.: Anonymi: de Rebus Bellicis liber cum figuris. Semel antea tantum excusus. In: Vegetius Renatus: De re militari 1607, S. 90.

59 Vgl.: Payne-Gallwey: A summary of the history, S. 21.

60 Relief auf dem Grabsteins des C. Vedennius Moderatus, eines Ingenieuroffiziers der Kaiser Vespasian und Domitian (Galleria lapidaria, Mus. Vat. Rom). Hier nach: Schmidtchen: Kriegswesen, S. 153.

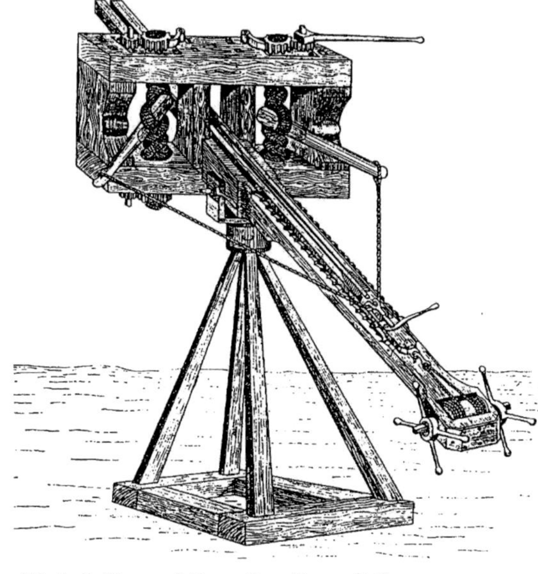

Abb. 9: Balliste nach Darstellung Payne-Gallweys.

Titel „Balliste“ für die Zwecke der Forschung kaum sinnvoll erscheinen kann. Verstärkt wird diese Annahme noch, wenn man verschiedene weitere Ansichten zum Wesen der „Balliste“ betrachtet. So meint beispielsweise August Demmin in Abb. 11 eine „Balliste“ erkannt zu haben, der er zugleich aber auch die Bezeichnungen „Wagenarmbrust“ und „Bogenspanner“ zuordnet.[61] Die um 1350 datierende Darstellung stammt nach Angaben Demmins aus der Bibliothek von Quedlinburg und zeigt ein Geschütz, das seine Kraft aus der Tension eines durchgehenden Bogenarmes bezieht, der nach Meinung Demmins aus Fischbein besteht.[62]

Abb. 10: Balliste auf einem römischen Relief.

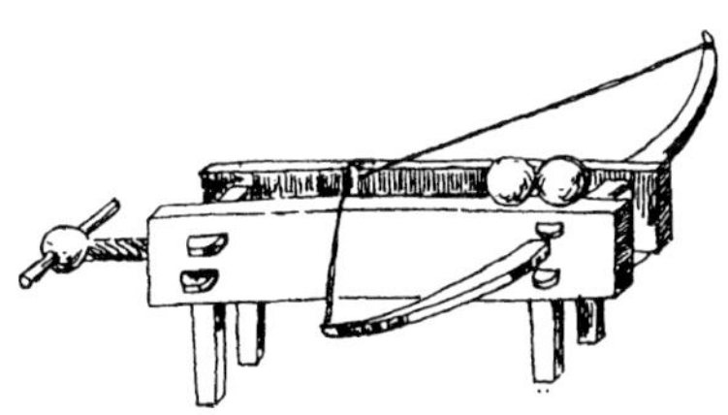

Abb. 11: Darstellung einer Balliste um 1350 nach August Demmin.

Es zeigt sich also, daß sowohl die Quellen als auch die Forschung eine einheitliche Verwendung der Begrifflichkeiten nicht zulassen. Wie in den vorgestellten Beispielen dargelegt, finden sich vom Prinzip der Vection über das der Torsion bis hin zur Tension eines einarmigen Bogens alle für den Bau mechanischer Geschütze relevanten Prinzipien mit dem Begriff der Balliste verbunden. Wobei jedoch noch einmal festzuhalten ist, daß der Terminus „Balliste“ von den meisten Autoren nicht als vager Oberbegriff einer oder mehrerer Geschützgattungen betrachtet, sondern als konkrete Be-

61 Vgl.: Demmin, August: Die Kriegswaffen in ihren geschichtlichen Entwicklungen von den ältesten Zeiten bis auf die Gegenwart. Band I, Leipzig 1893, Nd. Hildesheim 1964, S. 858.

62 Vgl.: Demmin: Kriegswaffen, Bd. I, S. 853.

zeichnung eines ganz bestimmten Gerätes benutzt wird. Dies gilt sowohl für die zeitgenössischen Chronisten als auch für die Sekundärliteratur. Im Gegensatz zum Begriff der „petraria", unter dem sich sämtliche mechanische Geschützarten wahllos subsumiert finden,[63] verbindet sich der Ausdruck „Balliste" bei den Schreibern also jeweils mit der Vorstellung eines ganz bestimmten Geschützes verbunden, dessen Natur dann aber wiederum von Autor zu Autor variieren kann.

Von dieser Problematik, für die die „Balliste" hier nur exemplarisch stehen sollte, sind indes nahezu alle Termini betroffen, die innerhalb der zeitgenössischen Quellen Verwendung finden. Selbst relativ stabile Bezeichnungen, wie der Onager, der in aller Regel das römische Torsionsgeschütz bezeichnet, sind hiervor nicht gefeit, wie Abb. 12 deutlich zeigt.[64]

Abb. 12: Als Onager bezeichnetes Pfeilgeschütz innerhalb eines Vegetius-Kommentars 1607.

Die Ursachen für diese Verwirrungen sind zum Teil nicht allein in verschiedentlichem Bedeutungswandel der Begriffe innerhalb langer Zeiträume zu suchen, sondern beruhen oftmals auch auf Unkenntnis und mißverständlicher Verwendung durch militärtechnisch ungenügend vorgebildete Schreiber. Der Versuch einer einheitlichen Zuordnung von Begriff und Referenzgegenstand ist durch diese Umstände zum Scheitern verurteilt. Dieser Ansatz einer modernen Vereinheitlichung mißachtet dabei nicht nur die historische Realität, insbesondere der mittelalterlichen Schreiber, sondern verbietet

63 Die häufige Verwendung dieses Begriffs, insbesondere in den frühen Quellen, wie etwa bei Paulus Diaconus, hat jedoch auch hier bei vielen Autoren zu dem Versuch einer einheitlichen Deutung geführt. Vgl. etwa: Schneider, Rudolf: Die Artillerie des Mittelalters, Berlin 1910, S. 24; sowie: Paulus Diaconus: Historia Langobardum; Ed. G. Waitz, MGH SS rer. Germ. in us. scol. IIL, Hannover 1878, Lib. XXI.

64 Vgl.: Cod. Stew. Com., S. 268.

sich auch aus einem weiteren Grund, der methodischer Art ist: Ein „Quelleninterner“ – also den zu untersuchenden Quellentexten direkt entnommener – Terminus kann nicht einerseits abstrahiert und mit einer bestimmten Gerätegattung in Verbindung gebracht werden, um andererseits (in einer Art Zirkelschluß) bei seinem erneuten Auftauchen an anderer Stelle wiederum als Beleg für die Existenz des angenommenen Referenzgegenstandes zu dienen. Zudem erscheint es methodisch unsauber, einem zeitgenössischen Schreiber die inkorrekte Verwendung eines Terminus vorzuwerfen, dessen inhaltliche Bedeutung man zuvor aus anderen zeitgenössischen Quellen extrahiert hat. So meint beispielsweise Alwin Schultz, dem französischen Baumeister Villard de Honnecourt die falsche Verwendung des Ausdrucks „Trebuchet“ vorwerfen zu dürfen, da dieser den Begriff in anderer Weise besetzt als Aegidius Romanus, zu dem Schultz offenbar größeres Vertrauen hat.[65] Eine solche Verfahrensweise läßt sich nur schwer in ihrer Methodik begründen und führt darüber hinaus nicht zu den erwünschten Erkenntnisfortschritten.

Vor dem Hintergrund des bis hierher Gesagten wird deutlich, daß sich der allzu sorglose Umgang mit quelleninternen Termini verbietet und soweit möglich durch die Verwendung übergeordneter Begriffe ersetzt werden sollte, die die technische Funktionsweise des bezeichneten Gegenstandes so genau wie möglich wiedergeben. Dies alles bedeutet indes nicht, daß die innerhalb der Quellen vorgefundenen Begriffe und Ausdrücke keine wichtigen Indikatoren darstellten, die vielfach Rückschlüsse auf die Kategorie der verwendeten Geschütze und Geräte nahelegen können. Doch sollten eben jene „quelleninternen“ Begriffe allenfalls einer bestimmten, definierbaren Kategorie zugeordnet werden und nicht selbst als Bezeichnung eben dieser Kategorie Verwendung finden.

Einen Versuch zur weitgehenden Systematisierung der Begrifflichkeiten brachte bereits Bernhard Rathgen in seiner 1912 erstmals erschienenen umfangreichen Abhandlung „Das Geschütz im Mittelalter“[66] vor. Seither werden die von ihm eingeführten Begriffe des „Drehkraftwurfgeschützes“[67] oder des „Gegengewichtswurfgeschützes“[68] zwar hin und wieder verwandt, konnten sich jedoch innerhalb der Fachliteratur nicht auf breiter Front durchsetzen. Dies mag unter anderem darin begründet sein, daß Rathgen selbst die von ihm eingeführte Begrifflichkeit letztlich nicht stringent umzusetzen versuchte und immer wieder auch Begriffe wie „Notstall“[69] oder „Blide“[70] in seine Systematik aufnahm. Andere Versuche, zur Einführung quellenunabhängiger Begrifflichkeiten, wie der von Max Jähns bereits 1878 aufgebrachte Begriff des „Wagebalkengeschützes“,[71] waren vermutlich aus ähnlichen Gründen gescheitert, was schon früh zu einem ausgedehnten Forschungsstreit über die Zuordnung von Begrifflichkeiten und Refferenzgegenständen geführt hat, der hier aufgrund seiner Fruchtlo-

65 Vgl.: Schultz, Alwin: Das höfische Leben zur Zeit der Minnesänger. 2. verm. u. verb. Aufl., Bd. 1.2., Leipzig 1889, S. 377.

66 Vgl.: Rathgen, Bernhard: Das Geschütz im Mittelalter. Neu herausgegeben und eingeleitet von Volker Schmidtchen. Reprint d. Ausgabe von 1928, Düsseldorf 1987.

67 Vgl.: Rathgen: Das Geschütz im Mittelalter, S. 594.

68 Vgl.: Rathgen: Das Geschütz im Mittelalter, S. 610.

69 Vgl.: Rahtgen: Das Geschütz im Mittelalter, S. 578.

70 Vgl.: Rahtgen: Das Geschütz im Mittelalter, S. 610.

71 Vgl.: Jähns, Max: Handbuch einer Geschichte des Kriegswesens, Leipzig/Berlin 1878-80, S. 648.

sigkeit nicht im einzelnen dargestellt sein soll. Um jedoch die Erschließung der wichtigsten Sekundärliteratur zu erleichtern, sollen im Folgenden noch einmal die wesentlichen Begrifflichkeiten in aller Kürze erörtert werden, wobei auf eine eingehendere Untersuchung der bereits gestreiften „Balliste" zunächst verzichtet wird.

Der erste Terminus, auf den unser Augenmerk fallen sollte, ist zugleich der wichtigste für den Bereich der deutschsprachigen Quellen. Hierbei handelt es sich um die Bezeichnung „Blide" mit den verschiedensten Ausformungen, wie Blyde, Blidha, Bidda, Biffa, Bleide oder Pleite. Ob auch die Ausdrücke „Biffa" und „Buffa" auf den gleichen Wortstamm zurückzuführen sind, erscheint unsicher. Der Versuch einer Klärung des Wortursprungs der „Blide" wird innerhalb der Fachliteratur vollständig vermieden, was erstaunlich erscheint, da für den Großteil der übrigen Termini zumeist sehr genaue etymologische Nachweise angeboten werden. Einzig Bernhard Rathgen hat sich dieser Frage zwar zugewandt, jedoch nur, um auf die Ungeklärtheit des Wortursprungs hinzuweisen.[72] Tatsächlich ist das Wort „Blide" selbst in Grimms ansonsten zuverlässigem Wörterbuch nicht verzeichnet. Auch andere Fachlexika (Schmeller, Lexer, Schiller-Lübben, Duden etc.) geben keine oder unbefriedigende Auskunft. Allein das „Deutsche Wörterbuch" von Brockhaus/Wahrig[73] gibt eine schlüssige Erklärung. Demnach stellt das Wort „Blide" eine Kurzform des Wortes „Blidhilde" dar, welches sich wiederum aus den althochdeutschen Wörtern „blidi" (= froh, munter) und „hiltja" (= Kampf) zusammensetzt. Ähnlich wie beim Onager, dessen Bezeichnung auf den Vergleich mit einer Wildeselart in Kleinasien zurückgeht,[74] könnte es sich also auch hier um eine typische Soldatenbezeichnung handeln, die sich in ihrer Kurzform allgemein durchgesetzt hat.

Es sei an dieser Stelle noch darauf hingewiesen, daß diese Erklärung der Wortherkunft zwar keinen Absolutheitsanspruch erheben kann, sich jedoch der in jüngster Zeit vor allem in der Populärliteratur[75] vertretenen Ansicht, es handle sich beim Wort „Blide" um eine Ableitung vom griechischen „Palida" (παλιντονον = Schleuder), überlegen zeigt. Neben anderen liegt der Hauptgrund hierfür in der Tatsache, daß die Wortform „Blide" vorrangig in den späteren, volkssprachlichen deutschen Quellen Verwendung findet, während in den früheren, sowie allen nicht deutschsprachigen Quellen lateinische und griechisch Wortformen dominieren.

Die Wortform „Blide" gehört mit sämtlichen ihrer Ableitungen zu den sichersten Indizien für das Vorkommen eines Hebelwurfgeschützes innerhalb der Quellen, da dieser Ausdruck von den spätmittelalterlichen Schreibern äußerst konstant auf diesen Geschütztypus angewandt wird. Dieser Umstand hat zu der Gewohnheit geführt, daß „Blide" innerhalb der deutschsprachigen Forschungsliteratur weitgehend als Synonym für das Hebelwurfgeschütz verwandt wird.[76] Eine Ausnahme bildet hier nur Köhler,[77]

---

72 Vgl.: Rathgen: Das Geschütz im Mittelalter, S. 610.

73 Vgl.: Brockhaus/Wahrig: Deutsches Wörterbuch, Bd. 1, Wiesbaden 1980.

74 Römische Legionäre sahen in der ruckartigen Bewegung des Geschützes beim Abfeuern deutliche Ähnlichkeiten mit einem bockenden Esel.

75 Vgl.: Der Spiegel, Nr. 27, Hamburg 1997.

76 Vgl. hier u.a.: Grabherr, Norbert: Das Antwerk. Seine Wirkungsweise und sein Einfluß auf den Burgenbau. In: Burgen und Schlösser 4 (1963), H. 2, S. 45-50; Funcken, Liliane u. Fred: Historische Waffen und Rüstungen des Mittelalters, München 1990; Schmidtchen, Volker: Von den Mauern Jerichos zur neuzeitlichen Festung. Befestigung als technische, ökonomische und soziale Reaktion auf militärische Bedrohung im Verlauf der Geschichte. In: V. Schmidtchen (Hrsg.): Schriftenreihe Festungsforschung, Bd. 1, Wesel 1981, S. 9-

der einzig das Gegengewichtshebelwurfgeschütz mit dem Ausdruck „Blide“ belegt wissen will.[78]

Analog zu Bedeutung und Verwendung des Begriffs der „Blide“ findet sich innerhalb der romanischen und vor allem der angelsächsischen Literatur der in den Quellen sehr häufig gebrauchte Terminus des „Trebuchet“. Er ist, ebenso wie die „Blide“, in all seinen Formen ein guter Hinweis auf das Hebelwurfgeschütz, auch wenn es innerhalb der Forschungsliteratur zum Teil recht unterschiedliche Ansichten über die genaue Form dieses Gerätes gibt. Kalervo Huuri beispielsweise sieht im „Trebuchet“ einen „Überschweren Steinwerfer“, also einzig das Gegengewichtshebelwurfgeschütz,[79] während der Ausdruck innerhalb der angelsächsischen Literatur in Form des „traction trebuchet“ auch für das Ziehkrafthebelwurfgeschütz Anwendung findet.[80] Demgegenüber steht dabei oftmals der sogenannte „counterweight trebuchet“ – also die ausschließlich auf das Gegengewichtshebelwurfgeschütz verweisende Ausdrucksform.[81]

Von allen Deutungsmöglichkeiten des hinter dem Ausdruck „Trebuchet“ stehenden Gerätes gibt Norma Lorre Goodrich[82] die bei weitem „eigenwilligste“ Variante. Sie scheint in dem mittelalterlichen Belagerungsgerät eine Art vormoderne Abrißbirne sehen zu wollen, wenn sie schreibt: „[...] Eine solche Maschine ähnelte einem Kran; an einem Ende des Auslegearms hing eine eiserne Kugel, diese konnte frei vor und zurück pendeln. Die Maschine wurde von einem Mann bedient, [...] der seinen Platz vorne hatte und einen Hebel spannte, der, wenn man ihn freigab, die Kugel an dem Seil nach vorne gegen die Mauer, die zerschmettert werden sollte, schleuderte. [...]“[83] und weiter heißt es zum benutzten Gegengewicht: „[...] Dieses Gewicht wurde mit Hilfe einer Winde und Seilen aus Roßhaar emporgehievt [...]. Zu König Artus’ Zeiten war das Geschoß möglicherweise ein Stein, aber wir neigen doch eher zu der Annahme, daß eine Eisenkugel verwendet wurde. [...]“[84]

Abgesehen von den abstrus anmutenden Spekulationen über Material von Seilen, Geschoß und angenommener Funktionsweise des Gerätes, verlegt Norma Loore Goodrich den Gebrauch des „Trebuchet“ in Europa auch noch in das frühe sechste Jahrhundert, ohne auf den momentanen Forschungsstand in irgendeiner Weise einzugehen,[85] der dieser Haltung in jeder Weise widerspricht.[86]

32; Schmidtchen, Volker: Waffentechnik im Mittelalter. In: Alte Burgen – Schöne Schlösser, Stuttgart/Zürich/Wien 1980, S. 272/73.

77 Vgl.: Köhler, Gustav: Die Entwicklung des Kriegswesens und der Kriegführung in der Ritterzeit. Band 3, Breslau 1887, S. 195.

78 Vgl.: Köhler: Kriegswesen, S. 190 u.S. 200f.

79 Vgl.: Huuri: Geschützwesen, S. 63f.

80 Vgl. u.a.: Gillmor, C.M.: Introduction of the Traction Trebuchet into the Latin West, In: Viator 12, 1981, S. 1-8; sowie: Hill: Trebuchets, S. 114; und White: Die mittelalterliche Technik, S. 85/135, der jedoch (als einziger) den Audruck „man-powered prototrebuchet“ für das Ziehkrafthebelwurfgeschütz verwendet.

81 So unter anderem bei Joseph Needham, der allerdings für das Ziehkrafthebelwurfgeschütz den Ausdruck des „manned trebuchet“ verwendet. Vgl.: Needham, J.: Chinas trebuchets, manned and counterweighted. In: B.S. Hall & D.C. West (Hrsg.): On pre-modern technology and science, Malibu 1976, S. 107-145.

82 Vgl.: Goodrich, Norma Lorre: Die Ritter von Camelot – König Artus, der Gral und die Entschlüsselung einer Legende, München 1994.

83 Vgl.: Goodrich: König Artus, S. 199.

84 Vgl.: Goodrich: König Artus, S. 199.

85 Vgl.: Goodrich: König Artus, S. 198.

86 Vgl. hierzu: Kapitel 3.1: Invention und Innovation.

Abb. 13: Gewerf mit an Zugseilen befestigtem Gegengewicht. Französische Miniatur um 1325-1350.

Doch wie bereits angemerkt, stellen die von Norma Loore Goodrich vorgetragenen Ausführungen lediglich eine Einzelmeinung in der Interpretation des Begriffs „Trebuchet“ dar, der sich in den unterschiedlichsten Ausformungen wie: trebuchum, trebuch, trebuchettum, trabucus, trabuca, trabuquete, trabocco, trabutium, tribuculum usw. finden läßt.[87] Im allgemeinen wird die Wortherkunft aus dem romanischen trabucare bzw. trébucher angenommen, was sich mit „niederschmettern“ oder „umstürzen“ übersetzen ließe.[88] Ob hier die Wirkung des Geschützes angesprochen wird oder aber der „umstürzende“, also sich um die eigene Achse drehende Hebel des Geschützes bei der

87 Vgl. zu den unterschiedlichen Wortformen vor allem: Huuri: Geschützwesen, S. 63.

88 Vgl. hierzu auch: Du Cange: Glossarium mediae et infimae latinitatis, Bd. VIII, Niort 1887.

Abb. 14: Gewerf nach Darstellung einer französischen Handschrift aus der Mitte des 14. Jahrhunderts.

Bezeichnung Pate stand, ist nur schwer zu beurteilen.[89] Ebenso schwierig scheint eine Einordnung der Herkunft des deutschen Pendants, das sich in den Quellen als Tribok, Dribock oder Treibock finden läßt und dessen sprachliche Herkunft das Grimmsche Wörterbuch[90] zwar einerseits auf den französischen „Trebuchet" zurückführt, andererseits jedoch seine Bedeutungsherkunft mit dem naheliegenden „Dreibein" verbindet, was sich von der äußeren Form des Gerätes herleiten mag. Zu vermuten ist hier eine Bedeutungsverselbständigung des ursprünglich aus dem Französischen übernommenen Begriffes, bis schließlich im deutschen „Dreibein" Wort und Bedeutung sich wieder in Übereinstimmung befanden.

Neben den Bezeichnungen „Blide" und „Trebuchet", die wie erwähnt mit großer Sicherheit auf das Vorkommen eines Hebelgeschützes deuten, lassen sich innerhalb der Quellen eine Vielzahl weiterer Termini ausmachen, deren Bezeichnungsgenauigkeit weit geringer ausfällt. Einer dieser „ungenauen", aber sehr häufig vorkommenden Ausdrücke findet sich in den lateinischen Quellen als „petraria", einer

89 Vgl. hierzu neben Huuri: Geschützwesen, S. 63 auch: Singer, Charles (Hrsg.): A History of Technology, edit. by Charles Singer, E. J. Holmyard, A. R. Hall and Trevor I. Williams, Vol. II, Oxford 1957, S. 643 u. 724, wo sich der Begriff in genanntem Sinne von „[...] to overturn [...]" abgeleitet findet.

90 Vgl.: Grimm, J.: Deutsches Wörterbuch, Bd. 11, Abt. I-2, Leipzig 1952.

Bezeichnung, deren genauer Wortursprung unsicher ist. So scheint zunächst die Verbindung zwischen der Wortform „Τετραρεα“ und seiner Bedeutung als „Steinwerfer“ offensichtlich, doch hat Huuri zu recht darauf verwiesen, daß hier wiederum eine Form von allmählicher Bedeutungsverschiebung vorliegen könnte, da die Urbedeutung in etwa mit „vierzweigig“ oder „vierteilig“ zu übersetzen sei.[91] Dies könnte zwar auf die äußere Erscheinungsform eines Ziehkrafthebelwurfgeschützes mit einem mehrgliedrigen Zugarm hindeuten, wäre jedoch in diesem Fall ausschließlich für die frühen griechischen Texte von Bedeutung, da es im mittelalterlichen Gebrauch sehr genau dem allgemein gehaltenen Begriff des „Steinwerfers“ entspricht.[92] Dem Wunsch, dem petraria-Begriff eindeutig das Ziehkrafthebelwurfgeschütz zuzuordnen, wie es bereits Köhler versucht hatte,[93] wird auch Huuri nicht gerecht, wenn er einerseits von einer solchen Zuordbarkeit ausgeht,[94] andererseits jedoch selbst betont, daß die mittelalterlichen Glossare und Quellen den Ausdruck nur in seiner allgemeinen Bedeutung als Steinwerfer verwenden.[95] Es bleibt also festzuhalten, daß die ältere Literatur – insbesondere die Autoren, die in den frühen Belegen eher das Aufkommen des Ziehkrafthebelwurfgeschützes denn das Fortleben des antiken Torsionsgeschützes sehen wollten[96] – den Begriff der „petraria“ als eindeutigen Hinweis auf eben jenes Ziehkrafthebelwurfgeschütz deuteten. Insbesondere durch die Neubewertung dieser frühen Belege[97] hat sich die Forschungsmeinung diesbezüglich geändert und die Deutung des petraria-Begriffs innerhalb der neueren Literatur in Richtung „Steinwerfer“ gefestigt. Seinen Stellenwert erlangt dieser Begriff einerseits durch seine frühe[98] und kontinuierlich häufige[99] Verwendung, andererseits jedoch auch in Folge seiner großen Bandbreite an Wortformen, die von petraria über petrary, pedrera, peireira, perraria, pararium, petriere, perriere, pierrier, pyrrera, prederia, phether, pfetraere bis hin zu paderel und paderellus reicht, wobei sich jedoch die absolute Mehrheit der Quellen der „Reinform“ „petraria“ bedient.

In der Reihe der allgemein gehaltenen Begriffe treten neben der sehr häufig verwendeten „petraria“ eine Anzahl weiterer Termini hervor, die an dieser Stelle nicht

91 Vgl. hierzu die recht ausführliche Darstellung Huuris, sowie die von ihm angeführten frühen Belegstellen, In: Huuri: Geschützwesen, S. 55 u. 84ff.

92 So entspricht die Auffassung Rathgens, „petraria“ bezeichne die späte Form des von den Arabern weiterentwickelten Onagers mit überlangem Wurfhebel, der in flachem Wurf kernschußartig gegen die feindlichen Mauern wirken konnte, eindeutig nicht der Quellenlage.

93 Vgl.: Köhler: Kriegswesen, S. 164-167, der als Beweis für seine These die schon in Abb. 6 gezeigte Darstellung anführt, obschon er selbst bemerkt, daß der Text das Gerät lediglich als „machina“ auweist.Vgl. hierzu: Annales januenses, ed. G. H. Pertz, MGH, SS XVIII, Hannover (1863), Tafel III, sowie im Text S. 100.

94 Vgl.: Huuri: Kriegswesen, S. 90: „[...] Auf europäischem Gebiete haben wir also petraria mit der Ziehkraftblide zu identifizieren versucht. [...]“

95 Vgl.: Huuri: Kriegswesen, S. 54: „[...] und auch dann findet man gewöhnlich nur unbestimmte Definitionen wie ‚Kriegsmaschien‘, ‚Geschütz‘. [...]“

96 Vgl.: Kapitel 3.1: Invention und Innovation – Die Rolle des Hebelwurfgeschützes im Kontext des übrigen Antwerks.

97 Vgl. hierzu auch Kapitel 3.1: Invention und Innovation.

98 Als früheste europäische Belege gelten Paulus Diaconus (um 750) und die sog. Reichsannalen (um 830). Die genaue Auslegung dieser Quellen ist jedoch umstritten. Vgl.: Kapitel 3.1.

99 Die häufige Verwendung gilt sowohl für die Anzahl der Quellen, als auch für die auffällig große Zahl an Nennungen innerhalb einzelner Quellen, was sicherlich als weiterer Hinweis auf die Verwendung der „petraria“ als Sammelbegriff gewertet werden kann.

ausführlich behandelt, zumindest aber genannt sein sollen, um ihren Quellenwert besser einschätzen zu können. Zu nennen wären hier vor allem die Begriffe: aedificium – engin volant – ingenium – machina[100] – tormentum,[101] sowie insbesondere der des fundibulum mit den Unterformen fustibulum, fustibalus, fundibularium, fundamachum, funda balearis, funda balearica.[102]

Schließlich sollte noch ein Begriff Erwähnung finden, der von der neueren Literatur in aller Regel als feststehendes Synonym für das mittelalterliche Torsionswurfgeschütz verwandt wird, nämlich der Terminus der „Mange". Als Pendant des antiken „Onagers" gilt die Erwähnung einer „Mange" in lateinischen wie auch in spätmittelalterlichen und frühneuzeitlichen deutschen Quellen (etwa ab dem 14. Jhrdt.) als guter bis sicherer Hinweis auf das Vorkommen eines Wurfgeschützes, dessen Kraftquelle die Verdrehung verschiedener Materialien (wie Sehnen, Haare oder Seile) bildet.[103] Wie schon erwähnt, haben Teile der älteren Forschung die Fortexistenz dieses Geschütztypus im Mittelalter bestritten[104] und kamen dementsprechend zu einer anderweitigen Deutung dieses Begriffes,[105] dessen etymologische Bestimmung sich als äußerst schwierig erweist.[106] Während seine Form im deutschsprachigen Quellen-

100 Zum Begriff der „machina" vgl. vor allem: Popplow, Marcus: Die Verwendung von lat. machina im Mittelalter und in der frühen Neuzeit. In: Technikgeschichte, Bd. 60, S. 7-24.

101 Der vermutlich von „torquere" – also „verwinden", „verdrehen" – abgeleitete Begriff ist oft als Hinweis auf die Existenz des Torsionsgeschützes gewertet worden, was sich jedoch nicht durch die Quellenlage stützen läßt, da hier „tormentum" oftmals in Kombination mit anderen – nicht auf das Torsionsgeschütz verweisenden – Ausdrücken auftritt. Ein Beispiel hierfür ist der Begriff des „tormentum baleare" bei Radulf von Caen. Vgl.: Radulf von Caen: Gesta Tancredi. In: RHC Occ. III, 1866, 692G.

102 Der Ausdruck der „balearischen Schleuder" dürfte wiederum auf eine allmähliche volksetymologische Verschiebung des ursprünglichen Begriffs zurückzuführen sein, der sich mit der Tatsache verband, daß die Bewohner der Balearen sich seit der Antike als (Stab-)Schleuderer in verschiedenen Heeren hervortaten. Vgl. hierzu auch Isidor von Sevilla: Etymologiae. ed. W.M. Lindsay, Oxford 1911, XIV.6.44.: „[...] In his primum insulis inventa est funda, qua lapides emittuntur, unde et Baleares dictae [...]". Eine Abbildung solcher Stabschleuderer bei: Bradbury: Siege, S. 197; sowie in Abb. 33.

103 Wenngleich sich auch bei diesem Begriff im Laufe der Zeit zahlreiche Deutungsvarianten ergeben haben. Den Höhepunkt bildete zweifellos Piper, der die „Mange" zunächst als Geschütz, bei dem „[...] ein mittels einer Sehne gespannter Bogen die treibende Kraft ist [...]" klassifiziert, während sein „Verzeichnis für Fachwörter" die „Mange" als „[...] Wurfmaschine mit beweglichem Gegengewicht am kurzen Hebelarm [...]" beschreibt. Vgl.: Piper: Burgenkunde, S. 388 u. 674.

104 Vgl. hierzu Kapitel 3.1: Invention und Innovation – Die Rolle des Hebelwurfgeschützes im Kontext des übrigen Antwerks.

105 So haben Schneider und andere in der „Mange" auch während des Mittelalters die allgemeine Bezeichnung für „Geschütz" gesehen, eine Bedeutung, die dem griechischen Wortursprung „μαγγανιχον" ohne Zweifel zukam. Ob indes auch die spätere, zum Teil latinisierte, zum Teil eingedeutschte Form der „magonellus" bzw. „Mange" in ihren verschiedenen Formen dieser Deutung entspricht, ist umstritten. Vgl. hierzu neben Schneider: Artillerie, S. 24f.; und Huuri: Geschützwesen, S. 82f.; auch: Fuller, J.F.C.: Armament and History, London 1946, S. 61: „[...] mangonells – a generic name for any engine which projected stones, arrows or fire-balls. There where three distinct types – the catapult, balista and trebuchet. [...]"; sowie: Warner, Philip: The medieval castle, London 1972, S. 255: „[...] Mangonel: Siege engine for slinging medium-sized stones. [...]"

Vgl. jedoch auch Schultz: Höfisches Leben, S. 396f; der in der Mange ein auf Tension beruhendes Geschütz vermutet, das er mit seiner Deutung der „Balliste" gleichsetzt. Als Zeugen führt er an: Bertholdi Ann. (1079): „[...] Machinamentis ballisticis, quae mangones theutonizant [...]"; Otto von Freising (Gesta Frid.16): „[...] Ferunt quadam die lapidem vi tormenti ex balista, quam modo mangam vulgo dicere solent [...]"; sowie die Chron. Hanon. 1195 an: „[...] Locum acquisivit pro machina, que manghenellus dicitur arcus, per quam machinam ipsi castro insultus faciebat. [...]"

106 Eine Umfangreiche Darstellung der griechischen und arabischen Etymologie bietet: Huuri: Geschützwesen, S. 128ff.

gebrauch als relativ stabil bei „Mange“ oder „Mangonell“ zu finden ist, bieten die lateinischen Texte eine weitaus größere Bandbreite, die sich von mangonellus oder mangunellus bis hin zu manganum, mangena, mangano, mancola, mangonneou und mangonabulum erstreckt. Ob das Fortleben dieses antiken Torsionswurfgeschützes als sicher angenommen werden kann und der Terminus „Mange“ einwandfrei mit diesem identifizierbar ist, wird uns in Kapitel 3.1 noch einmal beschäftigen.

Es bleibt also noch einmal festzuhalten, daß keiner der hier vorgestellten Termini mit ausreichender Sicherheit einem bestimmten Gerätetypus zugeordnet werden kann und somit auch im weiteren allein die übergeordneten und weitgehend selbsterklärenden Begriffe Ziehkrafthebelwurfgeschütz, Gegengewichtshebelwurfgeschütz, Torsionswurfgeschütz etc. für die entsprechenden Bestandteile des Antwerks Verwendung finden.

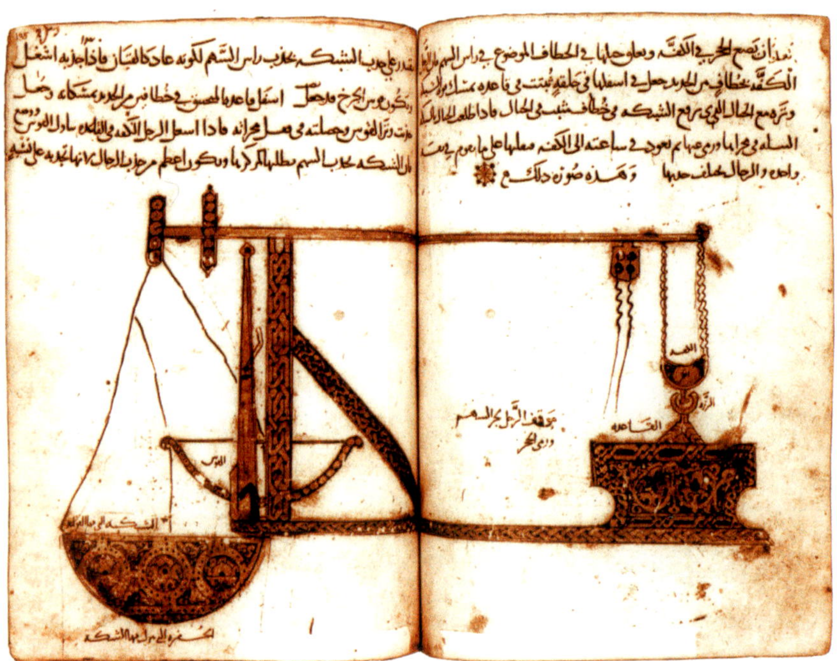

Abb. 15: Arabische Miniatur eines Gegengewichtshebelwurfgeschützes mit kombinierter Wallarmbrust aus der Zeit Saladins (1174-1193).

2 Die technische Dimension des Hebelwurfgeschützes

2.1 Der Quellenwert schriftlicher und bildlicher Konstruktionsbeschreibungen

Abseits der allgemeinen Problematisierung der Quellenlage, die bereits in Kapitel 1.3 behandelt wurde und in der die Schwierigkeiten bei der Deutung der in Frage kommenden Quellen aufgezeigt werden sollten, stellt sich die Frage, welcher Wert den Schrift- und Bildquellen hinsichtlich ihres konstruktionsbezogenen Aussagegehaltes zukommt. Zu den „Konstruktionsbeschreibungen" zählen dabei nicht allein die von vornherein als technische Bauanweisungen oder ausführliche Konstruktionsschilderungen angelegten Ausführungen, – von denen ohnehin nur sehr wenige existieren – sondern auch alle indirekten, die Bauweise von Hebelwurfgeschützen betreffenden Hinweise. Ein unvermeidbares Problem stellt dabei die Zusammensetzung von Konstruktionsmerkmalen aus verschiedenen Quellen und demzufolge auch verschiedenen Geschützen zu einer Art „idealtypischer" Vorstellung dar, wie etwa bei einer Kombination von Gegengewichtshebelwurfgeschütz und Armbrust, wie sie hier in Abb. 15 zu sehen ist, die einer arabischen Handschrift des 12. Jahrhunderts entstammt.[1] Deutungsschwierigkeiten infolge der problematischen Quellenlage sind daher zwar kaum vermeidbar, doch sollte die daraus resultierende eingeschränkte Möglichkeit zur Verallgemeinerung bei der Beurteilung einzelner Quellen und vor allem bei mathematischen und experimentellen Rekonstruktionsversuchen Berücksichtigung finden.

In strengem Gegensatz hierzu verhalten sich die wenigen Beschreibungen von Hebelwurfgeschützen, die gezielt als solche vom Schreiber oder Zeichner entworfen wurden. In diesen Fällen finden wir also ein weitgehend durchkonstruiertes und in sich komplett dargestelltes Wurfzeug vor, das weit weniger unter dem Problem der Zusammenstellung einzelner Komponenten zu einer möglichen Gesamtbauweise leidet, als dies bei indirekten und in sich vereinzelten Hinweisen der Fall ist. Das Problem der Authentizität stellt sich hingegen bei dieser Art der Quellen in anderer Weise: Leiten sich die aufgefundenen Konstruktionsmerkmale bei den indirekten Quellen zumindest aus real existierenden Geschützen ab, so handelt es sich bei den gezielt als Konstruktionsbeschreibungen erstellten Texten und Bildern von vornherein um eine idealtypische Vorstellung des Schreibers oder Zeichners, deren Wahrheitsgehalt jeweils kritisch zu untersuchen ist. Dies gilt natürlich insbesondere für die Bildquellen, in denen so mancher Zeitgenosse seiner Phantasie allzu freien Lauf gelassen hat. Ist dies bei Zeichnungen wie den nachstehenden Abbildungen 16 und 17, die der „Mechanischen

1 Vgl. zu dieser arabischen Miniatur eines Gegengewichtshebelwurfgeschützes mit kombinierter Wallarmbrust aus der Zeit Saladins (1174-1193): Murda b. Ali b. Murda at-Tarsusi, Tabsirat arbab, Bodleian Library Oxford, Hunt. 264, fol. 80v. Hier aus: Sezgin, Fuat: Kriegstechnik des arabisch-islamischen Kulturraumes anhand ausgewählter Modelle und Origininale aus dem Institut für Geschichte der Arabisch-Islamischen Wissenschaften (Frankfurt). In: Kein Krieg ist heilig – Die Kreuzzüge, hrsg. v. Hans Jürgen Kotzur, Mainz 2004, S. 487.

Schatzkammer“ des Agostino Ramelli entnommen sind,[2] auch leicht zu erkennen, so gilt selbiges im Prinzip doch ebenso für realistischer anmutende Darstellungen.

Überaus unterschiedlich stellt sich indes die Situation von Ziehkraft- und Gegengewichtshebelwurfgeschütz bezüglich der konstruktiven Quellen dar. Bis auf wenige Ausnahmen stehen für die Beurteilung von Bauweise und typischen konstruktiven Merkmalen der Ziehkrafthebelwurfgeschütze nahezu ausschließlich indirekte Quellen, zumeist in Form bildlicher Darstellungen mit häufig nur geringer Liebe zum Detail, zur Verfügung, die nur vage Vermutungen über Lagerung des Hebels, genauen Auslösemechanismus oder die Beschaffenheit des Hebelarmes zulassen. Über die Dimensionierung des Hebelarmes und die Aufteilung des Hebelverhältnisses hingegen können eine Reihe der Quellen zumindest etwaige Anhaltspunkte liefern. Auch über die Dimensionierung der Schlinge und die Größe der Bedienungsmannschaft lassen sich, auf Grundlage des vorliegenden Materials, etwaige Angaben machen. Viele der Darstellungen zeigen zudem Geschütze während des Wurfes, so daß auch über die Synergie von Vection und Tension während des Schleudervorganges Aussagen möglich erscheinen. Dennoch besteht bezüglich der konstruktiven Merkmale der Ziehkrafthebelwurfgeschütze die Notwendigkeit einer Ergänzung der durch die Quellen gewonnenen Erkenntnisse durch die Ergebnisse von Rekonstruktionsversuchen,[3] mittels derer eine genauere Beurteilung der Leistungsfähigkeit möglich wird.

Abb. 16: Darstellung zweier Gegengewichtshebelwurfgeschütze nach Agostino Ramelli.

2 Vgl.: Ramelli, Agostino: Schatzkammer / Mechanischer Künste, Deutsch, o.O. 1620 (Nachdruck, Hannover 1976), S. 298 u. 303; jedoch auch: Ramelli, Agostino: Le Diverse et Artificiose Machine, Paris 1588; ed. by Gregg Farnborough, New York 1970.

3 Diese werden uns insbesondere in Kapitel 2.5 (Rekonstruktionsversuche und ihre Aussagekraft) beschäftigen.

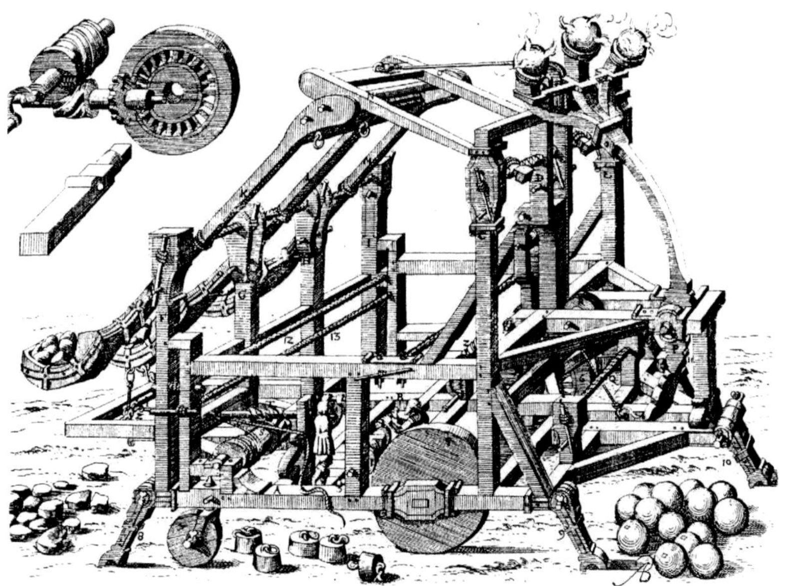

Abb. 17: Darstellung eines Wurfgeschützes nach Agostino Ramelli, beruhend auf Vection, Tension und Torsion.

Weitaus günstiger stellt sich die Situation in der Erforschung der konstruktiven Merkmale des Gegengewichtshebelwurfgeschützes dar. Neben einer Vielzahl indirekter Hinweise – vor allem aus spätmittelalterlichen Bildquellen – liegen uns eine Reihe umfassenderer Konstruktionsbeschreibungen vor, deren Inhalt in Kapitel 2.3 (Die Konstruktionsbeschreibungen des Gegengewichtshebelwurfgeschützes) eingehend erläutert wird. Eine besondere Rolle kommt dabei den anschaulichen Schilderungen von Aegidius Romanus und Marinus Sanutus zu, deren Inhalt allerdings kritisch hinterfragt werden soll, da sie gerade aufgrund ihrer großen Bedeutung besonders strengen Kriterien genügen müssen, um eventuell auf ihnen aufbauende Fehlschlüsse zu vermeiden.

2.2 Die Konstruktionsbeschreibungen des Ziehkrafthebelwurfgeschützes

Das in seinem Konstruktionsprinzip sehr schlicht anmutende Ziehkrafthebelwurfgeschütz bezieht seine Variabilität vor allem aus den wenigen veränderlichen Größen, die sich gerade aufgrund der einfachen Grundkonstruktion ergeben. Während also bei anderen Teilen des Antwerks – wie beispielsweise dem Torsionsgeschütz – Leistungsvarianz und Einsatzmöglichkeit durch in der Konstruktion festgelegte und im Feldeinsatz nicht mehr wandelbare Vorgaben geprägt sind,[4] verfügt das Ziehkrafthebelwurfgeschütz über eine Reihe von Komponenten, die mit ihrer leichten Veränder-

4 Vgl. hierzu Kapitel 3.1: Invention und Innovation – Die Rolle des Hebelwurfgeschützes im Kontext des übrigen Antwerks.

barkeit Teil des militärischen Wertes, aber auch Teil der Schwierigkeit bei der Beurteilung der Gesamtkonstruktion sind.

Die vermutlich früheste erhaltene Konstruktionsbeschreibung eines Ziehkrafthebelwurfgeschützes stammt aus China und datiert auf das Jahr 759 n. Chr.[5] Joseph Needham, dem das Verdienst zukommt, die bis dahin weitgehend vernachlässigte mittelalterliche chinesische Militärtechnik in den Blickpunkt westlicher Historiker zu rücken, hat sich in mehreren Aufsätzen auch der Frage des Hebelwurfgeschützes zugewandt und diese wichtige Quelle zumindest in Auszügen zugänglich gemacht. Der für uns an dieser Stelle relevante Passus aus Li Chhüans „Thai Pai Yin Ching“ lautet in der englischen Übersetzung Needhams wie folgt: „[...] For the trebuchet (phao chhe) they use large baulks of wood to make the framework, fixing it on four wheels below. From this there rise up two posts (shuang pi) having between them a horizontal bar (heng kua) which carries a single arm (tu kann) so that the top of the machine is like a swape (chieh kao). The arm is arranged as to height, length and size, according to the city [...]. At the end of the arm there is a sling (kho) which holds the stone or stones, of weight and number depending on the stoutness of the arm. Men pull (ropes attached to the other) end, and so shoot it forth. The carriage framework can be pushed and turned around at will. Alternatively the ends (of the beam of the framework) can be burried in the ground and so used. (But whether you use) the „Whirlwind“ (Hsüan-Feng) type or the „Four-footed“ (Ssu-Chiao) type depends on the circumstances. [...]“[6]

Diese frühe chinesische Quelle vermag schnell die wesentlichen Konstruktionsmerkmale und die große Flexibilität des Ziehkrafthebelwurfgeschützes deutlich zu machen. Zum einen weist sie darauf hin, daß Länge und exakte Dimensionierung des Wurfarmes den Gegebenheiten des Kampfplatzes anzupassen sind, zum anderen hängt wiederum die Wahl der Geschosse von eben der Dimensionierung dieser Vorgaben ab. Dennoch bleibt das Gewerf – darauf weist die Ausstattung mit Rädern hin – flexibel genug, um mit einer Standortveränderung auf sich ändernde Kampfbedingungen reagieren zu können. Hinzu kommt nach Li Chhüan die Möglichkeit, die Ständerkonstruktion mit den Enden in der Erde zu versenken, vermutlich um auf diese Weise eine höhere Stabilität der Konstruktion und eine exaktere Reproduzierbarkeit der Würfe zu erreichen. Die bewegliche, mit Rädern unterlagerte Variante bezeichnet er dabei mit dem bildhaften Ausdruck „Wirbelwind“, während der fest verankerten Version die Bezeichnung „Vierfüßige“ zukommt. Ob sich diese Charakterisierung als „vierfüßig“ auf die äußere Erscheinung der Rahmenkonstruktion selbst bezieht oder aber ein Hinweis auf die Tiefe der Verankerung der Balkenkonstruktion in der Erde ist, kann anhand der englischen Übersetzung als „Four-footed“ nicht einwandfrei entschieden werden. Auch das in Frage kommende Bildmaterial vermag hier keinen eindeutigen Aufschluß zu geben. Die von Needham beigefügten chinesischen Miniaturen einer um 1044 entstandenen Handschrift[7] geben zwar eine Reihe wertvoller konstruktiver Hinweise, sind aber bezüglich der Frage einer Bodenverankerung nicht einheitlich.

---

5 Vgl. zur Datierung: Needham: Chinas trebuchets, S. 109; sowie auch: Needham, J. & Yates, R.: Military Technology: Missiles and Sieges. In: Science and Civilizations in China, Bd. V/6, Cambridge 1995, S. 192.

6 Vgl.: Needham: Chinas trebuchets, S. 109.

7 Vgl: Needham: Chinas trebuchets; der als Nachweis WCTY/CC=Wu Ching Tsung Yao (Chhien Chi), 1044 n. Chr., sowie auch WPC=Wu Pei Chih, 1628 n. Chr. angibt.

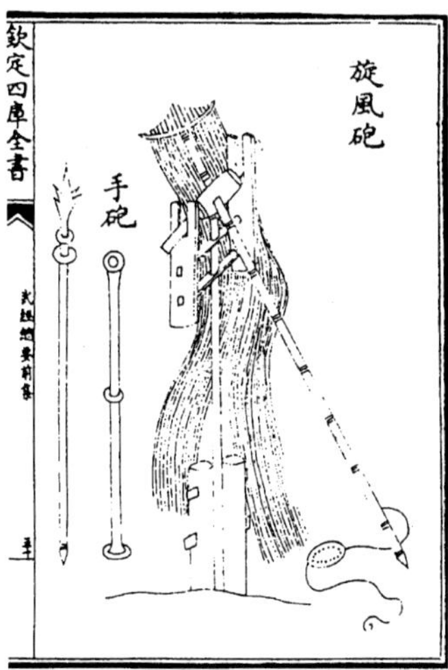

Abb. 18: *Im Boden verankertes Ziehkrafthebelwurfgeschütz.*

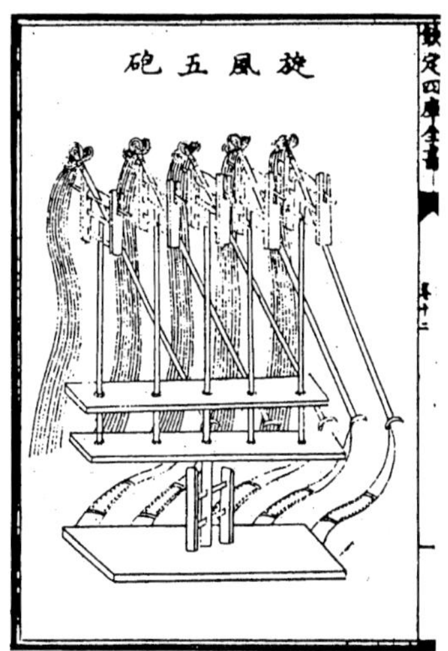

Abb. 19: *Mehrere Ziehkrafthebelwurfgeschütze auf drehbarer Lafette.*

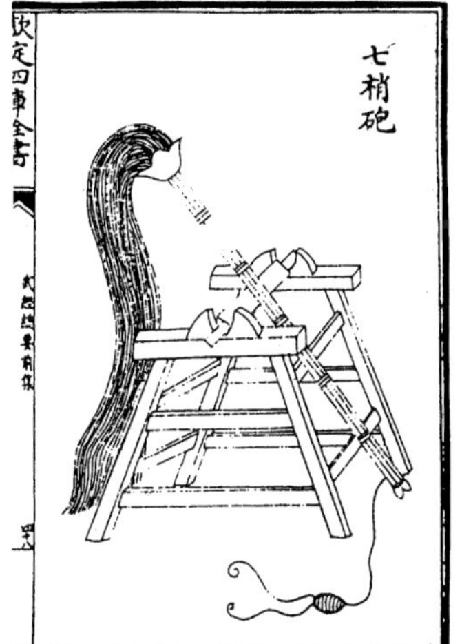

Abb. 20: *Auf Ständerkonstruktion gelagertes Ziehkrafthebelwurfgeschütz.*

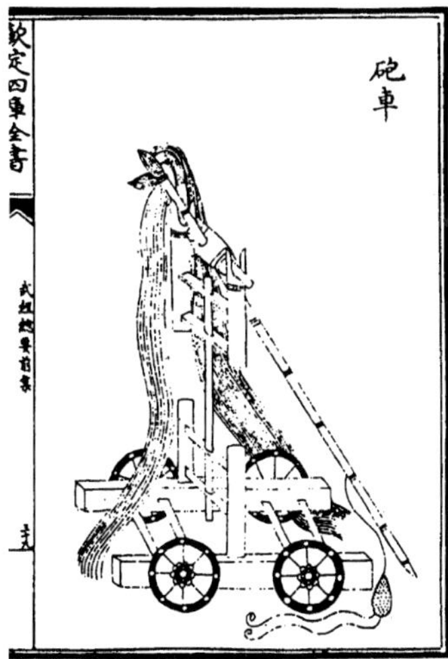

Abb. 21: *Auf fahrbarem Gestell gelagertes Ziehkrafthebelwurfgeschütz.*

So zeigt Abb. 18 eindeutig ein im Boden versenktes Gewerf, das jedoch lediglich über zwei in der Erde verankerte Beine verfügt und somit keinesfalls als „vierfüßig" charakterisiert werden kann.[8] Gleiches gilt für Abb. 19, bei der eine ganze „Batterie"

8 Vgl.: Needham: Chinas trebuchets, S. 130 (WCTY, ch.12, S. 50a = WPC, ch.113, S. 18a); sowie: Needham, J. & Yates, R.: Military Technology, S. 212; und Huuri: Geschützwesen, Fig.14.

von Gewerfen ebenfalls zweibeinig – hier jedoch auf einer Grundplatte ruhend – gelagert werden.[9] Wie hingegen aus Abb. 20 zu ersehen ist, zeigen die Darstellungen der gleichen Handschrift ebenfalls Konstruktionen, die auf einem sehr stabil wirkenden, vierbeinigen Rahmengestell beruhen, bei dem allerdings nicht eindeutig ersichtlich ist, ob eine Bodenverankerung der Balkenenden vorgenommen wurde.[10]

Abb. 21 schließlich ist wohl mit jener von Li Chhüan beschriebenen, auf Rädern gelagerten Konstruktion zu vergleichen.[11] Der senkrechte Verbindungsbalken zwischen dem fahrbaren Untergestell und der Lagerung des Hebelarmes scheint hier eventuell so konstruiert zu sein, daß eine Entnahme des eigentlichen Gewerfs aus dem Fahrgestell zwecks fester Verankerung im Boden möglich ist. Hierauf deutet vor allem die ansonsten unnötige Überlänge des senkrechten Verbindungsbalkens hin.

Auch wenn die gezeigten Miniaturen nicht in jeder Hinsicht als naturgetreu anzusehen sind – unter anderem sind die senkrechten Verbindungsbalken zwischen Lafette und Hebelarmlagerung sicherlich zu schwach ausgelegt und auch die in Abb. 19 gezeigte Batterie mehrerer Gewerfe scheint, aufgrund ihrer zu schwachen Gesamtkonstruktion, in dieser Weise nicht arbeitsfähig – zeigen sie doch eine ganze Reihe interessanter konstruktiver Merkmale. So sind sämtliche Hebelarme in offener Lagerung eingebracht, ohne gegen ein Herausspringen der Achse gesichert zu sein.[12] Dies spricht für einen gleichmäßig ablaufenden mechanischen Vorgang mit nur geringen unerwünscht auftretenden Kräften, die zu einer unkontrollierten Bewegung des Hebels führen könnten. Die Querschraffierungen der Hebelarme deuten entweder auf den Einsatz von Bambusrohren oder aber den Versuch einer zusätzlichen Verstärkung der Hebelarme durch Umwicklung hin,[13] wobei jedoch in Abb. 20 ein Hebelarm zu sehen ist, der eindeutig aus mehreren (mindestens drei) Balken zusammengesetzt wurde. Auch geschieht die Lagerung des Hebelarmes in allen Fällen so, daß der Hebelarm in seiner strukturellen Integrität unbeeinflußt bleibt. Zu diesem Zweck sind die Querachsen jeweils mit einer Öffnung versehen, durch die der Hebelarm geführt und in seiner Position arretiert wird.

Des Weiteren deuten alle Zeichnungen eine Verstärkung der Schleudertasche an, die entweder durch aufgesetzte Punkte oder durch Schraffur dargestellt wird. In Abb. 18 und Abb. 19 scheinen die Punktierungen eher auf eine Verbindung mehrerer Materialien (beispielsweise eine Reihe von Lederstücken) hinzudeuten, während in Abb. 21 die Punkte so dicht gesetzt sind, daß eventuell von einer Bewehrung der Schleudertasche mit Nieten ausgegangen werden kann. Die genaue Methode der Aufhängung der Schleuder und der Mechanismus zur Ablösung derselben während des Wurfes bleibt in den gezeigten Miniaturen leider unklar. So verfügen die Schleudern in Abb. 20 und

9 Vgl.: Needham: Chinas trebuchets, S. 131 (WCTY, ch.12, S. 55b = WPC, ch.113, S. 23f); sowie: Needham, J. & Yates, R.: Military Technology, S. 213.

10 Vgl.: Needham: Chinas trebuchets, S. 133 (WCTY, ch.12, S. 48a = WPC, ch.113, S. 16b); sowie: Needham, J. & Yates, R.: Military Technology, S. 213; und Huuri: Geschützwesen, Fig.13.

11 Vgl.: Needham: Chinas trebuchets, S. 132 (WCTY, ch.12, S. 39a = WPC, ch.113, S. 9b); sowie: Needham, J. & Yates, R.: Military Technology, S. 213.

12 Vgl. hierzu auch die in Kapitel 2.5 (Rekonstruktionsversuche und ihre Aussagekraft) vorgestellten Ergebnisse der Versuche mit dem „Strüter-Hebelwurfgeschütz", die diese Annahme bestätigen.

13 Sollten diese Querschraffierungen tatsächlich auf den Einsatz von Bambus hinweisen, so stellt sich die Frage, warum für den senkrechten Verbindungsstab in Abb. 18 ein anderes Material verwendet bzw. vom Zeichner auf eine Querschraffierung verzichtet wurde.

Abb. 21 über zwei offene Enden zur Aufhängung, während die in Abb. 18 zu sehende Schleudertasche des im Boden verankerten Gewerfs nur über ein Ende verfügt, wie dies auch bei den meisten europäischen Darstellungen der Fall ist.

Abb. 22: Chinesisches Ziehkrafthebelwurfgeschütz nach T'u shu.

Ein am Wurfarm befindlicher Haken zur Arretierung der Schleudertasche ist in keiner der Abbildungen auszumachen. Überdies bleibt die Funktion der in Abb. 18 beigefügten stabähnlichen Instrumente leider unklar. Auch die Größenverhältnisse der einzelnen Gewerfe können leider mangels Vergleichsmaßstab nicht exakt bestimmt werden. Allein die große Anzahl der abgebildeten Zugtaue läßt die Vermutung zu, daß es sich um leistungsfähige Konstruktionen mit entsprechender Dimensionierung gehandelt haben muß. Der mangelnde Vergleichsmaßstab ist indes ohne Auswirkung auf die ungefähre Bestimmung der dargestellten Verhältnisse von Last- und Wurfarm. Diese liegen, mit Ausnahme der in Abb. 20 gezeigten Ständerkonstruktion, zwischen 1:4,25 und 1:5,5. Warum die Abweichung von diesem relativ gleichbleibendem Hebelverhältnis bei der in Abb. 20 gezeigten Konstruktion mit einem Verhältnis von 1:1,4 derartig stark ist, scheint unklar. Da jedoch auch die Lagerung des Hebels innerhalb der Achse und die Verstärkung der Schleudertasche zeichnerisch nur ungenügend ausgeführt sind, liegt die Vermutung nahe, daß hier vor allem Wert auf die Darstellung der stabilen, vierbeinigen Rahmenkonstruktion gelegt wurde. Diesen Verdacht bestätigt auch die von Kalervo Huuri präsentierte Abb. 22, die ein nahezu identisches chinesisches Gewerf, allerdings mit genauerer Darstellung des Lagerungsmechanismus, enthält.[14]

Dennoch liegt der Wert des größeren Teils der gezeigten Abbildungen in der Genauigkeit, mit der einige Komponenten – wie die Lagerung des Hebels – gezeigt werden, da diese Details in den meisten uns vorliegenden europäischen Darstellungen stark vernachlässigt werden. Eine Übertragung darf hier sicher nur begrenzt vorgenommen werden, auch wenn die europäischen Erbauer von Ziehkrafthebelwurfgeschützen sich natürlich den gleichen konstruktiven Problemen gegenübergestellt sahen und eine etwa analoge Lösung nicht unwahrscheinlich sein muß. So zeigen beispielsweise auch verschiedene europäische Zeichnungen fest im Boden verankerte Ziehkrafthebelwurfgeschütze, wie dies etwa in der den sog. Zeitblomschen Zeichnungen des 15. Jahrhunderts entnommenen Abb. 23 der Fall ist.[15] Hier ist leider nicht viel mehr als das vage konstruktive Prinzip zu erkennen,

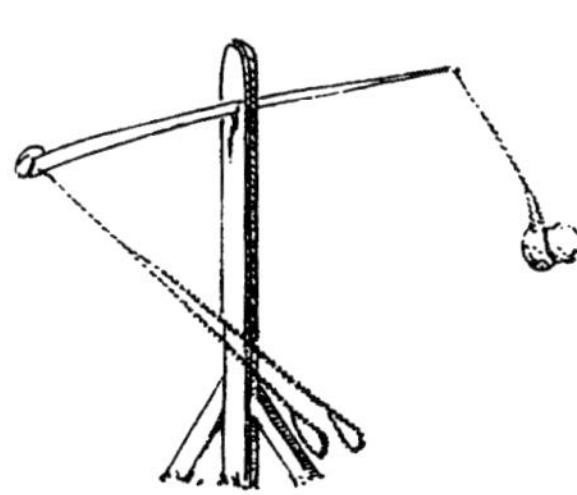

Abb. 23: Europäische Darstellung eines im Boden verankerten Ziehkrafthebelwurfgeschützes.

14 Vgl.: Huuri: Geschützwesen, Abb. 16, der als Quelle angibt: T'u shu – Ku chin t'u shu chi ch'eng, Abschnitt „Militärwesen" (ed. Shanghai 1884-88), 1726.

15 Vgl.: Demmin: Kriegswaffen, Bd. I, S. 860; sowie: Gohlke: Geschützwesen, S. 48.

was vielleicht der Grund dafür gewesen sein mag, daß Demmin ihm den schlichten Namen „Wippe" gegeben hat.[16] Die Aufständerung des „Geschützkopfes", also der gesamten Lagerungssektion des Hebelarmes, auf einem einzelnen vertikalen Balken ist auch hier wieder anzutreffen. Auch wenn in diesem Falle eine Erhöhung der Stabilität durch beidseitige Verstrebungsbalken versucht wurde, so ist diese Art der Konstruktion doch in jedem Falle als eher „labil" zu kennzeichnen, was vor allem in den hauptsächlich horizontal auftretenden Kräften während des Wurfes begründet ist. Die Erklärung für eine dessen ungeachtete Verwendung dieser Bauweise dürfte in zwei Argumenten zu suchen sein. Zum einen ist der Materialaufwand – vor allem der Verbrauch von Bauholz – bei dieser einfachen Konstruktion weit geringer als bei einer aufwendigeren vierbeinigen Kastenbauweise, wie wir sie in Abb. 20 gesehen haben. Ein zweiter Grund mag jedoch auch in der Variabilität dieser einständrigen Konstruktionsweise liegen, die durch eine Veränderung der Ständerhöhe eine gleichzeitige Veränderung derjenigen Parameter erlaubt, die einen entscheidenden Einfluß auf die erzielte Wurfweite ausüben. Huuri vermag diese naheliegende Vermutung durch eine chinesische Quelle zu untermauern, die sich dabei auf ein mit Abb. 18 vergleichbares Gewerf bezieht.[17]

Es sollte hierbei allerdings beachtet werden, daß diese Modifikation der Wurfweite nicht in einer Beeinflussung der eigentlichen mechanischen Arbeitsweise des Gewerfs, sondern einzig in einer Veränderung der „Arbeitsbedingungen" der ziehenden Mannschaft begründet ist. Durch die Variation der Höhe verändert sich nämlich allein der Winkel, in dem die Mannschaft sich unter dem „Geschützkopf" befindet, mit der Folge, daß der Kraftarm unterschiedlich schnell und tief heruntergezogen werden kann.

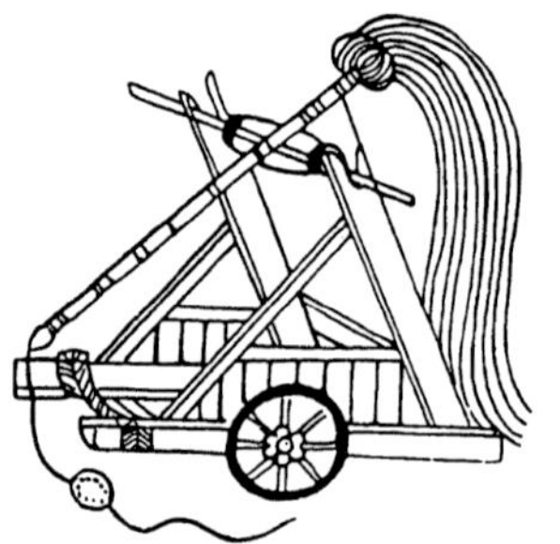

Abb. 24: Ziehkrafthebelwurfgeschütz der Sung-Dynastie.

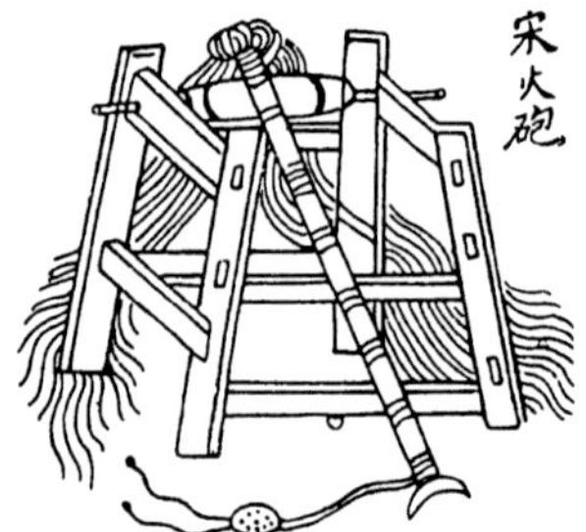

Abb. 25: Ziehkrafthebelwurfgeschütz der Sung-Dynastie.

So schwanken also die vielfältigen chinesischen Darstellungen zwischen einfacher einständriger Konstruktion und ganz unterschiedlichen meist sehr stabilen Kastenkon-

16 Warum Demmin allerdings erklärt, es handle sich bei dieser „Wippe" um eine „[...] Kriegsmaschine [...] nach Art der Mange [...]" bleibt unverständlich. Vgl.: Demmin: Kriegswaffen, Bd. I, S. 860; sowie die Ausführungen zur „Mange" in Kapitel 1.4: Die „Termini-Frage" in Quellen und Literatur.

17 Vgl.: Huuri: Geschützwesen, S. 144; der als Quelle angibt: T'u shu: Ku chin t'u shu chi ch'eng, Abschnitt „Militärwesen".

struktionen, wie sie noch einmal in Abb. 24 und Abb. 25 zu sehen sind.[18] Die europäischen Zeichnungen hingegen neigen im Falle des durch Ziehkraft betriebenen Hebelwurfgeschützes beinahe durchgehend zur einfachen einständrigen Konstruktion, wobei sich jedoch Unterschiede in offener Feldaufstellung und Plazierung auf den Verteidigungsmauern zeigen. Während die auf freier Fläche aufgestellten Gewerfe ihren sicheren Stand durch eine Dreibeinkonstruktion im unteren Bereich der Aufständerung beziehen, lassen die Darstellungen der auf Mauern positionierten Ziehkrafthebelwurfgeschütze zumeist nur den senkrechten Verbindungsbalken von „Geschützkopf“ und der (wie auch immer gearteten) Verankerung im Bodenbereich erkennen. Ob der Grund hierfür wirklich in einem konstruktiven Unterschied oder aber nur im Problem der zeichnerischen Umsetzung zu suchen ist, mag schwer zu beurteilen sein. Eine im Vergleich zu den „Feldgeschützen“ abweichende Aufständerung oder Verankerung der „Zinnengeschütze“ ist hingegen keinesfalls auszuschließen. Zu denken wäre hier vor allem an eine Art „Versenkungslöcher“, in denen diese frühen Gewerfe im Belagerungsfall mit ihrem Aufständerungsbalken eingeführt werden konnten. Belege für eine solche Technik liegen uns bisher allerdings nicht vor.

Abb. 26: Ziehkrafthebelwurfgeschütz auf den Zinnen des Königspalastes Rogers II.

Dieser Unterschied von Feld- und Zinnengeschützen wird besonders deutlich in einem der besten und zugleich frühesten Beispiele für den Einsatz von Ziehkrafthebelwurfgeschützen in Europa – der Bilderchronik des Magisters Petrus de Ebulo.[19]

Entstanden ist das „Liber ad honorem Augusti sive de rebus Siculis carmen“ zwischen 1195 und 1197, also während der sizilischen Regierungszeit Heinrichs VI. Von

18 Die dem sog. „Wa-pei-che“-Codex entnommenen Darstellungen sind in den Zeitraum der Sung-Dynastie (also um 960-1280 n.Chr.) zu datieren und finden sich u.a. bei: Demmin, August: Die Kriegswaffen in ihren geschichtlichen Entwicklungen von den ältesten Zeiten bis auf die Gegenwart. Band II – Ergänzungen zu den vier Auflagen, Wiesbaden 1895/96, Nd. Hildesheim 1964, S. 177. Erwähnenswert scheint hier der Hinweis, daß die perspektivisch gelungenere Abb. 24 und die stark verzerrte Abb. 25 mit Hebelverhältnissen von 1:3 und 1:6,4 stark voneinander abweichende Last- und Wurfarmverhältnisse aufweisen.

19 Vgl. im Folgenden dazu vor allem die Ausgabe: Petrus de Ebulo: Liber ad honorem Augusti sive de rebus Siculis – Codex 120 II der Burgerbibliothek Bern, hrsg. von Theo Kölzer und Marlis Stähli, Sigmaringen 1994.

Abb. 27: Ziehkrafthebelwurfgeschütz auf einer Festung Tankreds.

Petrus de Ebulo[20] zur Erhöhung der staufischen Regierungszeit verfasst, zeigt die Pergamenthandschrift eine ganze Reihe wichtiger Belagerungsszenen im Italien des späten 12. Jhrdts. Mit Ausnahme einer mozarabischen Handschrift, auf die an anderer Stelle eingegangen wird,[21] stellen die insgesamt neun Miniaturen, auf denen Ziehkrafthebelwurfgeschütze zu sehen sind, die ersten Bilddarstellungen dieser neuen Gewerfe in Europa dar. Sie zeigen sowohl den Feldeinsatz, als auch den Wurf von den

20 Ettore Rota gab ihm in seiner Edition den Beinamen „Ansolino“, den er indirekt aus einer Urkunde des Jahres 1219 bezog, die die Schenkung von Land durch einen „Magister Petrus Ansolinus de Ebulo“ bestätigte. Dieser Beleg erscheint indes nicht zwingend, zumal im Kolophon der Handschrift allein „Magister Petrus de Ebulo“ als Name des Autors ausgewiesen ist. Vgl. hierzu jedoch: Petrus Ansolino de Ebulo: Liber ad honorem augusti sive de rebus siculis carmen. In: Muratori, Rerum Italicarum Scriptores, N.S.XXXI/1, Città di Castello 1904; sowie: Petrus de Ebulo (Ed. Theo Kölzer): Liber ad honorem, fol. 147v.

21 Vgl. hierzu: Kapitel 3.1: Invention und Innovation.

Zinnen verschiedener Befestigungen herab. Zwar bestechen die Zeichnungen nicht durch ihre Detailgenauigkeit, doch liegt ihr Vorteil – im Gegensatz zu den bisher gezeigten Abbildungen – darin, die Gewerfe nicht allein im Ruhezustand, sondern auch während des Einsatzes im Kampf um die Mauern zu zeigen. Eine Auswahl von zunächst vier der neun relevanten Szenen ist in Abb. 26 bis Abb. 29 zu sehen.

Die erste Szene zeigt dabei Sybille, die zweite Frau König Rogers II. von Sizilien, die im Kindbett liegt (wo sie am 19. September 1151 stirbt), was der Autor mit den Worten „hic sepelitur Sebilia aborcensis“ kennzeichnet. Der hier gezeigte Ausschnitt[22] läßt deutlich das auf dem höchsten Turm der Mauern des Königspalastes aufgestellte Ziehkrafthebelwurfgeschütz erkennen. Der Maßstab ist hier uneinheitlich, so daß die Größenverhältnisse leider nicht festgestellt werden können, doch sieht man deutlich die einständrige Bauweise, deren Lagerung des Hebelarmes starke Parallelen zu Abb. 18 aufweist. Die Schleuder verfügt über eine offenbar verstärkte Geschoßtasche und ein freies Ende, das über den am Ende gekrümmten Wurfarm gestreift werden kann.

Abbildung 27, die Tankred als gekrönten Affen (simia factus rex) über dem Gefängnis seines Gegenspielers Roger von Andria zeigt,[23] bestätigt die Erkenntnisse aus Abb. 26 und läßt zudem die Art der Lagerung des Hebelarmes innerhalb der spindelförmigen Achse erkennen. Deutlich sieht man, wie der Hebelarm durch die Achse geführt wird, ohne dabei in seiner strukturellen Integrität beeinflußt zu sein.[24] Der Kraftarm läuft in einer verstärkten Dreiecksverbindung aus, an der drei Zugseile befestigt

Abb. 28: Einsatz von Ziehkrafthebelwurfgeschützen bei der Belagerung Neapels (1191).

---

22 Vgl.: Petrus de Ebulo (Ed. Theo Kölzer): Liber ad honorem Augusti, fol. 96r.

23 Vgl.: Petrus de Ebulo (Ed. Theo Kölzer): Liber ad honorem Augusti, fol. 104r.

24 Man beachte hierbei wiederum die Parallelen zu Abb. 18 und Abb. 21, sowie die davon verschiedene Konstruktion in Abb. 30.

sind. Das Gebäude ist leider nicht näher zu identifizieren, da es zwar mit der Bezeichnung „castrum“ überschrieben ist, die nähere Kennzeichnung auf der rechten Seite der Aufständerung jedoch rasiert wurde. Die Größenverhältnisse sind auch hier nicht genau genug wiedergegeben, so daß selbst eine Beurteilung der internen Relationen von Last- zu Wurfarm oder von Hebel- zu Schleuderlänge nicht sinnvoll erscheint. Aufschlußreicher erscheint da Abb. 28, in der ohne Zweifel die waffengeschichtlich bedeutsamste Miniatur des Liber ad honorem Augusti zu sehen ist.[25]

Wiedergegeben ist hier die Belagerung Neapels von Ende Mai bis Ende August 1191. Auf dem rechten Turm der Stadt ist Graf Richard von Acerra (comes Riccardus) zu sehen, dessen Gesicht vom Geschoß einer Armbrust durchbohrt wird.[26] Sowohl das Gewerf der Verteidiger als auch das von einer Gruppe Böhmen bediente Ziehkrafthebelwurfgeschütz stehen unmittelbar vor dem Wurf. Unterhalb des Ladeschützen der Neapolitaner ist eine Reihe etwa kindskopfgroßer runder Schleudersteine erkennbar. Ob das Gewerf der Angreifer mit seiner dreibeinigen Ständerkonstruktion im Boden versenkt ist, läßt sich nur vermuten. Die Art der Zeichnung der Bodenansätze deutet jedoch durch ihre uneinheitliche Gestaltung auf eine solche Versenkung der einzelnen Beine hin. Über die Kampfentfernung lassen sich aus der sehr gedrängt gezeichneten Darstellung weder direkte noch indirekte Schlüsse ziehen. So ist wohl auch die Aufstellung der Bogenschützen im Bereich hinter der Gewerfsaufständerung allein einer pragmatischen Platzausnutzung des Zeichners zuzuweisen.

Deutlich ist indes auf beiden Seiten zu sehen, wie die jeweiligen Ladeschützen sich an die Schleudern hängen und so die Tension des Hebels als zusätzliche Kraftquelle für den Wurf nutzbar machen. Dies wird umso klarer angesichts der Tatsache, daß die in Ruhe befindlichen Gewerfe der übrigen Miniaturen nahezu keinerlei Tension des Hebels aufweisen.[27] Das Gewerf der Angreifer wird von acht dicht unter dem Kraftarm gedrängt stehenden Rittern bedient, die durch ihre Brünnen und Topfhelme mit einfachen Naseneisen eindeutig als solche erkennbar sind. Ob die Zugmannschaft dabei wirklich auf die sichtbaren acht Mitglieder beschränkt ist, erscheint unsicher. Zweifel könnten angebracht sein, da das Gewerf über neun sichtbare Taue verfügt und die Zugmannschaft der Verteidiger mit nur zwei Rittern eindeutig symbolisch dargestellt ist – wobei ihr Gewerf hingegen tatsächlich über acht sichtbare Zugseile verfügt. Interessant ist in beiden Fällen jedoch vor allem die Tatsache, daß die Zugmannschaften aus Rittern bestehen, während der jeweilige Ladeschütze – der vermutlich auch den Gesamtvorgang koordiniert – ohne Helm und Brünne gezeigt wird.

Die Rolle des „Ladeschützen“ während des Wurfvorgangs ist innerhalb der Fachwelt bisher nur wenig beachtet worden, was unter anderem in der schwierigen Quellenlage begründet sein mag. Es scheint jedoch Anzeichen dafür zu geben, daß seine Rolle über das bloße Bewirken der Hebeltension hinausging. So zeigen auch Miniaturen ohne sichtbare Hebeltension Ladeschützen, die sich während der ersten Wurfphase an das Schleuderende hängen[28] – vermutlich, um während des Anziehens der Wurf-

25 Vgl.: Petrus de Ebulo (Ed. Theo Kölzer): Liber ad hororem Augusti, fol. 109r.

26 Man beachte hierzu auch fol. 110r, das sehr anschaulich die Behandlung des Grafen durch einen Medicus zeigt. Vgl.: Petrus de Ebulo (Ed. Theo Kölzer): Liber ad hornorem Augusti, fol. 110r.

27 Vgl. hierzu beispielsweise Abb. 26 und Abb. 27.

28 Vgl. Abb. 30.

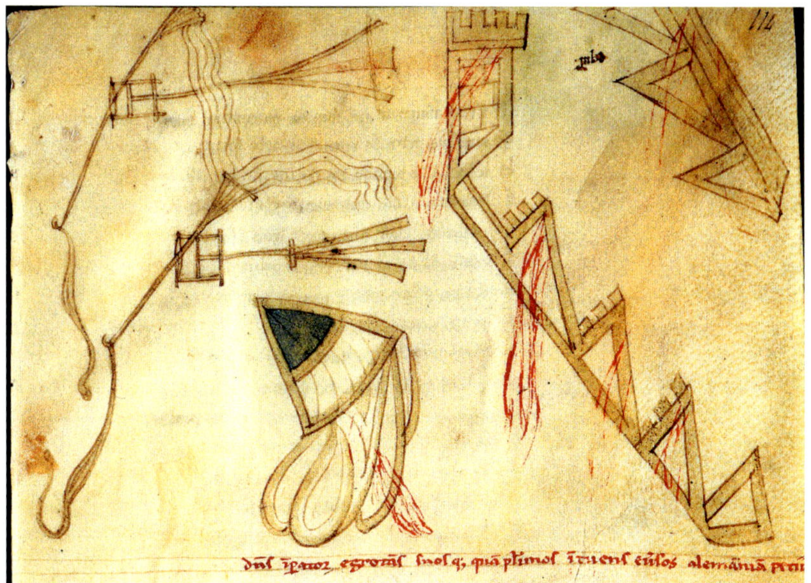

Abb. 29: Nach der Belagerung Neapels läßt das kaiserliche Heer sein Kriegsgerät zurück.

mannschaft die Trägheit des Wurfarmes durch zusätzliche Last zu erhöhen und so ein ungleichmäßiges Einsetzen der Kraft auszugleichen. Die Annahme, daß ihm zudem die Aufgabe der Koordination und die Erteilung des Wurfbefehls zukam, ist hingegen nicht allein hierin begründet, denn einen Eindruck davon, daß das Amt des Ladeschützen angesehener war, als es die Bilder vielleicht vermuten lassen, vermittelt uns auch Muhammad ben Garir al-Tabari in einer Beschreibung der Belagerung Mekkas im Jahre 692, wenn er schreibt: „[...] Dann schürzte al-Haggag [der Oberbefehlshaber] die Schösse seines Mantels auf und stopfte sie in seinen Gürtel und hob den Stein auf und legte ihn in den manganiq hinein. Dann befahl er, ‚werft!', und warf mit ihnen zusammen. [...]“[29] Da die letzte Bemerkung nur im Falle des Einsatzes eines Ziehkrafthebelwurfgeschützes schlüssig wird, ist deutlich, daß der Oberbefehlshaber – so zumindest die Annahme des Schreibers – sich nicht zu schade war, als Ladeschütze den Wurf zu initiieren und seine Männer auf diese Weise zu höherer Leistung zu motivieren.

Gab Abb. 28 die Möglichkeit, den Einsatz der Gewerfe während des Gefechts nachzuvollziehen, so vermittelt uns Abb. 29 einen Eindruck vom Ausgang der Belagerung Neapels.[30] Das kaiserliche Heer hat das Feld geräumt und sein Kriegsgerät zurückgelassen. Neben zwei Gewerfen sieht man auch die brennenden Reste eines Wandelturmes und eines Zeltes.[31]

29 Vgl.: Muhammad ben Garir al-Tabari: kitab ahbar al-rusul wa-l-muluk, Ed. M. J. de Goeje, Leiden 1879, II 844, 15; sowie Huuri: Geschützwesen, S. 142.

30 Vgl.: Petrus de Ebulo (Ed. Theo Kölzer): Liber ad honorem Augusti, fol. 114r.

31 Die von späterer Hand hinzugefügten roten Flammen sind vermutlich mit dem von Petrus de Ebulo in 113v erwähnten Feuer in Verbindung zu bringen: „[...] Nox erat et castris nec fragor ullus erat. Funes comburi, testudines ossa cremari Cernis et auxilium Palladis omne rui. [...]“ Vgl.: Petrus de Ebulo (Ed. Theo Kölzer): Liber ad honorem Augusti, fol. 113v, 532.

Augenfälligstes Merkmal der umgestürzten Ziehkrafthebelwurfgeschütze ist hier die Länge der Schleudern, die zwar nicht einheitlich ist, jedoch vom Zeichner als entsprechend beeindruckend erfahren worden sein muß. Im Zusammenhang mit den vorangegangenen Miniaturen kann durchschnittlich wohl von einer Schleuderlänge ausgegangen werden, die in geöffnetem Zustand mindestens der Gesamtlänge des Wurfhebels entsprach. Ob hingegen die Darstellung des Zeichners bezüglich der Achsen der Wurfhebel, die selbst in liegendem Zustand noch immer in ihrer Lagerung verharren, korrekt ist, kann nicht sicher entschieden werden. Sollte die Darstellung indes zutreffend sein, wäre hier aber ein Hinweis auf eine gegen Herausspringen gesicherte Verankerung der Achsen gegeben, die von Abb. 18 bis Abb. 21 eindeutig nicht vorhanden ist.

Eine Achslagerung vollkommen anderer Art ist hingegen in Abb. 30 zu sehen, die der sogenannten Maciejowsky-Bibel entnommen ist.[32] Die um 1240 – also etwa ein halbes Jahrhundert nach dem Liber ad honorem Augusti – entstandene französische Miniatur[33] zeigt Saul, wie er im Kampf gegen die Ammoniter der Stadt Jabesch zu Hilfe kommt.

Abb. 30: Ziehkrafthebelwurfgeschütz einer französischen Miniatur um 1240.

Die angesprochene Achslagerung erfolgt hier mittels einer, durch den Hauptbalken des Wurfhebels geführten Achse, deren sichtbares Ende mit einem Splint gesichert wurde. Die Farben von Achse (braun) und Splint (grau) deuten daraufhin, daß allein die Sicherung der Achse aus Metall gefertigt wurde, während die Achse selbst aus dem gleichen Holz hergestellt wurde wie die übrige Balkenkonstruktion. Die strukturelle

32 Der Name „Maciejowsky-Bibel“ ist auf den Umstand zurückzuführen, daß Kardinal Bernard Maciejowsky sie 1608 dem Schah Abbas von Persien zum Geschenk machte.

33 Vgl.: Codex Ms. 638, fol. 23v. The Pierpont Morgan Library, New York.

Integrität des Hauptbalkens – und damit auch seine Belastbarkeit – dürfte durch diese Art der Lagerung erheblich reduziert sein. Die Verstärkung mittels zweier flankierender Balken, die über starke Seile mit dem Hauptbalken zusammengehalten werden, führt diesbezüglich zu keiner Verbesserung, da die Traglast des Hebels dennoch über die Achse in vollem Maße auf den Hauptbalken übertragen wird. Der gesamte dreiteilige Hebelarm wurde dabei aus offenbar weitgehend unbehandelten jungen Bäumen gefertigt, worauf die deutlich dargestellten Reste von Seitenästen hinweisen.

Abb. 31: Ziehkraft- und Gegengewichtshebelwurfgeschütz nach einer arabischen Miniatur.

Trotz eines Ladeschützen, der in diesem Fall über eine Verlängerung an der verstärkten Geschoßtasche hängt, zeigt der Hebel keinerlei Tension. Doch hier erschöpft sich leider schon die Aussagekraft dieser farbenprächtigen Illustration, da weder die genaue Art der Aufständerung noch die Zugmannschaft hinter den kämpfenden Männern erkennbar werden. Dies ist umso bedauerlicher, als die ziehende Mannschaft – insbesondere deren zahlenmäßige Stärke – eine Frage von erheblichem Einfluß auf Leistungsfähigkeit und Einsatzmöglichkeit der Ziehkrafthebelwurfgeschütze darstellt.

Innerhalb der Fachwelt kursieren bezüglich der Mannschaftsgrößen Werte, die zwischen 40 und 1200 an den Zugseilen befindlichen Männern schwanken.[34] Die erstaunlich große Bandbreite dieser Angaben resultiert dabei nicht etwa aus der Willkür der jeweiligen Autoren, sondern deckt sich durchaus mit der diesbezüglich äußerst variablen Quellenlage. So wird uns beispielsweise in der ersten schriftlichen Quelle eines Hebelwurfgeschützeinsatzes in Europa von der Belagerung Lissabons im Jahre 1147 berichtet, bei dem Einhundertmann-Abteilungen wechselweise den Dienst an den Zugseilen übernahmen und auf diese Weise mit zwei Gewerfen 5000 Steine in zehn

34 Vgl.: Hill: Trebuchets, S. 100 u. 108; White: Die mittelalterliche Technik, S. 85 u. 135; Needham, J. & Yates, R.: Military Technology, S. 216; Needham: Chinas trebuchets, S. 113.

Stunden warfen.[35] Der höchste Wert indes liegt, wie erwähnt, bei einer Mannschaftsgröße von 1200 Mann und geht auf eine arabische Quelle des frühen 13. Jhrdts. zurück.[36] Dieser hohe Wert stellt jedoch innerhalb der Quellenlage eine absolute Ausnahme dar und muß schon allein aufgrund des Problems der schwierigen Koordination beim Ziehen ins Reich der Phantasie Al-Bundaris' verwiesen werden. Die von Needham so vorbildlich ausgewerteten chinesischen Quellen zeigen Werte, die sämtlichst zwischen 50 und maximal 250 Mann für das große „chhi shao phao"-Gewerf liegen,[37] was vermutlich am äußersten Rand des physikalisch Machbaren sein dürfte.

Die maximale Mannschaftsgröße findet dabei ihre Grenze nicht allein in der Dimensionierung der Gewerfe oder der für die ruckartig einsetzende Zugbewegung notwendigen Disziplin, sondern auch in einem Problem, das im mechanischen Prinzip verborgen ist und das wohl schließlich auch den Anstoß zur Entwicklung des leistungsfähigeren Gegengewichtshebelwurfgeschützes gegeben hat. Die Schwierigkeit liegt im Wesentlichen darin, daß eine effektive Übertragung der Gewichtskraft der Mannschaft nur dann gegeben ist, wenn diese sich möglichst genau unterhalb des Kraftarmendes aufhält, so daß der Winkel zwischen Zugseil und Hebelarm sich erst möglichst spät zu einem flachen Winkel öffnet, wobei die Kraftübertragung in dem Maße schwächer wird, wie sich der Kraftarm senkt und den Winkel damit verflacht. Eindrucksvoll demonstriert ist diese Erfahrung in der bereits besprochenen Abb. 28 des Liber ad honorem Augusti, in der sich die ziehende Mannschaft dicht gedrängt im günstigsten Punkt unter dem Kraftarm gewissermaßen „zusammenrottet". Steht nämlich der Hauptteil der ziehenden Mannschaft – beispielsweise aufgrund ihrer Größe – weit hinter dem Kraftarmende, so wirkt ihre Kraft nicht nur weniger effektiv, sondern sogar in entgegengesetzter Richtung, nämlich sobald ihre Zugseile mit dem Wurfhebel eine Linie bilden. Abb. 32 mag dieses mechanische Grundprinzip noch einmal verdeutlichen.

Eine Vergrößerung der effektiven Aufstellfläche der Mannschaften ist, wenn auch nur in begrenztem Maße, durch eine Aufstellung des Ziehkrafthebelwurfgeschützes oberhalb eines Abhanges möglich. Auf diese Weise läßt sich die Aufstellfläche, die sich im zentralen Bereich unterhalb des Kraftarmes befindet, vergrößern und der Effektivitätsgrad großer Mannschaften entsprechend erhöhen. Wie in Abb. 33 zu sehen ist, zeigt auch eine der Miniaturen des Liber ad honorem Augusti[38] eine derartige „Hügelaufstellung", bei der ein Gewerf auf einem der Burg Torremagiore (turris maior) nahe gegenüberliegendem „Wulst" (torus) aufgestellt wurde.[39]

---

35 „[...] Hii omnes per centenos divisi, audito signo exeuntibus primis centenis, alii centeni subintrassent, ut inter decem horarum spatia V. milia lapidum iactarentur. [...]" Vgl.: De expugnatione Lybonensi – The conquest of Lisbon, Ed. by Charles W. David, New York 1976 (Neudruck d. Ausgabe New York 1936), S. 142. Die Zahl von 5000 Würfen ist dabei mit Sicherheit weit übetrieben, da ansonsten nur etwa 8 Sekunden pro Wurf benötigt würden – ein Wert, der nicht einmal von Bogenschützen erreicht wird.

36 Vgl.: Al-Bundari: Zubdath al-nusrah, Ed. M. T. Houtsma, Recueil des textes relatif a l'histoire des Seljoucides 2 (Leyden 1889) 42; sowie: Hill: Trebuchets, S. 108.

37 Vgl.: Needham: Chinas trebuchets, S. 113.

38 Vgl.: Petrus de Ebulo (Ed. Theo Kölzer): Liber ad honorem Augusti, fol. 111r.

39 „[...] Mons fugit a castro, quantum volat acta sagitta / Et quantum lapides mittere funda potest. / Hunc super ascendunt, fit machina, pugna vicissim / Contrahitur, variant mutua bella vices. / Hinc fera tela volant, fluviales inde lapillos / Funda iacit, lassant iactaque saxa manus. [...]" Vgl.: Petrus de Ebulo (Ed. Theo Kölzer): Liber ad honorem Augusti, fol. 110v, 440-445.

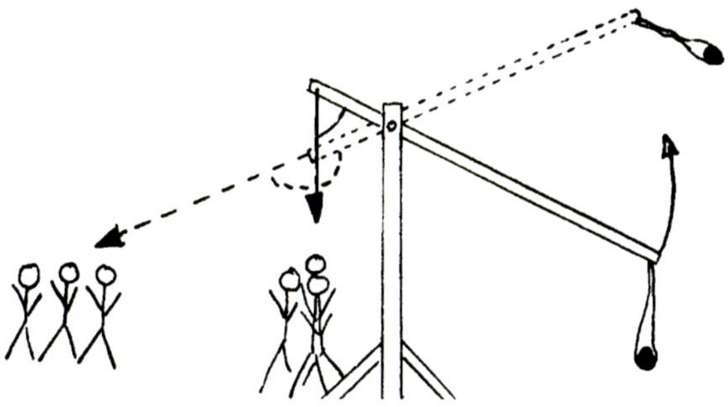

Abb. 32: Bei zu großer Ausweitung des Aufstellungsortes kann die ziehende Mannschaft ihre Gewichtskraft nicht mehr wirksam umsetzen.

Abb. 33: Belagerung der Burg Torremagiore von einer Anhöhe aus.

Festzustellen bleibt in jedem Fall, daß die Größe der ziehenden Mannschaft in einem Maße begrenzt war, das den Ersatz der Gewichtskraft vieler ziehender Männer durch ein am Kraftarm befestigtes Gegengewicht sinnvoll erscheinen ließ. Nur so werden Äußerungen verständlich, die sich bezüglich der Leistungsfähigkeit von Ziehkrafthebelwurfgeschützen in ähnlicher Weise lesen, wie dies bei Aegidius Romanus – auf den im folgenden Kapitel noch näher einzugehen sein wird – der Fall ist: „[...] Die vierte Geschützart hat kein Gegengewicht, sondern dafür Stricke, die durch die Kraft von Menschenhänden angezogen werden. Ein derartiges Geschütz kann natürlich nicht so große Steine werfen, wie die drei vorgenannten Geschützarten, aber man braucht nicht so lange Zeit, um dieses Geschütz schußfertig zu machen, wie bei den oben besprochenen Geschützen: infolgedessen schießt dieses Geschütz öfter und kann seine Geschosse dichter werfen als die vorgenannten. [...]“[40]

Insgesamt können also auf Grundlage des vorliegenden Quellenmaterials eine Reihe konstruktiver Merkmale festgehalten werden, die zwar ihrem Auftreten nach stets singulär betrachtet werden müssen und nur in wenigen Fällen universell auf alle auftretenden Ziehkrafthebelwurfgeschütze übertragbar scheinen, andererseits hingegen eine Reihe eindeutiger konstruktiver Tendenzen aufzeigen, die sich mit einer gewissen Konstanz in den Entwürfen wiederholen.

Diese konstruktiven „Ähnlichkeitstendenzen“ haben ihren Ursprung sicherlich zum Teil in der Übernahme bereits vorhandener und den Baumeistern bekannter Formen, jedoch auch in einer Art konstruktiver Logik, die bei annähernd gleichen Problemstellungen zu tendenziell analogen Lösungsansätzen geführt hat. Dies gilt beispielsweise für die Art der Lafettenkonstruktion, die, wie gezeigt, zur einständrigen und zum Teil versenkten Aufständerung neigt. Ebenso zeigen sämtliche Abbildungen verstärkte Geschoßtaschen, die der hohen Belastung beim Wurf scharfkantiger Steine standhalten. Die eingesetzten Hebelarme dürften insbesondere bei den frühen Gewerfen aus einem einzigen Balken gefertigt gewesen sein. Hierbei kommt die zusätzliche Nutzbarmachung der Tension mittels eines Ladeschützen vor allem für geringer dimensionierte Gewerfe in Frage, da nur hier das Gewicht eines einzelnen Mannes eine meßbare Tension des Wurfarmes bewirken kann.

Für die Schleuderlängen hingegen lassen sich keine genauen Angaben machen, doch kann angesichts des vorliegenden Bildmaterials von einer Schleuderlänge ausgegangen werden, die in geöffnetem Zustand mindestens der Gesamtlänge des Hebels entsprach. Die Ablösung der Schleuder erfolgte offenbar schon bei den frühen Gewerfen durch eine Krümmung des Wurfarmendes, wobei nicht exakt bestimmbar ist, ob diese Funktion bereits durch einen speziellen Schleuderhaken erfüllt wurde.

Auch für das Verhältnis von Kraft- und Wurfarm lassen sich keine einheitlichen Werte feststellen, doch neigen die genaueren Bilddarstellungen zu einer Relation, die etwa zwischen 1:4 und 1:6 liegen dürfte. Die Lagerung des Hebels wird in den allermeisten Fällen unter Bewahrung der strukturellen Integrität des Hebelbalkens vorgenommen, indem der Hebelbalken durch eine Spindelachse mit entsprechender Aufnahmeöffnung geführt wird.

Für die Größe der ziehenden Mannschaft kann aufgrund physikalisch zwingender Annahmen von einer Obergrenze, die unter zweihundertfünfzig Mann gelegen hat, ausgegangen werden. Der Regelwert dürfte indes sehr weit darunter gelegen haben, so daß eine Stärke von fünfzig bis hundert Mann realistisch erscheint. Für den Vergleich mit dem im folgenden Kapitel behandelten Gegengewichtshebelwurfgeschütz sei erwähnt, daß die Gewichtskraft von hundert Männern in etwa einem Gegengewicht von 7,5 t entspricht.

40 „[...] Quartum vero genus machinae est, quod loco contraponderis habet funes, qui trahuntur per vires et manus hominum. Huiusmodi enim machina non proicit lapides ita magnos sicut praedicta tria genera machinarum, tamen non oportet tantum tempus apponere ad proportiandum huismodi machinam sicut in machinis praefatis; ita quod pluries et spissius proicit haec machina quam praedictae. [...]“ Vgl.: Aegidius Romanus (Ed. Schneider): De regimine principum, XVIII.

2.3 Die Konstruktionsbeschreibungen des Gegengewichtshebelwurfgeschützes

Zeichnen uns die konstruktiven Quellen des Ziehkrafthebelwurfgeschützes ein Bild, das vor allem von hoher Variabilität und einfacher Bauweise mit nur wenigen Elementen geprägt ist, so tritt uns das Gegengewichtshebelwurfgeschütz in erster Linie als Gewerf von hoher Treffsicherheit und der Möglichkeit zur Bewältigung großer Geschoßgewichte entgegen. Die Einschränkung der Variabilität bezieht sich indes allein auf das einzelne Gewerf, das infolge seiner größeren konstruktiven Komplexität in der Regel keine Abweichung von der vorgesehenen Bauweise zuläßt. Als „Geschützgattung" hingegen lassen zumindest die Bildquellen eine schon fast beliebig anmutende Breite an Bauweisen erahnen.

Auch wenn die wenigen schriftlichen Quellen, die sich ausführlicher der Beschreibung von Gegengewichtshebelwurfgeschützen widmen, diese Vielfalt nur sehr eingeschränkt wiedergeben, so werden doch bereits in der ältesten europäischen Beschreibung solcher Gewerfe die grundlegenden Möglichkeiten der Konstruktion deutlich. Der Verfasser dieser detaillierten Schilderung – Aegidius Romanus – entstammte der Familie der neapolitanischen Colonna, wird aber gewöhnlich nach seinem Geburtsort Rom benannt, wo er um 1243 geboren wurde (daher im Französischen auch „Gilles de Rome"). Als junger Mann kam er nach Paris, wo er einer der bedeutendsten Schüler des Thomas von Aquin wurde. Seine Gelehrsamkeit und eine Vielzahl von Vorträgen brachte ihm bald den Ehrentitel eines „doctor fundatissimus" ein. Wenig später wurde er auf Anweisung König Philipps des Kühnen der Lehrer des Thronfolgers Philipp des Schönen. Für ihn verfaßte er um 1280 das Werk „De regimine principum", eine Art „Fürstenspiegel", der dazu dienen sollte, den Thronfolger auf seine Regentschaft vorzubereiten. Die bald darauf erscheinenden lateinischen Abschriften, sowie zahlreiche Übersetzungen ins Französische, Spanische und Italienische zeigen sehr deutlich den Wert, der seiner Schrift zugemessen wurde. Im dritten Band seines Werkes beschreibt Aegidius nun die verschiedenen Arten von Wurfgeschützen, auf die im Folgenden unser Interesse gerichtet sein soll:

„[...] Die Geschütze zum Steinwerfen lassen sich etwa auf vier Arten zurückführen. Denn in jedem derartigen Geschütz muß es eine Kraft geben, um die Rute des Geschützes anzuziehen und emporzuschnellen, samt der an der Rute befestigten Schleuder, mit der die Steine abgeschossen werden. Dieses Emporschnellen der Rute geschieht bisweilen durch ein Gegengewicht; bisweilen aber genügt das Gegengewicht nicht, sondern man schnellt außerdem noch die Rute des Geschützes mit Seilen empor: ist die Rute emporgeschnellt, so werden die Steine abgeschossen.

Wenn dieser Abschuß lediglich durch das Gegengewicht herbeigeführt wird, so ist dieses Gegengewicht entweder fest, oder es ist beweglich, oder es setzt sich aus diesen beiden Befestigungsarten zusammen.

Fest heißt das Gegengewicht, wenn an der Rute eine Art Kasten angebracht ist, der unbeweglich an der Rute hängt, angefüllt mit Steinen und Sand oder mit Blei oder mit irgend einem anderen schweren Körper: Dieses Art Geschütz haben die Alten ‚Trabucium' getauft. Dies schießt genauer als die übrigen Geschütze aus dem Grunde, weil das Gegengewicht stets gleichmäßig wirkt; und darum schießt das Geschütz auch stets gleichmäßig: Man könnte damit sozusagen eine Nadel treffen. Will man nämlich ein bestimmtes Ziel treffen, und das Geschütz schießt zu weit nach rechts oder links, so muß man es auf den Punkt hindrehen, auf den der Stein hingeschossen werden soll; schießt es zu hoch, so muß man entweder das Geschütz weiter vom Ziele abrücken oder in seine Schleuder einen schwereren Stein einlegen, den es nicht in so hohem Bogen schleudern kann; schießt es dagegen zu tief, so muß man das Geschütz weiter vorrücken, oder einen leichteren Stein nehmen. Denn die Steinkugeln für die Geschütze müssen immer gewogen werden, wenn man ein bestimmtes Ziel genau treffen soll.[41]

Bei der zweiten Geschützart hängt das Gegengewicht lose an der Stange oder Rute des Geschützes, und es dreht sich um diese Rute herum; diese Geschützart nannten die römischen Krieger ‚Biffa'. Diese unterscheidet sich vom Trabucium. Weil nämlich das Gegengewicht lose an der Rute des Geschützes hängt, so wirkt es allerdings infolge des Schwunges stärker, aber es wirkt dabei nicht so gleichmäßig; und infolgedessen schießt das Geschütz zwar weiter, aber es trifft nicht so genau und gleichmäßig.

Es gibt noch eine dritte Geschützart, die man ‚Tripantum' nennt; sie hat beiderlei Gegengewicht: Eines sitzt fest an der Rute und das andere ist lose angebracht und dreht sich um die Rute herum. Diese Geschützart schießt, wegen des fest angebrachten Gewichtes, genauer als die Biffa, und wegen des losen und sich herumdrehenden Gewichtes wirft es den Stein weiter als das Trabucium. [...]

Denn jegliche Art der steinwerfenden Geschütze ist entweder eine der vorgenannten Arten oder kann aus diesen vorgenannten Arten hergeleitet werden. [...]"[42]

Wie gezeigt versteht es Aegidius, in scholastischer Weise alle ihm bekannten Möglichkeiten des Geschützbaus in gut strukturierter und nacheinander abgeleiteter Form aufzuschlüsseln. An technischer Genauigkeit wird seine Beschreibung einzig von der Schrift des Marinus Sanutus übertroffen, auf die noch einzugehen sein wird. Zeugen die Ausführungen Aegidius Romanus' auch bei oberflächlicher Betrachtung von einer offenbar sehr eingehenden Kenntnis der beschriebenen Gewerfe – vielleicht sogar von Augenzeugenschaft –, so bleiben doch einige Passagen seiner Aussagen rät-

---

41 Vgl.: Aegidius Romanus (Ed. Schneider): De regimine principum libri tres, XVIII.: „[...] Machinae autem lapidariae quasi ad quattuor genera reducuntur. Nam in omni tali machina est dare aliquid trahens et elevans virgam machinae, ad quam coniuncta est funda, qua lapides iacuntur. Haec autem elevatio virgae aliquando fit per contrapondus; aliquando vero non sufficit contrapondus, sed ulterius cum funibus elevatur virga machinae: qua elevata iaciuntur lapides.

Si ergo per solum contrapondus fit huiusmodi proiectio, contrapondus illud vel est fixum, vel est mobile, vel est compositum ex utroque.

Dicitur autem contrapondus esse fixum, quando in virga infixa est quaedam cassa, immobiliter adhaerens virgae, plena lapidibus et arena, vel plena plumbo, vel aliquo alio gravi corpore, quod genus machinae veteres Trabucium vocare voluerunt. Inter ceteras autem machinas haec rectius proicit, eo quod contrapondus semper uniformiter trahat; ideo semper eodem modo impellit, cum hac enim machina quasi acus percuti posset. Nam cum aliquod signum percutiendum est per ipsam, si nimis proicit ad dextram vel ad sinistram, vertenda est ad locum, erga quem iaciendus est lapis; sie vero nimis alte proicit, vel elonganda est machina a signo, vel in funda eius apponendus est lapis gravior, quem non tantum elevare poterit; si vero nimis basse, apropinquanda est machina, vel alleviandus est lapis. Semper enim ponderandi sunt lapides machinarum, si determinate sit proiciendum ad aliquod signum.

42 Aliud machinae habet contrapondus mobiliter adhaerens circa flagellum vel virgam ipsius machinae, vertens se circa huiusmodi virgam; et hoc genus machinae Romani pugnatores appelaverunt Biffam. Differt autem haec a trabucio. Nam quia contrapondus mobiliter adhaeret virgae machinae, licet plus trahat ratione motus, non tamen sic uniformiter trahit; ideo plus proicit, non tamen sic recte et uniformiter percutit.

Est autem etiam tertium genus machinae, quod Tripantum nuncupant, habens utrumque contrapondus: unum infixum virgae, et aliud mobiliter se vertens circa ipsam. Hoc enim ratione ponderis infixi rectius proicit quam biffa, ratione vero ponderis mobiliter se vertentis longius emittit lapidem quam trabucium. [...]

Nam omne genus machinae lapilidariae vel est aquod praedictorum, vel potest originem sumere ex praedictis. [...]"

selhaft. Da wären zunächst die von ihm verwendeten Termini „Biffa" und „Tripantium" zu nennen, von denen keiner einen zu seiner Zeit geläufigen Terminus darstellt.[43] Weder „Biffa" noch „Tripantium" läßt sich bei einem anderen Autor seiner Zeit nachweisen. Allein der allgemeingültige Ausdruck der „petraria", der sich in vielen Quellen finden läßt und der Terminus „Trabucium", der in gewisser Verwandtschaft zum „trabuchetum" des Pierre des Vaux-de-Cernays[44] zu sehen ist, lassen sich in vergleichbaren Quellen zeitgenössischer Autoren finden. Warum Aegidius zudem behauptet, die „veteres" hätten das Gewerf mit festem Gegengewicht „Trabucium" und die römischen Krieger die zweite Geschützart „Biffa" genannt, muß wohl ungeklärt bleiben. Weder kannte die Antike eines der beschriebenen Gewerfe, noch findet sich bei einem der klassischen Autoren eine der erwähnten Bezeichnungen.[45]

Es bleibt also die ungelöste Frage, woher Aegidius sein Wissen bezogen hat, zudem einige seiner technischen Aussagen zweifelhaft erscheinen und daher kaum auf praktischer Anschauung oder der Schilderung praxiserfahrener Baumeister beruhen dürften. Ein Beispiel hierfür ist die Behauptung, daß die „Genauigkeit" – sprich Reproduzierbarkeit – der Würfe in einem direkten Verhältnis zur Art der Aufhängung des Gegengewichtes stehe. Den letzten Beweis für die Fehlerhaftigkeit dieser These konnten indes erst die neueren Rekonstruktionsversuche und Simulationen erbringen.[46]

Neben den bewußten Schwächen offenbart der Bericht des Aegidius dennoch eine Reihe wertvoller Informationen, die sich zudem widerspruchsfrei in die allgemeine Quellenlage einordnen lassen. Dies gilt beispielsweise für die geschilderte sorgfältige Auswahl und Bestimmung des Geschoßgewichtes, das für die Wurfweite eine entscheidende Größe ist,[47] aber auch für die allgemeine Typenbeschreibung und seine grundlegende mechanische Funktionsweise.

So ist das als „Trabucium" bezeichnete Gewerf mit einem unbeweglich am Kraftarm befestigten Gegengewicht tatsächlich in vielen Darstellungen – vor allem in den zahlreichen Vegetius-Illustrationen – zu finden.[48] Ein Beispiel hierfür mag Abb. 34 geben, die einem Vegetius-Druck des Jahres 1511 entnommen ist.[49] Die wesentlich anders gestaltete Abb. 35 hingegen, die dem Bellifortis entstammt,[50] kann schon hier die konstruktive Bandbreite belegen, die sich selbst innerhalb der von Aegidius aufgezählten Varianten ergibt. Conrad Kyeser hat hier eine Ebenhöhe mit eingebautem Gegengewichtshebelwurfgeschütz gezeichnet, die er mit folgenden kurzen Sätzen beschreibt: „[...] Die große Ebenhöhe bewährt sich beim Einsatz gegen ein Gebäude /

43 Vgl.: Kapitel 1.4: Die „Termini-Frage" in Quellen und Literatur.

44 Vgl.: Pierre des Vaux-de-Cernay: Historia Albigensis. Aus dem Lateinischen ins Deutsche übertragen, hrsg. und mit einem Nachwort versehen von Gerhard E. Sollbach, Zürich 1996, S. 290; sowie: Pierre des Vaux-des-Cernay: Historia Albigensis. Migne PL 213, 711A.

45 Vgl. zu dieser Problematik u.a.: Schultz, Alwin: Das höfische Leben, S. 373-381.

46 Vgl.: Kapitel 2.5: Rekonstruktionsversuche und ihre Aussagekraft.

47 Hinweise hierauf bieten beispielsweise die Belege, die auf ein Zurechthauen der Steine zur exakten Nivellierung der Gewichte hindeuten. Vgl. u.a.: Rathgen: Das Geschützwesen im Mittelalter, S. 618; sowie: Prigge: Steingeschoßfunde, S. 136-142; und: Kapitel 3.1: Invention und Innovation.

48 Zur Einordnung der Vegetius-Überlieferung im Mittelalter vgl. u.a.: Leng: Ars belli, Bd. 1, S. 65-69.

49 Vgl.: Vegetius Renatus, Flavius: De re militari. Deutsch. / Vier bucher der Rytterhafft. geschrieben mit mancherleyen gerysten. bolwercken und gebeuwen. Zu krygßleufften gehorick mit yren mosternn unnd fig. darneben verzeychent, Erfurt 1511.

50 Vgl.: Kyeser: Bellifortis, fol. 43v.

denn sie hebt große Steine und schleudert sie zielgerecht / die Menschen im Innern werden die Grenzen der Mauern überschreiten. [...]“[51]

Abb. 34: Hebelwurfgeschütz mit unbeweglichem Gegengewicht - nach einem Vegetius-Druck 1511.

51 „[...] Altitudo grandis domui comprobatur admissa / Lapides nam grandes levat iacit ordinate / Homines abintra transibunt limina muri. [...]“ Vgl.: Kyeser: Bellifortis, fol. 43v.

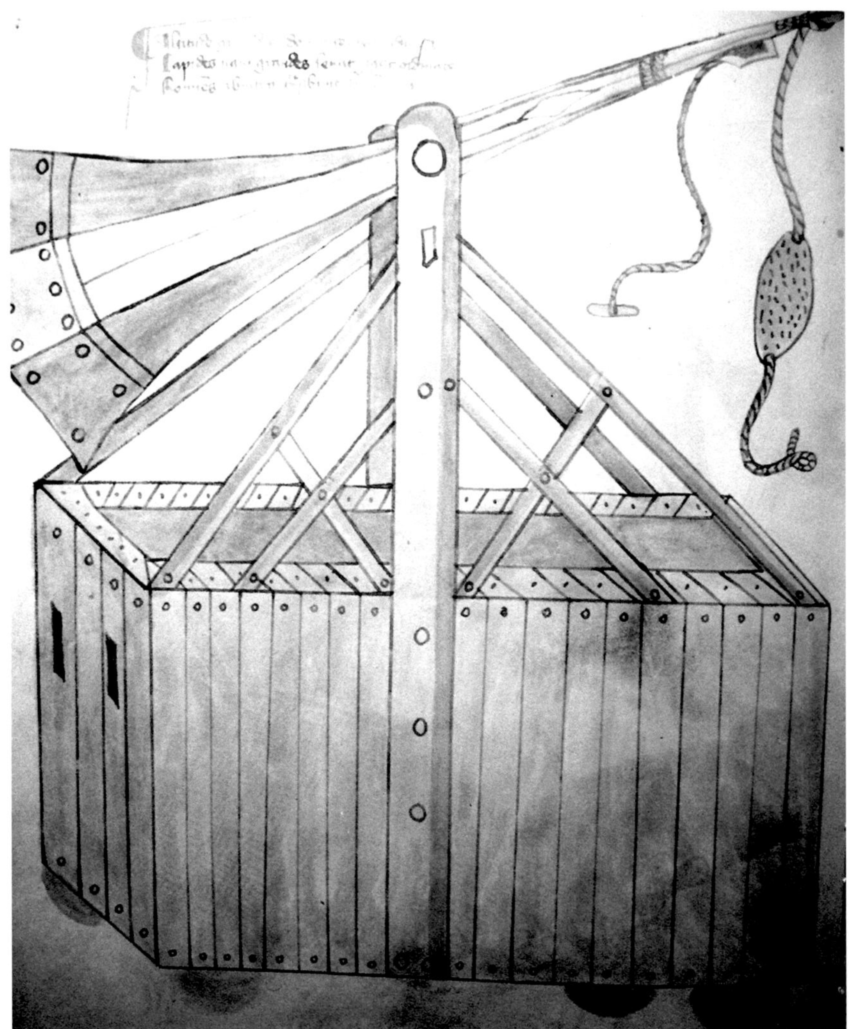

Abb. 35: Hebelwurfgeschütz mit unbeweglichem Gegengewicht nach Kyeser.

Abb. 36: Hebelwurfgeschütz mit beweglichem Gegengewicht aus der sogenannten Lucca-Chronik des Giovanni Sercambi.

Abb. 37: Hebelwurfgeschütz mit beweglichem Gegengewicht nach Walter von Milimete.

Abb. 38: Hebelwurfgeschütz mit beweglichem Gegengewicht nach einer französischen Miniatur.

Die sogenannte „Biffa", also das Hebelwurfgeschütz mit beweglichem Gegengewicht, ist schon im 13., vor allem aber ab dem 14. Jahrhundert die dominierende Form auf allen bildlichen Darstellungen von Gewerfen. Beispiele für diese Art der Konstruktion bietet Abb. 36, die eine Miniatur aus den bis zum Anfang des 15. Jahrhunderts geführten Chroniken des Giovanni Sercambi zeigt, die sich im „Archivio di Stato" in Lucca befinden,[52] sowie Abb. 37, die einer Schrift Walter von Milimetes entstammt.[53] Im Gegensatz hierzu ist das dritte geschilderte Gewerf mit festem und beweglichem Gegengewicht nur in sehr wenigen Zeichnungen überliefert. Die der Münchner Handschrift Cgm 600[54] entnommene Abb. 39 zeigt jedoch ein solches Gewerf, das trotz der groben Art seiner Darstellung deutlich die Nutzung von festem und beweglichem Gegengewicht enthält.[55] Eine ähnliche, wenn auch mit weniger stark ausgeprägtem festen

52 Vgl.: Ludwig, Karl-Heinz; Schmidtchen, Volker: Metalle und Macht, (Propyläen Technikgeschichte Bd. 3), Frankfurt/M 1992, S. 191.

53 Diese um 1326 gefertigte Handschrift enthält zudem (auf fol. 70v) die älteste Darstellung eines Pulvergeschützes und ist von Milimete vermutlich zur Demonstration seiner Fähigkeiten verfasst worden. Vgl.: Walter von Milimete: De nobilitatibus, Oxford, Bibl. der Christ Church MS92, fol. 67r; sowie: Feldhaus, F.M.: Die Technik der Vorzeit, der Geschichtlichen Zeit und der Naturvölker – Ein Lexikon, 2. Aufl. 1964; der einen Überblick über Inhalt und Gestaltung der Handschriften Milemetes gibt.

54 Zur Einordnung der Handschrift vgl. auch: Leng: Ars belli, Bd. 1, S. 155ff.

55 Vgl.: Bayerische Staatsbibliothek München, Cgm 600: Anleitung, Schießpulver zu bereiten, Büchsen zu laden und zu beschießen, (dt.), um 1400; jedoch auch: Leng, Rainer: Anleitung Schießpulver zu bereiten,

Anteil des Gegengewichtes, zeigt auch die dem Codex 3069 der Österreichischen Nationalbibliothek zu Wien entnommene Abb. 40, die auf das Jahr 1411 datiert.[56]

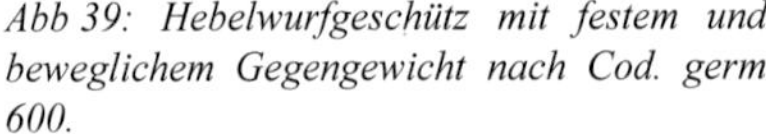

Abb 39: Hebelwurfgeschütz mit festem und beweglichem Gegengewicht nach Cod. germ 600.

Abb. 40: Hebelwurfgeschütz mit festem und beweglichem Gegengewicht nach Cod.3069 der Österreichischen Nationalbibliothek Wien.

Neben den drei von Aegidius Romanus beschriebenen grundsätzlichen Bauformen des Gegengewichtshebelwurfgeschützes bestand, wie gezeigt, eine ganze Reihe weiterer konstruktiver Variationen, die zwar die vorhandene Quellenbasis verbreitern, sich einer Vereinheitlichung indes entziehen.

Dabei zeigt sich ganz eindeutig die bereits angesprochene Problematik der baulichen Vielfalt dieser Geschützgattung, die – jenseits der Eingeschränktheit des einzelnen Gewerfs – Baumeistern (aber auch phantasievollen Zeichnern!) die Freiheit zur Gestaltung eigener Gewerfe innerhalb der physikalisch vorgegebenen Grenzen gab. Wie weit diese Freiheit geht, zeigt Abb. 41, in der eigentlich ein Ziehkrafthebelwurfgeschütz zu sehen ist, bei dem allein die Zugkraft der ziehenden Mannschaft durch Gewichte in Form von Fässern zu sehen ist.[57] Vermutlich sind diese – wie von Aegidius vorgeschlagen – mit Steinen oder Sand gefüllt. Eine Befüllung mit Blei, wie er sie ebenfalls als Möglichkeit vorsieht, dürfte in der Realität die absolute Ausnahme gewesen sein. Hierauf deuten vor allem auch die Dimensionierungen der Gegengewichtskästen und ihre Aufhängung hin, die andernfalls weitaus stabiler ausgelegt gewesen

Büchsen zu laden und zu beschießen: eine kriegstechnische Bilderhandschrift im cgm 600 der Bayerischen Staatsbibliothek München (= Imagines medii aevi, Bd. 5). Hrsg. v. Rainer Leng, Wiesbaden, 2000; sowie bei: Rathgen: Das Geschützwesen im Mittelalter, Tafel 1.

56 Vgl.: (Pseudo-) Johann Hartlieb: Kriegsbuch, um 1411, Österreichische Nationalbibliothek Wien, Cod. 3069; jedoch auch bei: Schmidtchen: Kriegswesen, S. 135.

57 Vgl.: British Library, MS Royal 16G VI, fol. 388; jedoch auch bei: Bradbury: Siege, S. 269.

Abb. 41: Hebelwurfgeschütze mit an Seilen aufgehängten Gegengewichten.

wären. Die Abbildungen, die einen Einblick in den beladenen Gewichtskasten erlauben,[58] sowie der archäologische Befund Prigges[59] bestätigen diesen Eindruck zusätzlich.

Ist die Vielfalt der konstruktiven Möglichkeiten auch unübersehbar, so liegt uns jedoch abseits der „Unschärfen" des Regimine principum und des bisher vorgestellten Bildmaterials eine Beschreibung zum Bau eines Hebelwurfgeschützes vor, die von keiner anderen zeitgenössischen Quelle an Detailgenauigkeit übertroffen wird. Die Rede ist vom „Liber secretorum Fidelium Crucis", einer Schrift des Venetianers Marinus Sanutus, der uns hierin eine genaue Darstellung der Bauweise eines Gegengewichtshebelwurfgeschützes gegeben hat.

Seit die Christen 1291 den letzten befestigten Platz in Palästina (Akkon) geräumt hatten, war es immer wieder zu neuen Aufrufen für einen weiteren Kreuzzug gekommen. Unter diesen Aufrufen befindet sich auch eine ganze Reihe von Denkschriften gelehrter Männer, die mit mehr oder weniger Sachkenntnis Pläne für einen solchen Kreuzzug entworfen haben. Das von Marinus Sanutus 1321, acht Jahre vor seinem Tode, fertiggestellte Werk gehört zu den ausgefeiltesten Schriften seiner Art. Der gesamte Kreuzzug, der auf drei Jahre geplant ist, wird hier als ein Dienst an der Kirche

58 Vgl. etwa: Abb. 45, Abb. 117 und Abb. 42.

59 Vgl.: Prigge: Steingeschoßfunde, S. 142.

dargestellt, wobei der Papst als oberster Kriegsherr fungiert und somit auch für die nötigen finanziellen Mittel aufkommt. Die Aufstellung der Flotte und die Herstellung der gesamten Ausrüstung soll von Venedig vorgenommen werden. Für diese Leistungen hat Sanutus einen genauen Tarif aufgestellt. Sein gesamtes Werk trägt die Handschrift des venetianischen Kaufmanns, der mit äußerster Genauigkeit und Akribie einen gewagten, aber nicht undurchführbaren Plan entworfen hat.

Abb. 42: Hebelwurfgeschütz nach einer Miniatur der Bibliotheque Nationale Paris.

Abb. 43: Belagerung von Akkon nach einem Manuskript um 1280.

Mit der gleichen Genauigkeit wendet er sich schließlich auch dem Bau der zu verwendenden Geschütze zu, die seiner Ansicht nach eine tragende Rolle bei der Einnahme befestigter Plätze spielen sollten. Im folgenden Auszug schildert Marinus Sanutus den Bau zweier verschiedenartiger Geschütze mit unterschiedlichen Reichweiten. Von großem Wert sind dabei die detaillierten Angaben bezüglich der Abmaße der einzelnen Konstruktionselemente. In der Einleitung zu diesem Kapitel über die Artillerie betont Marinus Sanutus noch einmal, sich bei den folgenden Ausführungen auf den Rat von sachverständigen Fachleuten zu beziehen,[60] was natürlich für die Beurteilung dieser Quelle von großer Bedeutung ist.

Es folgt nun also der für die weitere Beurteilung unserer Fragestellung entscheidende Passus:

60 „[...] Idcirco aliquid tangam quam potero breviter de praedictis cum aliquorum ingeniatorum consilio sapientum. [...]" Vgl.: Marinus Sanutus: Dictus Torsellus. Liber secretorum Fidelium Crucis super Terrae Sanctae recuperatione et conservatione, Lib. II S. IV caS. 22. In: R. Schneider: Die Artillerie des Mittelalters, Berlin 1910, S. 93.

„[...] Für den Bau eines gewöhnlichen Geschützes stellt man zuerst fest, wie hoch der Unterstützungspunkt [des Wurfhebels] bei dem genannten Geschütze liegt; denn danach muß sich die Stärke der Pfosten richten, die auf dem Längsbalken eingesetzt werden; und nach dieser selben Höhe richtet sich auch der Abstand zwischen den Längsbalken; das Geschütz muß nämlich unten zwischen den beiden Pfosten eine Weite im Lichte haben, die um ein drittel geringer ist. Also: wenn das vorgenannte Geschütz, bis zum Unterstützungspunkt gemessen, eine Höhe von 24 Fuß hat, so muß es, bei den Längsbalken gemessen, eine Breite von 16 Fuß besitzen. Für die Rute haben die Meister folgende Vorschrift: Sie nehmen das Maß der ganzen Rute von dem Bolzen des Gewichtskastens bis zur äußersten Spitze, teilen die Zahl erst durch fünf, dann durch sechs, und danach legen sie den Bolzen des obengenannten Unterstützungspunktes in die Mitte dieser beiden Längen d.h. zwischen ein Fünftel und ein Sechstel.[61] Zum Beispiel: Wenn die betreffende Rute, vom Bolzen ihres Gewichtskastens bis zur Spitze gemessen, 30 Fuß Länge hat, so gibt das für jenes Fünftel 6 Fuß und das obengenannte Sechstel bekommt, wie man sieht, 5 Fuß. Demnach wird der Bolzen des Unterstützungspunktes mit fünfeinhalb Fuß Abstand vom Bolzen des Gewichtskastens eingesetzt.

Vom Bau des weittragenden Geschützes: Hier darf man den obengenannten Bolzen des Unterstützungspunktes [des Wurfhebels] nur auf 5 Fuß vorschieben, wenn die ganze Rute 30 Fuß lang ist , d.h. bis zum sechsten Teile, die Rute wiederum gemessen vom Bolzen des Gewichtskastens bis zur Spitze. Und man muß dabei folgendermaßen verfahren: Man teilt die Rute durch eine waagerechte Linie in zwei gleiche Teile, und quer über diese Linie muß man den Bolzen des Gewichtskastens legen, der die Mittellinie schneidet; und ebenso schneidet auf der anderen Seite der Bolzen des Unterstützungspunktes diese selbe Mittellinie. Nun müssen an den Bolzen des genannten Geschützes seitlich Bindeglieder befestigt werden, und daran bringt man oben eine Querverbindung an von zwei Fuß Länge (sie kann auch länger oder kürzer sein, je nachdem das Geschütz größer oder kleiner ist), zu dem Zwecke, daß das Gegengewicht mehr nach unten rücke, und die genannte Rute desto mehr belastet werde.[62]

61 „[...] Ad communem machinam faciendam debent coxae machinae antedictae tanto in soliis fore amplae, quanto alta est praefata machina in castello; ac debet praefata machina desubtus esse aperta in soliis inter duas coxas tertia parte minus: hoc est, si praedicta machina altitudine XXIV pedum extenditur in castello, latitudinem in soliis XVI pedum debet praedicta machina possidere. Dividunt magistri perticam machinae supradictae a fuso capsae usque ad summitatem supremam per quintam et per sextam, et ponitur fusum praedicti castelli inter quintum et sextum;

62 videlicet quod si praedicta pertica est longa longitudine XXX pedum a fuso praedictae capsae usque ad summitatem, quintum illud est VI pedes, et illud sextum superius nominatum V cernitur fore pedes. Qua de re ponitur fusum dicti castelli a longe V pedibus et dimidio a fuso capsae superius nominatae. De machina lontanaria construenda: Debet poni praedictum fusum castelli solum ad V pedes perticae, si erit pertica longitudine XXX pedum; scilicet ad sextum perticae, mensurando a fuso capsae usque ad summitatem perticae. Et debet poni in hunc modum videlicet, quod lineatur pertica per medium, et a latere dictae lineae versus latus mannettae poni debet fusum capsae, tangendo ipsam lineam medii, et ab alio latere tangendo ipsam eandem lineam medii fusum castelli. Debentque stringi latera tibiarum versus fusum machinae supradictae, super quod recolligetur mantum pedibus duobus, aut plus aut minus, secundum quod machina foret maior sive minor, ad hoc ut fusum magis desubtus veniat, ut praedicta pertica tanto magis veniat ponderata. Et debet fieri maior capsa et longior, quae fieri potest a Magistris, quia quanto onus bassius est, tanto ipsa melius supinatur; et quanto ipsum est maius, tanto expellit amplius ac etiam magis longe et maius pondus; propter quod tanto debet fieri fortior machina supradicta capsa, pertica atque fuso. Ac debet esse in medio bene lumbata dicta pertica et quasi a parte anteriori abscidens. Ac capsa bonum debet habere gamelum, quod capsam impellat versus exteriorem partem. Et quanto machina maior est, tanto eicit maius onus trahitque altius atque

Auch der Kasten muß größer und länger werden, soweit es den Meistern nur möglich ist; denn je tiefer die Last hängt, desto besser läßt sie sich nach hinten in die Höhe drücken, und je schwerer sie ist, desto kräftiger wirkt sie und schießt also desto weiter und einen größeren Stein; und aus diesem Grunde müssen auch alle Einzelteile, wie Kasten, Rute und Bolzen, bei dieser Maschine stärker gebaut werden. Ferner muß die genannte Rute in der Mitte die gehörige Dicke haben und am Vorderende sich verjüngen; und außerdem muß der Kasten vorn eine kräftige Bohle bekommen, die ihn [beim Spannen] nach außen [rückwärts in die Höhe] drückt. Und je größer das Geschütz ist, desto größer ist auch der Stein, den es abschießt, und desto höher und weiter schießt es. Und je höher und weiter es den Stein wirft, desto gewaltiger und stärker ist die Schußwirkung. [...] Übrigens muß man beachten, daß der richtige und weite Schuß der Geschütze ganz darauf beruht, daß man das Gewicht der Steine so bemißt, wie die Größe des Geschützes und die Schwere des Gegengewichtes in genanntem Kasten es verlangen, und daß man die Steine zu Kugeln formt; außerdem aber beruht der Abschuß auf der richtigen Stellung des eisernen Hakens an der Spitze der Rute, woran die Öse der Schleuder hängt: diesen Haken muß man verschieden krümmen, je nachdem man in hohem Bogen [auf kurze Entfernung] schießen will, oder weit [in flachem Bogen].

Auf alle diese Dinge werden die Geschützmeister und Ingenieure des vorgenannten Heeres beim Gebrauch der bezeichneten Geschütze ihren Scharfsinn zu richten haben. [...]"[63]

Die hier von Marinus Sanutus gegebene Beschreibung des Hebelgeschützes zeugt von großer Sachkenntnis und der Beachtung nahezu aller relevanten Konstruktionsmerkmale. Die von ihm geschilderte Vorgehensweise bei Entwurf und Konstruktion scheint sehr „praxisorientiert" und stützt seine Behauptung, er habe sich bei seinen Beschreibungen auf den Rat fachkundiger Männer gestützt.

Seiner Anweisung zufolge soll zuerst die Höhe des Unterstützungspunktes festgelegt werden, also die Position der Achse, um welche der zweiarmige Hebel seine Drehbewegung ausführt. Diese Festlegung ist notwendig, um die Stärke der Ständerung zu bestimmen, die in die Längsschwellen eingezapft wird. Der Abstand der Längsschwellen ist abhängig von der Länge des gesamten Wurfhebels. Dieser Abstand soll zwei drittel jener Länge betragen. Für die Wahl des Drehpunktes des Hebels gibt Sanutus zwei verschiedene Verhältnislängen an, je nachdem, ob es sich um ein gewöhnliches oder ein weitreichendes Geschütz handeln soll.

Für das gewöhnliche Geschütz gibt er ein Längenverhältnis von 1:4,5 für den kurzen Hebelarm – also den Kraftarm – an, dieser soll dabei zwei elftel des gesamten Hebels ausmachen. Für das weitreichende Geschütz hingegen gibt er ein Verhältnis von 1:5 für den kurzen Hebelarm an, was bedeutet, daß der kurze Hebelarm ein sechstel der Gesamtlänge des Wurfhebels (der „Rute"), vom Aufhängungspunkt des Gewichtskastens bis zum Befestigungspunkt der Schleuder, ausmacht. Diese unterschiedlichen

---

longius antedictum. Et quanto lapis altius trahitur atque longius, tanto impetuosiorem ictum infert penitus et maiorem.

63 Est praeterea quoque sciendum, quod proicere machinarum recte et longum, et in conferendo iis pondus in lapidibus totum constat, ut requirit machinae magnitudo ac quantitas contrarii ponderis dictae capsae; et in faciendo lapides antedictos rotundos; ac etiam constat in ferro capitis perticae, quod tenet saccam casolae, in faciendo ipsum retortum, secundum quod homines volunt in altum proicere, sive longum. Pro quibus omnibus magistri et ingeniatores praedictae armatae acuent mentem suam utentes machinis supradictis. [...]" Vgl.: Marinus Sanutus (Ed. Schneider): Liber secretorum, Lib. II S. IV cap. 22.

Verhältnislängen für die jeweils unterschiedlichen Aufgaben der Geschütze sind vermutlich das Ergebnis langjähriger Erfahrungen der Baumeister mit unterschiedlichen Konstruktionen.

Technisch läßt sich das unterschiedliche Längenverhältnis unter Berücksichtigung der Hebelgesetzmäßigkeiten recht einfach erklären: Um einen möglichst weiten Wurf des Geschosses zu erreichen, muß eine möglichst hohe Anfangsgeschwindigkeit in jenem Moment erreicht werden, in dem das Geschoß die Schlinge verläßt. Diese Geschwindigkeit ist jedoch abhängig vom zurückgelegten Weg des Endpunktes der Schleuder. Je länger der lange Wurfarm im Vergleich zum Kraftarm ist, desto größer ist die Verhältnisgeschwindigkeit an den jeweiligen Endpunkten. Da beim weitreichenden Geschütz die Verhältnislängen zugunsten des langen Hebels verändert werden, erhöht sich der Weg des Endpunktes des langen Hebels und damit auch seine Geschwindigkeit, die wiederum auf das Geschoß übertragen wird.

Eine solche Veränderung der Längenverhältnisse ergibt jedoch nur einen Sinn, wenn das Geschoßgewicht relativ gering ist oder das Verhältnisgewicht von Gegengewicht und Geschoß entsprechend erhöht wird. Da dieser Erhöhung jedoch aufgrund der benötigten Festigkeit der Gesamtkonstruktion Grenzen gesetzt sind, ist anzunehmen, daß – trotz aller Maßnamen zur Verstärkung der Gesamtkonstruktion – mit dem weitreichenden Geschütz vor allem Geschosse geringeren Gewichts verschossen wurden. Zudem ist die Annahme geringerer Geschoßgewichte beim weitreichenden Geschütz schon deshalb zwingend, da die Angabe zweier unterschiedlicher Verhältnislängen der Hebel ansonsten nicht sinnvoll wäre. So aber ist es die Aufgabe des gewöhnlichen Geschützes, schwere Geschosse auf geringere Reichweite zu werfen und die des weitreichenden Geschützes, leichte Geschosse auf weite Entfernung zu werfen.

Die von Marinus Sanutus erwähnte Bohle, die den Kasten aus seinem natürlichen Schwerpunkt nach hinten hinausdrücken soll, findet sich auf zwei besonders anschaulichen Darstellungen des „Büchsenmeisterbuches" (auch „Heidelberger Kriegsbuch" genannt) von Philip Mönch aus dem Jahre 1496.[64] Sowohl Abb. 44[65] als auch Abb. 45[66] lassen dabei deutlich zwei verschiedene Varianten dieses Prinzips erkennen. Die Bohle soll hierbei den Gewichtskasten in Richtung des kurzen Hebelarmes drücken und somit eine indirekte Verlängerung desselben bewirken. Bei Auslösung des Geschützes drängt der Gewichtskasten zudem in Richtung seines natürlichen Schwerpunktes, wobei er zugleich den kurzen Hebelarm nach unten zieht und den langen Hebel über die Bohle nach oben drückt.

Durch diese Art der Konstruktion wird ein Hebel geschaffen, der sich während des Wurfvorganges in seiner Länge verändert!

Bei Auslösung des Geschützes dient der Gewichtskasten zur Verlängerung des gesamten Wurfhebels, um eine möglichst schnelle Erhöhung der Drehgeschwindigkeit zu erreichen. Nach kurzer Zeit jedoch hat die Bohle den Kontakt zum langen Hebel verloren, und der Gewichtskasten befindet sich nun in seinem natürlichen Schwerpunkt unterhalb der Drehachse. Da die Anfangsträgheit des Kastens nun überwunden ist und

---

64 Vgl.: Codex pal. germ. 126 Universitätsbibl. Heidelberg, (Büchsenmeisterbuch d. Philipp Mönch). Zur Einordnung vgl. auch: Leng: Ars belli, Bd. 1, S. 255ff.

65 Vgl.: Codex pal. germ. 126: fol. 30r.

66 Vgl.: Codex pal. germ. 126: fol. 30v-31r.

eine schnelle Geschwindigkeitssteigerung erreicht wurde, kann der kurze Hebelarm (der ja nun nicht mehr künstlich verlängert ist) die Vorteile seiner geringen Verhältnislänge zur Wirkung bringen und eine entsprechende Beschleunigung des Wurfarmes bewirken.

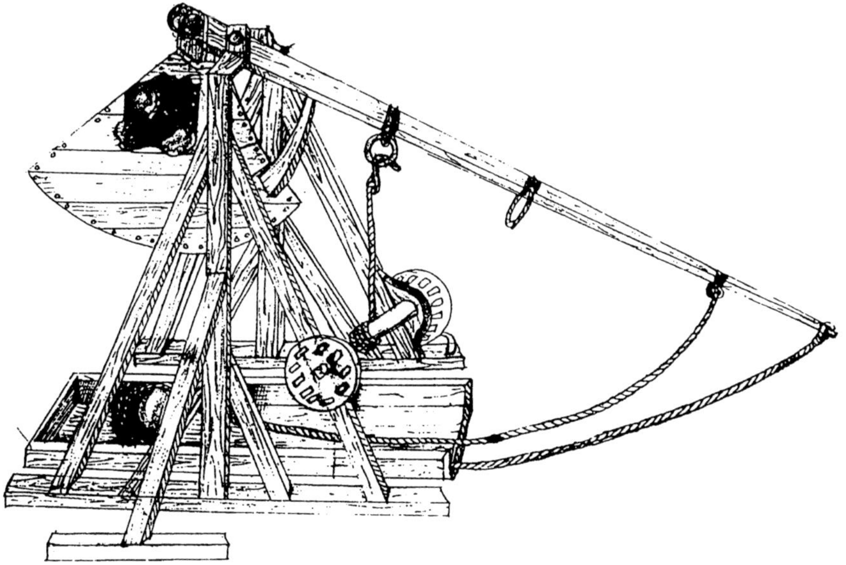

Abb. 44: Gegengewichtshebelwurfgeschütz aus dem Heidelberger Kriegsbuch.

Abb. 45: Gegengewichtshebelwurfgeschütz aus dem Heidelberger Kriegsbuch.

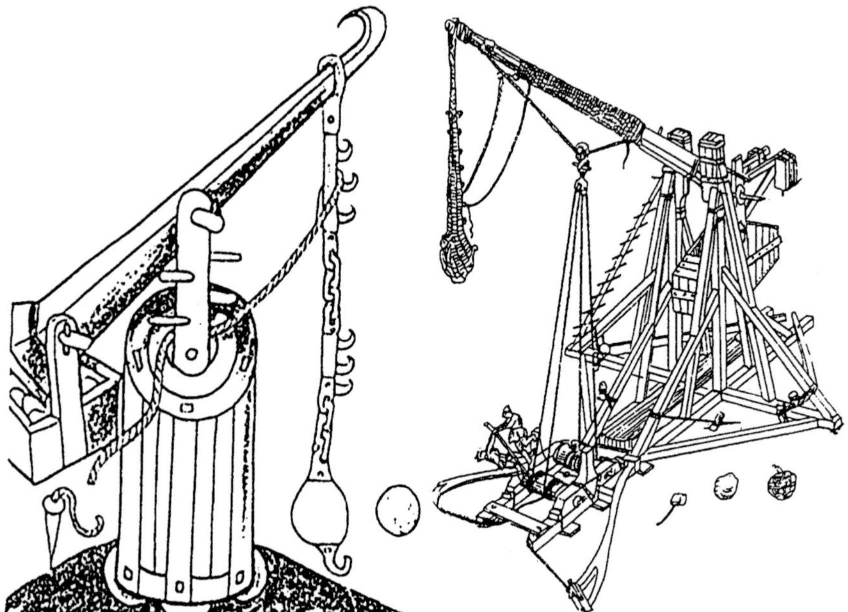

Abb. 46: Hebelwurfgeschütz aus dem Dachsbergischen Manuskript.

Abb. 47: Rekonstruktion Viollet-le-Ducs.

Die von Marinus Sanutus vorgeschlagene Methode zur Variation der jeweiligen Wurfweite anhand der Krümmung des Schleuderhakens dürfte die weithin übliche Vorgehensweise gewesen sein. Dieses läßt sich aufgrund der zeichnerischen Darstellungen vermuten. Zwar ist nicht in allen Darstellungen (wie etwa in Abb. 40) ein solcher Haken einwandfrei zu erkennen, doch muß bei einem Großteil der Darstellungen ein solcher vermutet werden, da andere Mechanismen nicht auszumachen sind. Auch bestätigen dies die Ergebnisse aller Rekonstruktionsversuche.[67] Vermutlich haben viele Zeichner diesen Haken entweder schlicht übersehen oder ihn aufgrund seiner geringen Größe nicht mitgezeichnet.

Neben dieser Methode der Schleuderauslösung ist zudem in einigen Darstellungen die Möglichkeit der Steuerung des Abwurfs über ein zusätzlich an der Schleuder angebrachtes Seil zu finden. Ein solcher Mechanismus war unter anderem bereits in Abb. 4 zu sehen, läßt sich jedoch auch in Abb. 46 nachweisen.[68] Des Weiteren hat auch Viollet-le-Duc diese Anregung in seine Rekonstruktion eines Hebelwurfgeschützes aufgenommen, die in Abb. 47 zu sehen ist[69] und bis heute in vielfältigen Publikationen und

67 Vgl. hierzu insbesondere die Ergebnisse des Strüter-Gewerfs in Kapitel 2.5: Rekonstruktionsversuche und ihre Aussagekraft.

68 Vgl.: Historisches Archiv der Stadt Köln: Augustinus Dachsberg: Disses ist ist ein büxen buch, 1443; jedoch auch bei: Rathgen: Das Geschütz im Mittelalter, Tafel 1.

69 Vgl. hierzu: Payne-Gallwey, Ralph W. F.: The Crossbow, London 1958 (Nd. d. Ausg. London 1903), S. 311; Gohlke: Geschützwesen, S. 390; Funcken: Historische Waffen, S. 65; sowie: Viollet-Le-Duc, Eugene Emmanuel: An Essay on the Military Architecture of the Middle Ages, Washington 1977 (Reprint d. Ausg. Oxford 1860).

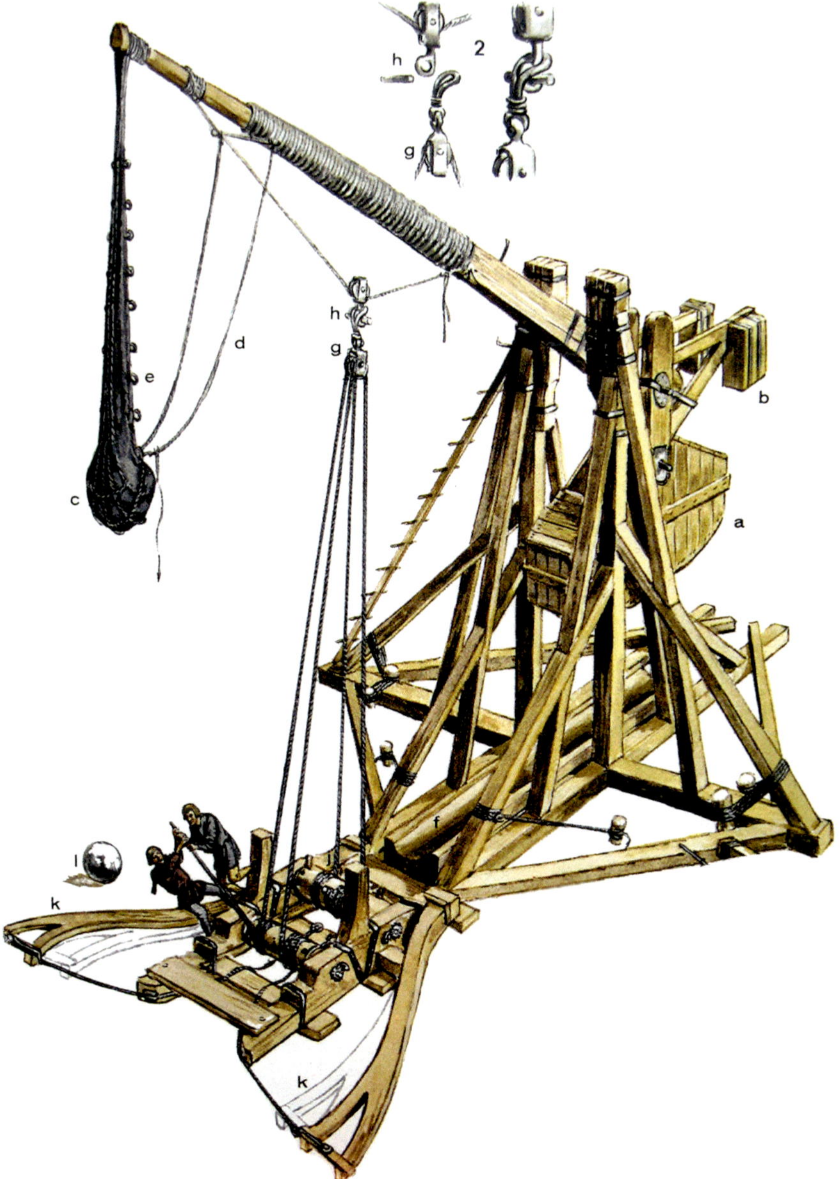

Abb. 48: Rekonstruktion Viollet-le-Ducs nach Funcken.

Rekonstruktionen Verwendung gefunden hat.[70] In dieser Form dürfte jedoch die Verkürzung der Schleuder – und somit der Wurfweite – nicht praktikabel gewesen sein.

70 Vgl. etwa: Abb. 48; sowie: Funcken: Historische Waffen, S. 65.

Allenfalls denkbar ist eine Verkürzung der Schleuder durch eine Reihe von Ösen, mittels derer die Schleuder bereits bei ihrer Aufhängung in geeigneter Weise verkürzt würde. Zu vermuten ist hier eine zeichnerische Fehlleistung, die ihren Ausgang bei Conrad Kyeser genommen hat – zumal die Zeichnung des Dachsbergischen Manuskripts auch in einer Reihe anderer fehlerhafter Konstruktionsmerkmale den kyeserschen Entwurf übernommen hat.[71]

Das Rahmenfundament dieser vielkritisierten Darstellung hat Viollet-le-Duc zudem einem Entwurf des 13. Jahrhunderts entlehnt, der sich im sogenannten „Bauhüttenbuch" des pikardischen Baumeisters Villard de Honnecourt finden läßt. Diese Draufsicht eines Geschützfundaments ist in Abb. 49 zu sehen[72] und wurde von Villard de Honnecourt mit folgender Erklärung versehen: „[...] Wenn ihr die starke Maschine machen wollt, die man Trebuchet nennt, so achtet hierauf. Seht hier die Basis, so wie sie über der Erde liegt. Dort vorne seht ihr die zwei Winden und das entspannte Seil, mit dem man den Schlagbaum anzieht. Ihr könnt das auf der anderen Seite sehen. Es gilt eine große Last anzuziehen; denn das Gegengewicht wiegt sehr viel. Denn es besteht aus einem mit Erde gefüllten Kasten, der zwei große Klafter lang, neun Fuß breit und zwölf Fuß tief ist. Und denket an das Abschießen des Geschosses und gebt wohl acht hierauf. Denn es muß an diesen Stützbalken da vorne angelehnt sein. [...]"[73]

In diesen Ausführungen zeigt sich zumindest zum Teil die Praxiserfahrung des reisenden Architekten, der sich weitgehend auf die wichtigen Angaben für die funktionstragenden Elemente konzentriert. Insbesondere betont er die kräftige Auslegung der Gesamtkonstruktion, die bei genauer Betrachtung seiner Angaben auch absolut nötig erscheint, denn schon Viollet-le-Duc kam in seiner Berechnung – bei Annahme des Segments als geometrische Grundform des Gegengewichtskastens – auf ein Gegengewicht von mindestens 26 Tonnen![74] Bei Annahme einer Quaderform und eines Wertes von 18 kN/m^3 für erdfeuchten Sand[75] kommt man hingegen sogar auf ein Gegengewicht von rund 53 Tonnen.[76] Dies muß indes sicher als überhöht angenommen werden, zumal die übrige Quellenlage einen Wert dieser Höhe in keiner Weise deckt, weshalb schon die Abmaße des Kastens selbst nur unter Vorbehalt als realistische Größen angesehen werden sollten, auch wenn die Skizze des Grundrisses mit ihren mehrfachen und einander in Dreiecksform verstärkenden Verstrebungen auf einen massiven Aufbau schließen lassen. Die Schwierigkeiten bei der Beurteilung dieser Darstellung sind unter anderem auch in der Tatsache begründet, daß die von Villard angekündigte „autre pagene", die vermutlich den Seitenaufriss der Konstruktion enthielt, leider

71 Vgl.: Kapitel 1.3: Problematisierung der Quellenlage.

72 Vgl.: Villard de Honnecourt (Ed. Hahnloser): Bauhüttenbuch, Tafel 59.

73 „[...] Se v[os] voles faire le fort engieng c`on apiele trebucet prendes ci gard[e]. Ves ent ci les soles si com il siet sor tierre. Ves la devant les ii windas [et] le corde ploie a coi on ravale le verge. Veir le poes en cele autre pagene. Il i a grant fais al ravaler, car li co[n]trepois est m[u]lt pezans. Car il i a une huge plainne d[e] tierre, ki ii grans toizes a d[e] lonc [et] viiii pies de le, [et] xii pies de p[ar]font. [Et] al descocier de le fleke penses, [et] si v[os] en dones gard[e], car ille doit estre atenue a cel estancon la devant. [...]" Vgl.: Villard de Honnecourt (Ed. Hahnloser): Bauhüttenbuch, Tafel 1.

74 Zur möglichen Form des Gegengewichtes vgl. Abb. 47; zur Größenordnung des Gegengewichtes: Villard de Honnecourt (Ed. Hahnloser): Bauhüttenbuch, S. 161.

75 Vgl.: Schneider, Klaus Jürgen (Hrsg.): Bautabellen mit Berechnungshinweisen, Düsseldorf 1992.

76 Hahnloser spricht also völlig zu Recht von einem „[...] Kriegsgerät von ganz ungeheuren Dimesionen [...]". Vgl.: Villard de Honnecourt (Ed. Hahnloser): Bauhüttenbuch, S. 160.

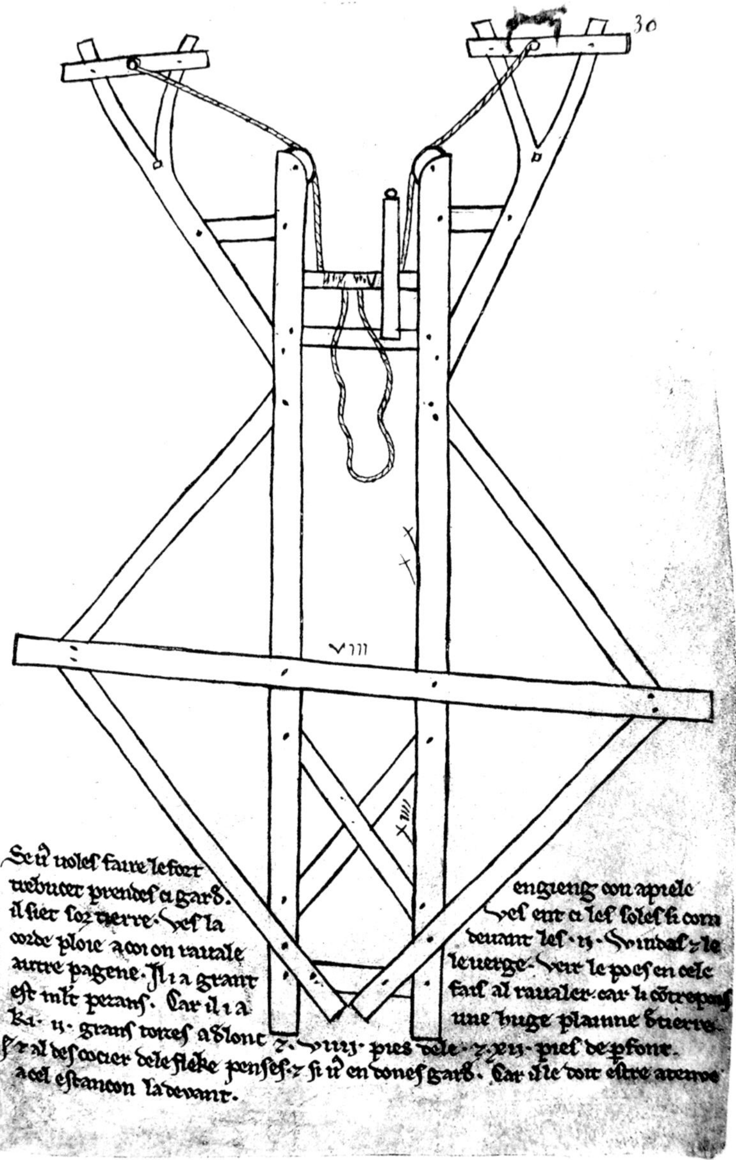

Abb. 49: Grundriß eines Hebelwurfgeschützes aus dem sogen. Bauhüttenbuch des Villard de Honnecourt (um 1230).

gemeinsam mit der übrigen Hälfte des Buches verloren gegangen ist. Die vielseitige Kritik an der Rekonstruktion Viollet-le-Ducs[77] und der wohl berechtigte Hinweis von

77 Vgl. hierzu unter anderem: Gohlke: Geschützwesen, S. 390.

Schmidtchen, die Honnecourtsche Zeichnung sei in dieser Form „[...] kaum verständlich [...]“,[78] zeigt die Größe dieses Verlusts in aller Deutlichkeit.

Auch die Frage, ob das verschollene zweite Blatt Klarheit in die genaue Funktionsweise des in der Draufsicht angedeuteten Vorspannmechanismus hätte bringen können, muß wohl unbeantwortet bleiben. In der Weise, wie Viollet-le-Duc diesen Mechanismus in seiner Zeichnung umgesetzt hat, muß seine effektive Funktionsweise in jedem Fall angezweifelt werden. Demnach sollte dieser es erlauben, das Gewerf in zwei Schritten zu spannen. Im ersten Schritt sollte Energie mit Hilfe einer Winde und der Tension der vorderen gabelartigen Arme gespeichert werden. Im zweiten Schritt sollte nun der Wurfarm unter Zuhilfenahme der aufgespeicherten Energie und der zusätzlich an der Winde erzeugten Kraft gespannt werden.

In dieser Weise dürfte die Konstruktion indes niemals Anwendung gefunden haben, denn die Kräfte könnten zwar auf die spannbaren Gabelarme übertragen, jedoch nicht zur Spannung des Wurfarmes wieder abgefordert werden. Der vorgeschlagene Mechanismus zur Umlenkung der Kräfte durch eine Art Spindel, auf der das Seil in eine Richtung aufgerollt wird und seine Kräfte zum Aufrollen des von der entgegengesetzten Seite kommenden Seiles wieder abgeben soll, dürfte in der Praxis ebenso nahezu wirkungslos gewesen sein. Ob darüber hinaus der von Villard de Honnecourt erwähnte „estancon“ – also „Stützbalken“ – mit der bereits besprochenen „Bohle“ zum Herausdrücken des Gegengewichtskastens zu identifizieren ist, wird wohl ebenfalls ohne die bewußte Aufrißzeichnung unklar bleiben müssen.

Unter dem Mangel einer fehlenden umfangreicheren Erläuterung leidet auch das von Conrad Kyeser entworfene große Gewerf der Göttinger Pergamenthandschrift Ms. philos. 63., das in Abb. 51 zu sehen ist.[79] Auch hier war vermutlich das Nebenblatt für einen ausführlichen Kommentar vorgesehen, ist dann jedoch unbeschrieben geblieben. Allem Anschein nach hat der frühzeitige Tod Kyesers im Jahre 1405 ihn daran gehindert, den Kommentar zu diesem herausstechend aufwendigen[80] Bild des „Bellifortis“ zu vollenden.

Kyeser, der am 26. August 1366 in Eichstätt als Sohn eines stadtamtlichen Prüfers für Lebensmittel (Kieser) geboren wurde, hat offensichtlich eine medizinische Ausbildung, wahrscheinlich bei den Eichstätter Dominikanern, erfahren.[81] Ausschlaggebend für seine Motivation zur Abfassung des „Bellifortis“[82] waren die verschiedenen Kriegserfahrungen, die er zunächst als Wundarzt im Gefolge Herzog Stephans III. von Bayern, vor allem aber unter dem ungarischen König Siegmund[83] machte. Mit ihm nahm er am Türkenzug teil, der im September 1396 bei Nikopolis mit einer vernichtenden Niederlage des Heeres endete.

---

78 Vgl.: Schmidtchen: Kriegswesen, S. 162.

79 Vgl.: Kyeser: Bellifortis, fol. 30r.

80 So ist dieses Bild als einziges der gesamten Pergamenthandschrift ursprünglich größer gewesen als das Buchformat. Es ist zudem mit einer fast glasklaren Schutzschicht überzogen, die ihren Zweck vorzüglich erfüllt zu haben scheint. Auch die gesamte Maltechnik ist von größtem Aufwand gekennzeichnet.

81 Vgl.: Schmidtchen, Volker u. Hills, Hans-Peter, In: Die Deutsche Literatur d. Mittelalters. Verfasserlexikon. Begr. v. Wolfgang Stammler, hrsg. von Kurt Ruh zus. mit Gundolf Keil, Berlin/New York, Bd. 5, 1985, Sp. 477.

82 Der von Kyeser erfundene Begriff läßt sich nur schwer genau übersetzen, meint aber wohl soviel wie „der Kampfstarke“ oder „der Kriegsheld“.

83 Dem späteren deutschen König (1410) und römischen Kaiser (1433).

Abb. 50: Farbige Miniatur aus Conrad Kyesers „Bellifortis“ (1405).

Abb. 51: Gegengewichtshebelwurfgeschütz aus Conrad Kyesers „Bellifortis“ (1405).

Im „Bellifortis" machte Kyeser einerseits die ungarischen Kontingente, andererseits König Siegmund selbst für die Niederlage verantwortlich.[84] Die Flucht der Truppen und der damit verbundene eigene Ehrverlust waren Schlüsselerlebnisse, die sich in seinem Werk deutlich abzeichnen. Seine offene Gegnerschaft zu Siegmund, den er sogar als Hermaphroditen bezeichnete, führte ihn zur Parteigängerschaft König Wenzels, mit dessen Gefolge er 1402 gefangengenommen und interniert wurde. Kyeser verbrachte den Rest seines Lebens als Verbannter und mit Krankheit geschlagener Mann in einer Siedlung unterhalb einer böhmischen Burg, die nicht mehr zweifelsfrei lokalisierbar ist.

Vermutlich infolge der erwähnten Absicht, die grundlegenden Konstruktionsmerkmale des in Abb. 51 zu sehenden Gegengewichtshebelwurfgeschützes auf Folio 29v niederzulegen, hat Kyeser hingegen[85] nur mit wenigen Worten auf dem Nebenblatt kommentiert. Dieser Kommentar lautet: „[...] Das ist eine große Blide, mit der alle Befestigungen erobert werden / denn sie wirft Steine, zerspaltet Türme und Mauern / Zerstört Marktflecken, Burgen, Städte und Gemeinden. [...]"[86]

Aufschlußreicher als diese Anmerkungen sind indes die Maßangaben, die der kolorierten Abb. 50 an Hebel, Längs- und Querschweller beigegeben sind. Insbesondere das Hebelverhältnis verdient wiederum besonders genaue Aufmerksamkeit, da die übrigen Größen ja zumeist einer gewissen konstruktiven Notwendigkeit unterliegen. Kyeser gibt dabei für den Kraftarm einen Wert von 8 (vermutlich Fuß) an, für den Wurfarm hingegen eine Länge von 46. Nimmt man dabei an, daß es sich bei dem zweiten Wert tatsächlich um die reine Wurfarmlänge und nicht über eine Angabe für den gesamten Wurfhebel handelt, so kommt man auf eine Verhältnislänge von 1:5,75. Wollte indes der Zeichner den Wert von 46 als Angabe für die Gesamtlänge des Wurfhebels verstanden wissen, so ergäbe sich zunächst eine Wurfhebellänge von 38 und ein daraus resultierender Verhältniswert von 1:4,75. Ein Vergleich mit den Vorschriften des Marinus Sanutus zeigt, daß in beiden Fällen die von ihm gemachten Vorschläge nicht eingehalten wurden. Weder die Verhältnislänge von 1:4,5 für das gewöhnliche noch das von 1:5 für das weitreichende sind mit Kyesers Angaben in direkte Übereinstimmung zu bringen. Andererseits jedoch sind die Abweichungen nicht so groß, daß sich daraus ein schwerwiegender Konstruktionsunterschied ergeben würde. Nimmt man den wahrscheinlicheren ersten Wert für Kyesers Konstruktion – also eine Verhältnislänge von 1:5,75 – so muß man auf Grundlage der Angaben Sanutos von einem Gewerf mit hoher Ausnutzung der Hebelkräfte unter Verwendung eines sehr schweren Gegengewichtes ausgehen, um so die Grundlage für ein effektiv wirkendes Gegengewichtshebelwurfgeschütz mit hoher Reichweite zu gewährleisten.

Wenn man zur Abschätzung der etwaigen Dimension des Kyeserschen Entwurfs von einem Wert von ca. 0,33 m/Fuß ausgeht,[87] so dürfte der gesamte Wurfarm (bei der Annahme von 46+8 Fuß) eine Länge von etwa 17,82 Metern gehabt haben. Interessant erscheint weiterhin die Angabe von 23 (Fuß) für die lichte Weite zwischen der Stütz-

84 Vgl.: Kyeser: Bellifortis, fol. 3r.

85 Vgl.: Kyeser: Bellifortis, fol. 48r.

86 „[...] Hec est blida grandis qua castra cuncta vincuntur / nam lapides proicit turres et menias scindit / Opida castella urbes resecat civitates. [...]" Vgl.: Kyeser: Bellifortis, fol. 47v.

87 Vgl.: Feldhaus: Die Technik, S. 691.

balkenkonstruktion, da sich aus ihr die Höhe des Lagerungspunktes gemäß der Vorschriften des Marinus Sanutus errechnen lassen. Demnach ergäbe sich eine Lagerungshöhe von 34 Fuß – also etwa 12,75 m.[88]

Zum Wert der zeichnerischen Darstellung selbst läßt sich erwähnen, daß trotz der genauen Zahlenangaben für die Hebelverhältnisse sich diese innerhalb der zeichnerischen Umsetzung nicht wiederfinden. Vielmehr zeigen diese ein Hebelverhältnis von etwa 1:2,7, was die Notwendigkeit einer gewissen Skepsis gegenüber dem unbedingten Quellenwert bildlicher Darstellungen unterstreicht.

Des Weiteren ist die zum Herabwinden des Wurfarmes vorgesehene Spindel in Abb. 50 sicher zu schwach für diese Aufgabe ausgelegt, und ein Herabwinden des Hebelarmes dürfte in dieser Weise kaum gelingen. Die Art der Darstellung scheint umso verwunderlicher, als Kyeser in Abb. 51 ein kräftiges Laufrad zur Bewältigung dieser Arbeit gewählt hat. Folgt man dem vorliegenden Bildmaterial, so dürfte diese Methode häufig Anwendung gefunden haben, da selbst Darstellungen kleinerer Gewerfe, wie jenes in Abb. 52, ein solches Laufrad zeigen.[89]

Abb. 52: Illustration eines Alexanderromans um 1330.

88 Warum Quarg in seinem Kommentar eine Lagerungshöhe von 7 m annimt, ist völlig unklar. Seinen übrigen Umrechnungen der Längenangaben zufolge geht er von völlig unterschiedlichen Umrechnungsfaktoren von 0,33 bis 0,75 Metern für einen Fuß aus. Dennoch wäre bei Anwendung der Richtlinien des Marinus Sanutus der Wert von 7 Metern nicht erreichbar. Andere Berechnungsgrundlagen nennt Quarg hingegen nicht. Vgl.: Kyeser: Bellifortis, Bd. 2, S. 24.

89 Illustration eines Alexanderromans um 1330. Vgl. hierzu: Gravett, Christopher: Medieval siege warfare, London 1990; S. 20.

Neben der Verwendung des Laufrades offeriert uns Abb. 51 eine weitere konstruktive Komponente: einen – eventuell sogar metallbeschlagenen – Schutzschild, der das Gewerf in Feindrichtung vor Beschuß bewahren soll. Interessant hieran erscheinen vor allem die daraus implizierbaren Schlußfolgerungen über das Kampfgeschehen, nämlich der Hinweis auf den Versuch, das gegnerische Gewerf mit dem Einsatz eigener Fernwaffen außer Gefecht zu setzen. Ohne den noch folgenden Ausführungen[90] allzusehr vorzugreifen, kann wohl bemerkt werden, daß hier außer dem Einsatz von Brandpfeilen vor allem der direkte Beschuß mit einem eigenen Gewerf der Verteidiger in Frage kam.

Auch wenn beide Kyeserschen Entwürfe klare Schwächen aufweisen, wozu auch die überlangen Schleudern und der perforierte Wurfarm in Abb. 51 gehören, so überwiegen doch die interessanten konstruktiven Detailaussagen, zu denen auch die eiserne, mit Nägeln befestigte Verstärkung des oberen Bereichs der Achslagerung und die eiserne Achse selbst zählen. Letztere durchschneidet den Wurfhebel und dürfte auf diese Weise die strukturelle Integrität desselben negativ beeinflussen. Eine ähnliche eiserne Lagerung wird hier zudem auch für die Aufhängung des Gegengewichtskastens benutzt.

Im Gegensatz zu den Abbildungen der Ziehkrafthebelwurfgeschütze zeigen die Darstellungen der Gegengewichtshebelwurfgeschütze nahezu durchgehend diese Art der Achslagerung mit durchbohrtem Wurfhebel. Ebenso deutlich offenbaren dies auch die Entwürfe des Sienesers Mariano di Jacopo, genannt Taccola (1381-1453 oder 1458), der in der ersten Hälfte des 15. Jahrhunderts den Stand der Militärtechnik seiner Zeit zusammenfaßte.[91] Abb. 53 zeigt verschiedene seiner Skizzen, die ebenfalls alle über besagte Achslagerung verfügen.[92] Darüber hinaus zeigt Abb. 54 diese Technik deutlicher als jede andere uns erhaltene Darstellung.[93]

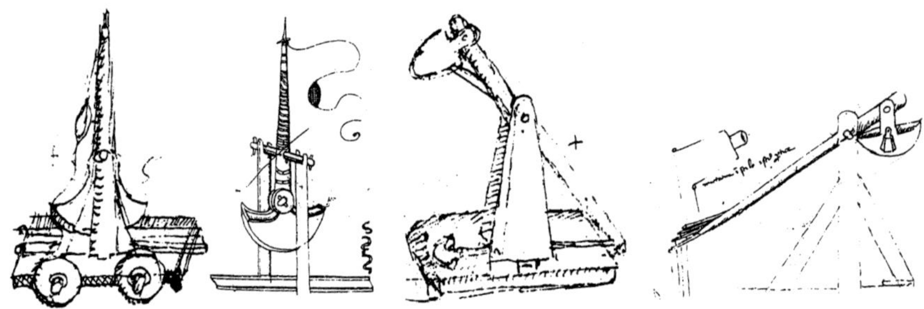

Abb. 53: Verschiedene Gewerfe aus Mariano Taccolas' „De ingeneis Liber".

Geben die allgemeinen Beschreibungen und Entwürfe, wie wir sie bei Aegidius Romanus, Marinus Sanutus, Conrad Kyeser, Mariano Taccola und anderen finden, zwar ein recht gutes Bild von den Vorstellungen, die sich die zeitgenössischen Gelehr-

90 Vgl.: Kapitel 3.1: Invention und Innovation.

91 Vgl. hierzu aus den Schriften Taccolas besonders: De rebus militaribus; sowie: De ingeneis.

92 Vgl.: Taccola: De ingeneis, fol. 19v, 40v, 48v, 68v.

93 Vgl.: Taccola: De ingeneis, fol. 40v.

ten von der Optimalkonstruktion der Gewerfe machten, so sind sie dennoch zunächst theoretische Überlegungen oder Beschreibungen – nicht deren Ausführung. Mit solch praktisch umgesetzten Ausführungen verschiedener Hebelwurfgeschütze hat Bernhardt Rathgen sich Anfang des 20. Jahrhunderts in Form alter Rechnungsbücher eingehend beschäftigt.

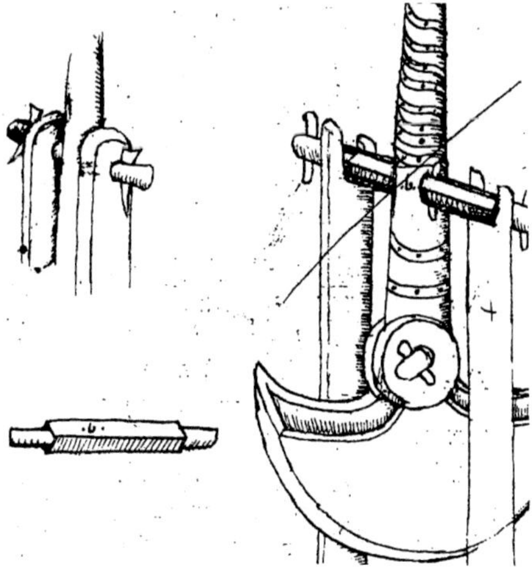

Abb. 54: Lagerungsmechanismus gemäß einer Skizze aus Mariano Taccolas' „De ingeneis Liber".

Überaus detaillierte Angaben über die Konstruktion zweier im Gefecht eingesetzter Gegengewichtshebelwurfgeschütze geben dabei die Rechnungen über den Bau einiger Gewerfe anläßlich der Belagerung von Vellexon in den Jahren 1409-1410.[94]

Nachdem die herangeführten schweren Steinbüchsen und der direkte Brescheschuß gegen die stark befestigte Burg von Vellexon keinen Erfolg gezeigt hatten, griff der Leiter der Belagerung – Jaques de Courtiambles – offenbar auf die „altbewährten" Kampfmittel zurück. Neben einer „Katze"[95] wurden dazu auch zwei schwere Gewerfe vor Ort gefertigt.

Die Leitung der Herstellung des Antwerks oblag Pierre de Villers,[96] einem erfahrenen Zimmermann und „Blidenmeister". Zur Bedienung jedes Wurfgeschützes standen ihm jeweils ein leitender Zimmermann[97] sowie eine 24-köpfige Bedienungsmannschaft zur Verfügung. Die Rechnungen charakterisieren die Gewerfe deutlich als Hebelwurfgeschütze. Zwischen den beiden Ständern (gemelles) bewegt sich die „Rute" (perche) mit dem am unteren Ende angehängten Gegengewicht (arche) und einer Schleuder am oberen Ende. Der Drehpunkt der Hebelachse soll so hoch liegen, daß der am kurzen Hebelarm hängende bewegliche Kasten (arche) in seiner Ruhelage noch frei über dem Erdboden hängt. Der gesamte Wurfhebel hat eine Gesamtlänge von 20 Metern (62 Fuß). Der kurze Hebelarm hat eine Länge von 3,67 Metern (11,3 Fuß), was 2/11 der Gesamtlänge ausmacht und somit den Angaben des Marinus Sanutus für den Bau eines gewöhnlichen Gegengewichtshebelwurfgeschützes entspricht. Die Ruten werden jeweils aus drei 62 Fuß langen und 1,5 Fuß starken Baumstämmen gewonnen, wobei für jedes Geschütz zwei solcher Wurfhebel (einer als Ersatz) hergestellt wurden. Der Hinweis auf die Herstellung solcher Ersatzhebel findet sich häufig und ist ein Indiz dafür, daß der Bruch eines solchen oftmals vorgekommen ist.

Weiterhin werden die drei zusammengefügten Baumstämme mit eisernen Bolzen und Klammern miteinander verbunden und anschließend durch mittelstarke Taue fest

94 Eine Edition der französischen Quellen bei: Rathgen: Das Geschütz im Mittelalter, S. 626f.

95 Gemeint ist hier ein überdachter Wagen, in dem die Mannschaften gedeckt bis vor die feindlichen Mauern gelangen konnten.

96 „[...] maitre des oeuvres de charpenterie du duc [...]". Vgl.: Rathgen: Das Geschütz im Mittelalter, S. 627.

97 „[...] maistre gouverneur [...]". Vgl.: Rathgen: Das Geschütz im Mittelalter, S. 627.

umwunden. Diese Taue werden mit eisernen Krampen und Bändern noch zusätzlich an den Balken befestigt. Mit Seilwerk und Beschlägen kann für diesen Wurfhebel ein Eigengewicht von etwa 5000 kg angenommen werden, wobei allein das Eigengewicht der Holzstämme ca. 4000 kg ausgemacht haben dürfte. Des Weiteren werden die Durchbohrungen für die Achsen mit Eisen ausgeschlagen und alle Bolzen und Drehzapfen mit einer Mischung aus Talg und Schmeer abgeschmiert. Für eine höhere Belastbarkeit wird der Anhängekasten zusätzlich mit Eisenbändern versehen.[98]

Für den Bau der Schleudern werden Taue von 35,1 m (18 Toisen) und 27,3 m (14 Toisen) verwendet. Die Länge der Schleudern dürfte demnach 16-17 bzw. 12-13 Meter betragen haben. Für die Herstellung der Schleudertaschen werden je zwei Pferdehäute gebraucht. Um die Pferdehäute zusammenzufügen und zu umsäumen, werden die aus eineinhalb Kalbsfellen gewonnenen Lederstreifen genutzt. Um die Verbindungsstelle der Schleuder mit der Rute zu sichern, werden noch einmal 48,8 m (25 Toisen) feinster Hanfseile verwendet. Beide Gewerfe werden mit jeweils zwei starken Tauen zum Niederwinden des Wurfarmes versehen. Es ist also zu vermuten, daß jede Maschine auch über mindestens zwei Winden verfügte, über deren genaue Konstruktion wir indes leider nicht unterrichtet sind. Zusätzlich wird noch eine große Menge an Seilen erwähnt, deren Verwendungszweck ebenfalls nicht eindeutig bestimmbar ist. Es könnte sich zum einen um Ersatz für gerissenes oder verschlissenes Tauwerk handeln, zum anderen könnte es jedoch auch ein Hinweis darauf sein, daß neben den Winden zusätzlich freie Seile zum Herabziehen der Rute benutzt wurden. Auch die Größe der Bedienungsmannschaft (24 Mann je Gerät) könnte darauf hindeuten. Ein solches Gewerf ist in Abb. 55 zu sehen, die eine Rekonstruktion aus Payne-Gallweys Schrift „The Crossbow“ zeigt.[99]

Auch wenn das Gewerf in seiner Darstellung technisch insgesamt zu gut durchkonstruiert erscheint und wohl eher der etwas idealtypischen Vorstellung Payne-Gallweys, als der mittelalterlichen Realität entspricht, so wird das Prinzip doch in Abb. 56 ebenfalls bezeugt.[100] Deutlich lassen sich hier bei dem Gewerf der Angreifer die zusätzlichen Zugseile erkennen.

Die Unterscheidung der Gewerfe in „petit engin“ und „grand engin“, sowie die unterschiedlich bemessene Schleuderlänge deuten auf verschiedene Wurfweiten hin. In diesem Fall scheint die von Marinus Sanutus vorgeschlagene Variation des Wurfhebels durch eine Veränderung der Schleuderlänge ersetzt worden zu sein.

Nach der Fertigstellung wurden die Geschütze von Vellexon zunächst sorgfältig erprobt und erst anschließend nach vorn in ihre Aufstellung gebracht, wo sie die bereits in Aktion getretenen Steinbüchsen unterstützen sollten. Als Geschosse dienten kugelförmig behauene Steine, die zum Schutze der Schleudertasche mit Heu ummantelt wurden. Über die tatsächliche Wirkung der Gewerfe vor Vellexon geht aus den Rechnungen und den sie begleitenden Kommentaren leider nichts hervor. Genaues Geschoßgewicht sowie die Entfernung vom Aufstellungsort zum Ziel bleiben ebenso ungenannt.

98 Wie dies ja auch von Conrad Kyeser in Abb. 51 vorgesehen wurde.

99 Vgl.: Pane-Gallwey: The Crossbow, S. 253.

100 Vgl.: Annales januenses, ed. G. H. Pertz, MGH, SS XVIII, Hannover (1863), Tafel III.

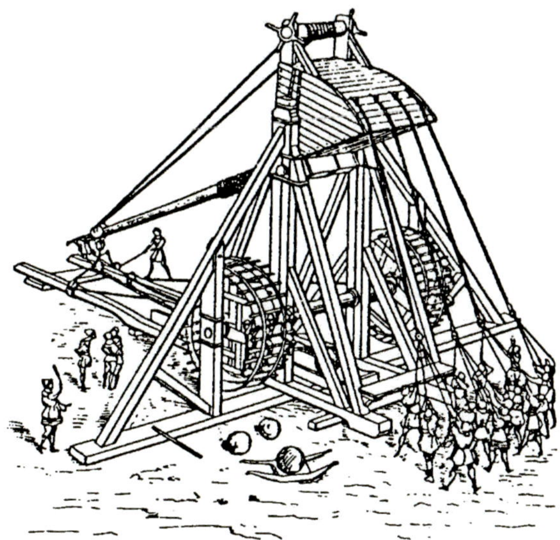

Abb. 55: Rekonstruktion Payne-Gallweys.

Wenn das Beispiel von Vellexon auch einen Extremfall bezüglich Größe und Materialaufwand darstellt, so zeigen doch die bis hierher dargelegten Entwürfe ebenso wie auch die weiteren von Rathgen ausgewerteten Rechnungsbücher, zumindest für das Spätmittelalter eine Tendenz zu solch schweren Gewerfen,[101] die professionell geplant, gebaut und bedient wurden.[102] Dies sind nicht mehr die schnell aufgeschlagenen, mit einfachen Mitteln hergestellten und leicht bedienbaren Werfer des 11. Jahrhunderts, die durch den Ladeschützen geleitet wurden. Diese schweren Gewerfe[103] verbinden nun eine Vielzahl verschiedener Techniken, wobei die individuelle Leistung der leitenden Zimmerleute den Mittelpunkt der Arbeiten bildete.[104] Wie die Entwürfe gezeigt haben, war auch hier wiederum die Erfahrung der wichtigste Lehrmeister des Mittelalters. Selbst der Entwurf Marinus Sanutus gibt an, sich auf eben jene Erfahrung der Bau-

Abb. 56: Darstellung eines Gewerfs mit Gegengewicht und Zugseilen um 1227.

101 Unter anderem läßt sich ein Gewerf vergleichbarer Größe aufgrund der Stadtrechnungen auch für Aachen nachweisen, wo im Jahre 1385 nicht weniger als 40 Mann nötig waren, um den Wurfhebel zu bewegen. Vgl.: Laurent, J.: Aachener Stadtrechnungen aus dem 14. Jahrhundert, Leipzig 1866, S. 292.

102 Diese „Professionalität“ verdeutlicht sich u.a. eindrucksvoll in den Kölner sowie auch in den Baseler Stadtrechnungen, die jeden benötigten Einzelposten bis hin zu den Ausgaben für das Zurechthauen passender Steine aufführen. Vgl.: Ennen, A.: Quellen zur Geschichte der Stadt Köln, Köln 1870. Urkunde Nr. 448; sowie: Harms, B.: Der Stadthaushalt Basels im ausgehenden Mittelalter, Bd. II, Basel 1909, S. 3ff.

103 Huuri nennt sie sogar „Überschwere Steinwerfer“. Vgl.: Huuri: Geschützwesen, S. 63.

104 Vgl. hierzu Kapitel 3.3: Bedienungsmannschaften und technische Spezialisten.

meister zu stützen. Auch die Entwürfe Kyesers und die Auswertung verschiedener städtischer Rechnungsbücher bestätigen dies.[105]

Die schwierigste Frage beim Entwurf der großen Gewerfe – die nach Fertigstellung kaum noch Veränderungen erlaubten – dürfte für die Baumeister die exakte Festlegung des Hebelverhältnisses zwischen Wurf- und Kraftarm gewesen sein. Alle weiteren konstruktiven Elemente sind von dieser Festlegung abhängig und folgen ihr nach, die Größe des Gegengewichts ebenso wie der Durchmesser des Hebelarmes, die Höhe seiner Lagerung oder die Länge der Schleuder und schließlich das mögliche Geschoßgewicht.

Wie gezeigt, dürfte Sanutus dabei zumindest in der Tendenz die Praxis der Baumeister treffend beschrieben haben. So kann für das Hebelverhältnis wohl – wie schon für das Ziehkrafthebelwurfgeschütz – von einem „Korridor" ausgegangen werden, der zwischen 1:4 und 1:6 gelegen haben dürfte. Auch der Vorschlag, das Hebelverhältnis in Abhängigkeit von der zu erwartenden Aufgabe zu gestalten, scheint durchaus mit der Praxis in Übereinstimmung zu bringen zu sein. Doch zeigt sich hierin ebenfalls die im Vergleich zum Ziehkrafthebelwurfgeschütz geringere Flexibilität, die nur – wie nicht zuletzt das Beispiel von Vellexon belegt – durch Veränderung der Schleuderlängen wiederherstellbar war.[106]

Leider läßt sich anhand des vorliegenden Materials nur sehr begrenzt etwas über die üblichen Schleuderlängen folgern. Prinzipiell jedoch kann gesagt werden, daß eine Verlängerung der Schleuder notwendigerweise auch den Verhältnisweg zwischen Geschoß und Gegengewicht vergrößert und somit einen positiven Einfluß auf die zu erzielende Reichweite des Geschosses beinhaltet.[107] Die Grenze liegt dabei in der Länge des Wurfarmes, da ein Plazieren des Geschosses hinter dem Drehpunkt der Hebelachse ein Herausziehen des Geschosses während des Wurfes mechanisch unmöglich machen würde. Auch die mittelalterlichen Baumeister dürften dies sehr bald anhand praktischer Erfahrungen herausgefunden und sich in der Annäherung an diesen Wert versucht haben.

Bezüglich der von Aegidius erwähnten unterschiedlichen Konzeptionen für das am Kraftarm wirkende Gegengewicht muß festgehalten werden, daß für alle drei Variationen Quellenbelege vorliegen. Als absolut dominierende Form indes zeigt sich das Gewerf mit ausschließlich beweglichem Gegengewicht, das insbesondere innerhalb der durchkonzipierten Entwürfe des Spätmittelalters alle anderen Formen zu verdrängen scheint und erst innerhalb der Vegetius-Drucke des 16. Jahrhunderts wieder durch Abbildungen von Gewerfen mit festem Gegengewicht ergänzt wird. Unabhängig davon erfolgt bei den Gegengewichtshebelwurfgeschützen die Lagerung des Wurfhebels (als auch die des beweglichen Gegengewichtes) durch eine zumeist eiserne Achse, die durch den Wurfhebel geführt wird und dessen strukturelle Integrität dadurch beeinflußt. Offenbar war es ab einer gewissen Größe des zu lagernden Gesamtgewich-

105 Vgl.: Rathgen: Das Geschütz im Mittelalter, S. 613-625.

106 Einen weiteren Beleg für diese Praxis bietet ein Eintrag im Marienburger Treßlerbuche aus dem Jahre 1409, in dem eine Zahlung an den Seiler für „[...] 12 Ogen [Ringe] an die lynen [...]" angewiesen wird. Mittels dieser an den Schleuderseilen befestigten Ringe war eine notwendige Verkürzung bzw. Verlängerung der Schleuder möglich. Vgl.: Rathgen: Das Geschütz im Mittelalter, S. 613.

107 Vgl. hierzu vor allem die Ergebnisse der Versuche mittels des Strüter-Gewerfs in Kapitel 2.5: Rekonstruktionsversuche und ihre Aussagekraft.

tes nicht mehr möglich, die noch bei den Ziehkrafthebelwurfgeschützen übliche Art der Lagerung – mittels einer durchbohrten Achse – auszuführen.

Die Konstruktionen der unterschiedlichen Gewerfe allein mögen zwar bereits einen Eindruck von der Leistungsfähigkeit der Hebelwurfgeschütze vermitteln und die damit verbundenen Wirkungsmöglichkeiten innerhalb des Kampfgeschehens erahnen lassen; für eine genaue Abschätzung indes ist einerseits eine Betrachtung der wenigen aussagekräftigen Quellen, andererseits auch ein Hinzuziehen mathematischer Berechnungsmöglichkeiten und experimenteller Versuche notwendig.

Die Quellenlage indes muß bei einer solchen Analyse stets Ausgangspunkt und Referenz darstellen, weshalb wir uns also zunächst direkt mit ihrer Aussagekraft zu beschäftigen haben.

2.4 Erörterung der technischen Leistungsfähigkeit anhand der Quellenlage

Betrachtet man die „Leistungsfähigkeit" eines miltärtechnischen Gegenstandes, wie es das Hebelwurfgeschütz darstellt, so läßt sich diese ihrer Natur gemäß in die militärische Leistungsfähigkeit einerseits und die rein technische Leistungsfähigkeit andererseits teilen. Die Beurteilung der militärischen Leistungsfähigkeit findet dabei ihre Kriterien im Maße der Effektivität, mit der das Hebelwurfgeschütz den Ausgang der Kampfhandlungen beeinflußte. Hierbei können als übergeordnete militärische Ziele die Maximierung von Personen- und Sachschäden, aber auch der Motivationsbruch des Gegners durch „Terrorkampf" angesehen werden. Im konkreten Einsatz indes äußert sich die militärische Leistungsfähigkeit beispielsweise in der Option zum mauerbrechenden Einsatz, der maximal zur Verfügung stehenden Kampfentfernung, der Schußfrequenz und der zulässigen Höchstgewichte für die unterschiedlichen Geschosse.

Die technische Leistungsfähigkeit wiederum ist der Ausgangspunkt für die militärischen Optionen, die der Einsatz des Hebelwurfgeschützes zu bieten vermag. Eine Beurteilung der technischen Leistungsfähigkeit anhand der verfügbaren Quellen kann jedoch einzig mittelbar über die von den Chronisten geschilderten militärischen Auswirkungen geschehen, so daß auf diese Weise militärische und technische Leistungsfähigkeit für uns gekoppelt erscheinen. Geben uns also auch die meisten Entwürfe keinen direkten Aufschluß über Wurfweiten und Geschoßgewichte, so muß diese Frage dennoch nicht völlig im Dunkeln bleiben, da hierüber eine Reihe sicherer Quellen Auskunft gibt.[108]

So ließ der Erzbischof Konrad von Hochstaden 1257 zur Belagerung der Stadt Köln auf dem rechten Rheinufer in Deutz ein großes Gegengewichtshebelwurfgeschütz aufstellen. Über die Ereignisse liegt ein Bericht des zeitgenössischen Kölner Chronisten Gotfried von Hagen vor,[109] der gemäß der Stadtordnung „[...] keines Herrn Rath, Mann oder Pfaffe [...]"[110] sein durfte. Nach Auskunft Gotfrieds traf eines der

108 Köhler irrt daher, wenn er meint: „[...] Ueber die Wurfweite der Geschütze des Mittelalters ist nur bekannt, was sich aus neuern Versuchen und Berechnungen ergeben hat. [...]" Vgl.: Köhler: Kriegswesen, Bd. III, S. 204.

109 Vgl.: Gotfried von Hagen: Reimchronik – Dat is dat boich van der Stede Colne. In: Die Chroniken der Deutschen Städte XII, Köln I, Leipzig 1875.

110 Vgl.: Lorenz, Ottokar: Deutschlands Geschichtsquellen im Mittelalter – seit der Mitte des Dreizehnten Jahrhunderts, 2 Bde., Berlin 1876, Bd. 2, S. 53.

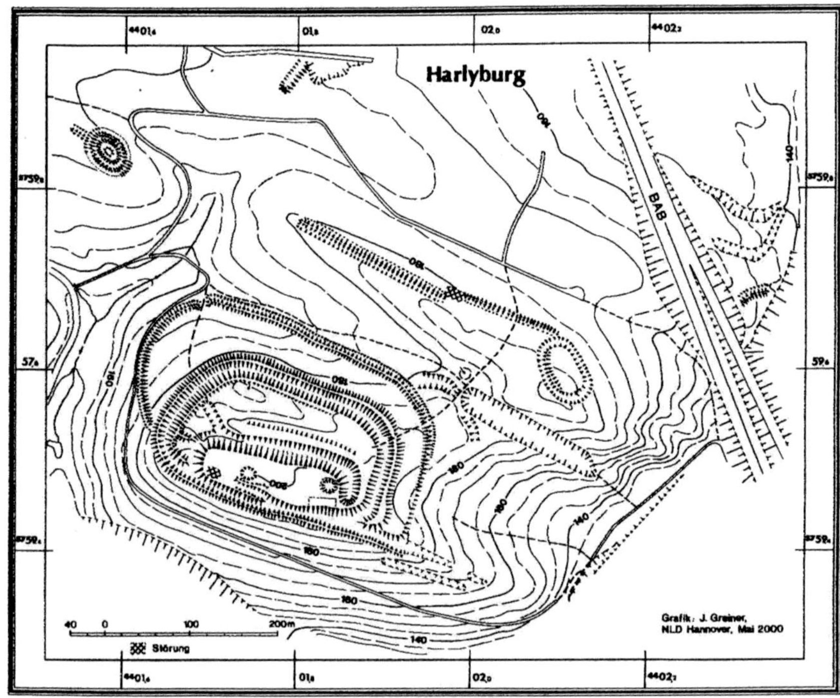

Abb. 57: Geographische Lage rund um die Harlyburg.

Geschosse ein Gebäude am Rotenberg, einer Gasse zwischen dem Rhein und dem Heumarkt. Selbst wenn das Gewerf dicht am Rheinufer plaziert war, so beträgt die Entfernung in diesem Fall doch mehr als 450 Meter!

Über die Auswirkung des Beschusses heißt es bei Gotfried: „[...] dede der buschof mit einer bliden / von Dütze werfen up Rodenburch / wenig 5 scheferstein durch / hie wahnde mit werpene Coelne winnen / mer mit was alze binnen [...]“.[111]

Die spöttische Bemerkung, daß nur wenige schieferne Dachpfannen beschädigt wurden, läßt auf ein äußerst geringes Geschoßgewicht schließen. Wenn also der angerichtete Schaden auch ein wenig untertrieben sein mag, so dürfte das Geschoß wohl dennoch kaum mehr als Kinderkopfgröße und ein Gewicht unter 30 kg gehabt haben. Die Bemerkung des Schreibers, daß der Gegner nicht viel erreichen konnte, da die Entfernung allzu weit war (mer mit was alze binnen) läßt darauf schließen, daß mit diesen rund 450 Metern die Maximalreichweite des Gewerfs ausgenutzt wurde und eine Steigerung nicht möglich war.

Wenige Jahre zuvor (1246-1248) hatte selbiger Erzbischof Konrad gemeinsam mit dem Erzbischof Arnold II. von Trier die Burg Thurant bei Alken an der Mosel belagert.[112] Mehrere Gewerfe wurden auf einem Höhenrücken in etwa 500 Metern Entfernung zur Burg aufgestellt. Dieser Höhenrücken trägt noch heute die Bezeichnung

111 Vgl.: Gotfried Hagen: Reimchronik, V750-754.

112 Vgl. hierzu: Baedecker, K.: Rheinlande, Frankfurt 1912, S. 130.

„Bleidenberg". Den zeitgenössischen Chroniken zufolge sollen die Verteidiger Thurants den angeblich verräterischen Burgvogt mit ihrem eigenen Gewerf der anderen Seite „zugeführt" haben, wo später eine Kapelle zu seinem Andenken errichtet wurde.[113] Sollte sich diese Begebenheit tatsächlich in dieser Weise zugetragen haben, wäre hierin ein Beleg für eine Wurfweite von 500 Metern bei einem „Geschoßgewicht" von mehr als einem Zentner gegeben.

Vergleichbare Reichweiten können anhand der topographischen Merkmale auch für die Belagerungen der Harlyburg bei Vienenburg (Landkreis Goslar; vgl. Abb. 57) im Jahre 1291[114] und der Asseburg bei Wittmar (Landkreis Wolfenbüttel; vgl. Abb. 58) in den Jahren 1255-58 angenommen werden.[115]

Abb. 58: Die Asseburg und ihre Umgebung samt mutmaßlichem Aufstellungsort eines Gewerfs. Ausschnitt einer Merian-Darstellung 1650.

Wie im Falle Thurants wird das Schleudern von Menschen in vielen Chroniken immer wieder erwähnt. Wieweit dies – bezüglich der angegebenen Entfernungen – glaubhaft erscheinen kann oder aber dem Schreiber nur als anschauliches Bild gedient hat, muß in jedem Einzelfall entschieden werden.

113 Vgl.: Baedecker: Rheinlande, S. 132.

114 Noch die aktuellen Landesaufnahmen zeigen dabei deutlich die künstlich errichteten Belagerungshügel und Schanzen, die sich in bis zu 500 Metern Entfernung zum Zentrum der Harlyburg befinden, die vom welfischen König Otto IV. 1203/4 errichtet und im Anschluß der Auseinandersetzungen zwischen Heinrich Mirabilis und seinen Gegnern im August 1291 zerstört wurde. Vgl. hierzu auch: Heine, Hans-Wilhelm: ...und buweden vor 5 nige slote. In: Archäologie in Niedersachsen, Bd. 6 (2003), S. 60.

115 Zur Asseburg, die zwischen 1255 und 1258 vom welfischen Herzog Albrecht dem Großen im Kampf mit Gunzelin von Wolfenbüttel belagert wurde, vgl.: Heine: ...und buweden vor 5 nige slote, S. 62.

Fritsche Closeners um 1362 verfasste Chronik[116] berichtet solches beispielsweise von der Belagerung der Burg Schwanow im Jahre 1333. Das belagerte Raubnest konnte sich über 5 Wochen gegen die Belagerer aus Straßburg, Bern, Luzern, Basel und Freiburg halten. Erst als das Trinkwasser durch Werfen von Menschenkot unbrauchbar gemacht und die Wohnräume infolge Brandbeschusses zerstört waren, gaben die Belagerten auf, wobei sich sieben Mann der 60köpfigen Besatzung freikaufen konnten. Vom Rest, der getötet wurde, ließen die Sieger drei Mann mittels eines Gewerfs in Richtung der Burg werfen: „[...] drie werkman smide und zimberlute die duffe worent wurden geworfen mit dem kwotwerke gegen der burg, zwen uffenander gebunden und einre alleine [...]“.[117]

Da zwei der Handwerker auf einmal geworfen wurden, muß das Gewerf sicher mehr als einhundert Kilogramm zu werfen vermocht haben. Die Chronik des Wiegand von Gerstenberg, der Abb. 59 entstammt, zeigt ebenfalls, das „Zu Tode Werfen“ eines Mannes, der aus dem Innern Eisenachs mit einem Wurfgeschütz über die Mauern geschleudert wird. Die Szene in der aus dem 15. Jahrhundert stammenden Chronik schildert dabei ein Ereignis, das sich während der Eroberung Eisenachs durch die Wettiner im Jahr 1262 ereignet haben soll. Ob es sich dabei tatsächlich um den Bürgermeister Felsbach von Eisenach gehandelt hat, wie es die Sage will, scheint unklar. Die Abbildung begnügt sich in jedem Fall mit dem Hinweis: „[...] und lesset eynen mann werffen uff eyner bliden [...]“.[118]

Daß die Leistungsfähigkeit mancher Gewerfe, wie sie während der Kreuzzüge Verwendung fanden, durchaus mit dem Werfen ganzer Menschen überfordert sein konnten, belegt hingegen eine Schilderung Alberts von Aachen. Demnach hatten die Kreuzfahrer während der Belagerung Jerusalems zwei Gesandte des Königs von Babylon gefangen genommen, von denen einer sofort durch einen „übereiligen Jüngling“ getötet wurde. Dem anderen hingegen machte man Versprechungen, ihn am Leben zu lassen, wenn er seine Botschaft verrate. Nachdem dieser jedoch in seiner Todesangst kooperiert hatte, gaben ihn die Fürsten an die Soldaten des Kreuzfahrerheeres zurück, die sich nun den zweifelhaften Spaß erlaubten, ihn mit einem Gewerf vom Leben zum Tode zu „befördern“, was das Gewerf zwar bewerkstelligte, allerdings ohne den Gesandten – wie geplant – tatsächlich über die Mauer der Stadt zu schleudern.[119]

---

116 Vgl.: Fritsche (Friedrich) Closeners Chronik. 1362. In: Die Chroniken der deutschen Städte 8.9 (Die Chroniken Oberrheinischer Städte I), Straßburg I, Leipzig 1870, S. 15-151.

117 Vgl.: Die Chroniken Oberrheinischer Städte, Straßburg I, 1870, S. 98.

118 Vgl.: Chronik des Wiegand von Gerstenberg, Gesamthochschul-Bibliothek Kassel, 4 Ms. Hass. f. 115.

119 Albert schreibt hierzu: „[...] Und die legten ihn mit gebundenen Händen und Füßen auf eine Schleudermaschine, um ihn so nach einer ersten und zweiten Anspannung über die Mauern zu schleudern. Aber sein allzu großes Gewicht belastete den Riemen der Maschine zu sehr und so schleuderte sie den Ärmsten gar nicht weit. Er fiel alsbald nahe der Mauer auf hartem Steingeröll nieder und brach Genick und Muskeln und Beine und soll im Augenblick schon tot gewesen sein. [...]“ Der Hinweis auf „zweimaliges Anspannen“ und die mangelhafte Belastbarkeit des Riemens weisen hier indes mit einiger Wahrscheinlichkeit auf die Verwendung des Torsionswurfgeschützes hin. Vgl. auch: Albert von Aachen: Geschichte des ersten Kreuzzuges, IV, 14; sowie: Alberti Aquensis historiae libri XII, RHC Occ. IV-IV, 14: „[...] Post hanc ceterasque relationes militibus restitutus, tormento cujusdam mangenae, ligatis manibus et pedibus, est immissus, ut sic, post primam et secundam inundationem, trans muros jactaretur. Sed nimio ejus pondere pellis mangenae gravata, non longe miserum projecit, qui mox juxta muros corruens super asperos silices, fractis cervicibus, nervis et ossibus, in momento extictus fuisse refertur. [...]“

Abb. 59: „Zu Tode Werfen" eines Menschen mit einem Hebelwurfgeschütz bei der Eroberung Eisenachs 1262. Nach einer Miniatur des 15. Jahrhunderts.

Einen recht guten Wurfweitenbeleg bringt unter anderem der Bericht über die Fehde zwischen dem Würzburger Bischof Gerhard mit der Stadt Köln, den wir dem Chronisten Ulman Stromer verdanken.[120] Bei ihm heißt es: „[...] Anno 1373 mensis januario. Graff Gerhart von Schwarczburk, der bischoff zu Newburk waz, kam in Franken und wolt pischof zu Wirczburg sein. [...] [Sie] wurfen mit pleiden vil stain auf den perk in die purk und teten do vil schaden, do het der pischoff vil zewgs auf die purk und schosch vast mit puchsen in die stat und teten vil schadens, daz wert bey dreyn wochen. [...]“[121]

Die beschossene Marienburg liegt etwa 130 Meter über der Stadt. Die Stadtbefestigung zog sich am rechten Mainufer entlang. Noch heute trägt eine Stelle (die für den Beschuß der Burg günstig gelegen wäre) den Namen „am Bleidenturm“. Wenn der Beschuß von dieser Stelle ausgeführt wurde,[122] so kommt man bei einer Berücksichtigung der Höhenlage der Burg auf eine horizontale Wurfweite von über 500 Metern.

Die Quellenlage zeigt somit in einer ganzen Reihe verschiedener Belege, daß eine Wurfweite zwischen 400 und 500 Metern für die großen Gewerfe des 13.-15. Jahrhunderts durchaus üblich war.[123] Bei diesen Wurfweiten kann ohne Frage vom Einsatz konstruktiv ausgereifter Gegengewichtshebelwurfgeschütze ausgegangen werden, da Ziehkrafthebelwurfgeschütze auch mit leichten Geschossen zu einer vergleichbaren Wurfleistung kaum in der Lage gewesen wären.

Dies belegen auch die zu vermutenden Geschoßgewichte, die sich aus den geschilderten Ereignissen verschiedener Quellen ergeben. Beispiele hierfür bietet der Bericht des jungen Zisterziensermönches Pierre des Vaux-de-Cernay, der im Zeitraum von 1212-1218 Augenzeuge der Kämpfe mit den okzitanischen Katharern war. Den Autoritäten der katholischen Kirche zugeneigt, verfaßte er den offiziellen Bericht des Kreuzzuges gegen die Albigenser.[124] Für die Abfassung der „Historia Albigensis“ stützte er sich auf eigene Augenzeugenschaft, aber auch auf Berichte der militärischen Führer und Anekdoten aus dem Volk. Trotz seiner offiziösen Tendenz und seiner mithin nicht immer als ungetrübt zu bezeichnenden Quellen, geben seine Beschreibungen eine Vielzahl militärhistorisch bedeutender Hinweise. Zahlreich sind dabei unter anderem auch die Verweise auf Gewerfe (petrarien) und andere Kriegsmaschinen. Über die Wirkung der Ziehkrafthebelwurfgeschütze schreibt er anläßlich der Belagerung von Termes im Jahre 1210: „[...] Die Kriegsmaschinen, die vorher wenig ausgerichtet hatten, wurden jetzt nämlich näher an die Mauern der Burg herangebracht, denen sie, ob-

120 Vgl.: Stromer, Ulman: Büchel von meim geflechet und von abentewr. 1349-1407. In: Die Chroniken der deutschen Städte I, Nürnberg I, Leipzig 1862.

121 Vgl.: Stromer: Büchel von meim geflechet, S. 32f.

122 Zu den Argumenten, die für den „Bleidenberg“ als Aufstellungsort sprechen: Rathgen: Das Geschütz im Mittelalter, S. 618.

123 Weitere Belege für ähnliche Reichweiten bietet: Rathgen: Das Geschütz im Mittelalter, S. 616-620.

124 Eine deutsche Ausgabe dieser „Historia Albigensis“ bietet: Pierre des Vaux-de-Cernay: Historia Albigensis. Aus dem Lateinischen ins Deutsche übertragen, hrsg. und mit einem Nachwort versehen von Gerhard E. Sollbach, Zürich 1996; diese Edition stützt sich auf die von Pascal Guébin und Ernest Lyon besorgte kritische Ausgabe des lateinischen Textes (Petri Vallium Sarnaii Monachi Hystoria Albigensis. 2 Bde., Paris 1926-1939). Eine weitere lateinische Ausgabe bietet jedoch auch Migne PL 213, 543-712.

wohl an ihnen ständig gearbeitet worden war, bisher nur wenig hatten anhaben können. [...]“[125]

Zusammen mit dem späteren Hinweis, er habe selbst die Wirkung der Gewerfe bei der Belagerung Saint-Antonins gesehen und bei der Begehung des Ortes die zerstörten Häuser der Gegner vorgefunden,[126] wird klar, daß die Geschoßgewichte einerseits unterhalb der mauerbrechenden Wirkung lagen, andererseits für die Zerstörung der Häuser durchaus ausreichten.

Diese Art der Wirkung findet sich oft[127] und ist einerseits auf den stark parabolischen Wurfverlauf zurückzuführen, der die Geschosse nahezu senkrecht auf die Gebäude fallen ließ, andererseits jedoch auch auf die geringeren Geschoßgewichte der Ziehkrafthebelwurfgeschütze. In Folge des in Kapitel 2.2 vorgestellten Bildmaterials sowie der Schriftquellen (die das Einlegen der Geschosse durch den Ladeschützen schildern)[128] und der durch Berichte überlieferten militärischen Auswirkungen, muß also für die Ziehkrafthebelwurfgeschütze von einem Geschoßgewicht ausgegangen werden, das etwa zwischen 10 und 30 kg gelegen haben dürfte – was einer steinernen Kugel mit einem Durchmesser von 15-25 cm entspricht. Die Reichweiten dürften dabei im Bereich von 100 Metern gelegen haben, was auch die von Needham ausgewerteten Quellen bestätigen.[129]

Wie bereits das Beispiel der Belagerung Kölns gezeigt hat, waren die möglichen Reichweiten der Gegengewichtshebelwurfgeschütze bei etwa gleichem Geschoßgewicht um ein Vielfaches höher. Im Gegenzug bestand natürlich ebenso die Option, zu Ungunsten der Reichweite das Geschoßgewicht entsprechend zu erhöhen. Über die möglichen Maximalgewichte sind wir sowohl aus Bild- als auch aus Schriftquellen sehr gut informiert.

So geben die Darstellungen von Gegengewichtshebelwurfgeschützen mit Schelmen[130] oder Faßbomben und die entsprechenden Schilderungen einen Anhaltspunkt für die damit verbundenen Gewichte.[131] Ein toter Esel dürfte dabei mit etwa ein- bis zweihundert, ein Pferd mit drei- bis sechshundert Kilogramm zu veranschlagen sein. Die Mindestentfernung von etwa einhundert Metern, die notwendig war, um der allzu schnellen Zerstörung des wertvollen Gewerfs bei einem Ausfall vorzubeugen, dürfte dabei in jedem Falle eingehalten worden sein. Hierbei ist zu bedenken, daß ein Überwurf der feindlichen Mauer nötig war und die Gesamtwurfweite somit bei mindestens 150 Metern gelegen haben dürfte.

125 „[...] statim machinas, quae antea parum profecerant, propius ad muros castri transferentes, laborabant in ipsis continue, murosque castri non modicum debilitabant. [...]“ Vgl.: Pierre des Vaux-des-Cernay: Historia Albigensis. Migne PL 213, 597C.

126 Vgl.: Pierre des Vaux-des-Cernay: Historia Albigensis. Migne PL 213, 636C.

127 Unter anderem auch in einer Reihe islamischer Quellen, in denen die Zerstörung hölzerner Tempel durch Gewerfe beschrieben wird. Vgl. dazu: Huuri: Geschützwesen, S. 141.

128 Vgl.: Kapitel 2.2; sowie: Muhammad ben Garir al-Tabari: kitab ahbar al-rusul wa-l-muluk, II844, 15; und: Huuri: Geschützwesen, S. 142.

129 Vgl.: Needham: Chinas Trebuchtes, S. 111; sowie: Needham, J. & Yates, R.: Military Technology, S. 216/17.

130 Der Ausdruck „Schelm“ bezeichnet im Mittelalter alle Arten von Aas und Kadavern.

131 Vgl. hierzu die Belege aus Kapitel 3.1 zu den verwendeten Geschossen und dem „Terrorkampf“.

Der Einsatz von Geschossen mit einem Gewicht von 400-500 kg wird unabhängig davon auch in Quellen erwähnt, die sich mit dem Einsatz „konventioneller" Munition beschäftigen.[132]

Das höchste Gewicht indes wird für die bei der Belagerung Zaras im Jahre 1346 eingesetzten Geschosse angenommen, die ein Gewicht von weit über einer Tonne gehabt haben sollen, was einer Granitkugel von mehr als einem Meter Durchmesser entsprochen hätte.[133]

Die Effektivität entsprechend schwerer Gewerfe, die zu solch hohen Leistungen in der Lage waren, fand andererseits seinen Preis in der weit heruntergesetzten Schußfrequenz, die vom Aufwand abhängig war, den das Spannen und Einrichten des Gewerfs verursachte. Einen Hinweis hierauf bieten beispielsweise die Aachener Stadtrechnungen, die die Anzahl der bei der Belagerung von Reiferscheid im Jahre 1385 mitgeführten Wurfgeschosse vermerken.[134] Demnach läßt sich für das große Gewerf, das Gewichte von knapp unter 200 kg warf, eine Schußgeschwindigkeit annehmen, die das 2,5fache der mitgeführten großen Steinbüchse betrug. Angesichts der Tatsache, daß diese großen Steinbüchsen oftmals nur ein-, vielleicht zweimal pro Tag abgefeuert wurden,[135] wird die geringe Schußfrequenz des Aachener Gegengewichtshebelwurfgeschützes deutlich.

Wie sich diese Quellenergebnisse mit praktisch ausgeführten Nachbildungen und Berechnungen auf Grundlage der physikalischen Gesetze in Übereinstimmung bringen lassen, wird in den nun folgenden Ausführungen zu untersuchen sein.

2.5 Rekonstruktionsversuche und ihre Aussagekraft

Bei der Beurteilung von Nachbauten historischer Geräte wie dem Hebelwurfgeschütz lassen sich im wesentlichen drei Kategorien mit unterschiedlichem Aussagewert ausmachen. Zunächst sind die Versuche mit stark verkleinerten Modellen zu nennen, die weder in ihrer Größe noch in der Bauweise die historischen Vorgaben erfüllen. Ihr Zweck ist es in der Regel, die physikalischen Grundgegebenheiten nachzuvollziehen und die gewonnenen Erkenntnisse auf das historische Vorbild zu übertragen. Der tatsächliche Wert dieser Vorgehensweise ist in der Fachwelt umstritten, doch scheint die Ansicht Hills, „[...] Experiments of this kind with small-scale models are not only val-

132 So etwa bei Roland von Patavia, der für das Gewicht der bei der Belagerung von Este eingesetzten Geschosse 1200 librae (ca.400-500kg) angibt. Vgl.: Roland von Patavia: Chronica. MGH SS XIX, Hannover 1866, S. 90, 10.

133 Vgl. hierzu die Belege bei: Daru, P.: Histoire de la république de Venise, Paris 1821, Bd. I, S. 603; sowie die Meinungen Huuris, Köhlers und Rathgens zur Interpretation dieser Quelle. Vgl. dazu: Huuri: Geschützwesen, S. 64; Köhler: Kriegswesen, Bd. III, S. 202; Rathgen: Das Geschütz im Mittelalter, S. 624.

134 Die Steine für das Gewerf wurden – ebenso wie die Büchsensteine – im Verlaufe des Kriegszuges bei Nideggen gebrochen. Im ganzen wurden dabei 280 Steine für das Gewerf und 109 Steine für die Büchse behauen. Vgl.: Laurent: Aachener Stadtrechnungen, S. 291.

135 Der Grund für diese geringe Frequenz lag vor allem in der schlechten Qualität des frühen Pulvers, das ein Auswaschen und gründliches Reinigen der Büchse nach jedem Schuß nötig machte. Vgl. hierzu: Schmidtchen: Kriegswesen, S. 200; sowie: Schmidtchen, Volker: Bombarden, Befestigungen, Büchsenmeister. Eine Studie zur Entwicklung der Militärtechnik. Düsseldorf 1977, S. 44; der hier das fast anekdotische Beispiel des Metzer Büchsenmeisters vorbringt, der wegen dreier erfolgreicher Schüsse an nur einem Tag im Jahre 1437 wegen des Verdachts der Anwendung von Magie eine Pilgerfahrt nach Rom antreten mußte.

ueless, they are misleading [...]",[136] weit übertrieben. Natürlich sind die Aussagemöglichkeiten stark verkleinerter Modelle als eingeschränkt zu betrachten, da sich hier weder die realistischen Reibungskomponenten, noch die Stabilität der Gesamtkonstruktion nachvollziehen lassen. Dennoch verhalten sich die verkleinerten Modelle prinzipiell analog zu ihren größeren Vorbildern, da die physikalischen Grundgegebenheiten sich in erster Linie von den jeweiligen Verhältnisgrößen der Bauteile zueinander und weniger vom Maßstab der Konstruktion insgesamt abhängig zeigen.[137] Am Beispiel der Modellversuche Rathgens wird dies zu zeigen sein.

Die zweite Kategorie von Rekonstruktionen wird durch Nachbauten in authentischer Größe gebildet, wobei jedoch sowohl das verwendete Material, als auch die Bauweise selbst dem historischen Vorbild nur angenähert ist. Auch hier ist bezüglich einer direkten Übertragbarkeit der Ergebnisse Vorsicht geboten. Dennoch können an dieser Art von Rekonstruktionen wertvolle Erkenntnisse bezüglich des Wurfvorgangs, sowie der etwaigen erreichbaren Wurfleistung und gegenseitigen Beeinflussung einzelner Komponenten gewonnen werden. Die erstmalige Vorstellung der Versuche mit dem „Strüter-Gewerf" wird dies erweisen. Der Trend zu „Eigenbau" und Wurfversuchen hat in den letzten Jahren indes eine so weite Verbreitung angenommen, daß bereits professionelle Anbieter über Internet Zubehörteile und Simulationsprogramme zur Optimierung der Nachbauten vertreiben.[138]

Die Abgrenzung zwischen Nachbauten authentischer Größe und Versuchen mit vollständig authentischen Rekonstruktionen, die sowohl bezüglich der konstruktiven Vorgaben der Quellen, als auch hinsichtlich der verwendeten Materialien dem historisch abgesicherten Vorbildern entsprechen, erscheint im Einzelfall äußerst schwierig. Der von W. T. S. Tarver im Jahre 1989 vorgenommene Nachbau eines Ziehkrafthebelwurfgeschützes scheint jedoch bezüglich der Hebelwurfgeschütze einem als „authentisch" zu bezeichnenden Gewerf bisher am nächsten zu sein.[139]

Die ersten Ansätze, die Quellenlage mit Ergebnissen von Rekonstruktionsversuchen zu ergänzen, gehen bereits auf die 30er Jahre des 19. Jahrhunderts zurück, als der Schweizer General Dufour[140] erste Experimente mit einem stark verkleinerten

136 Vgl.: Hill: Trebuchets, S. 111.

137 Man beachte hierzu beispielsweise auch die neueren, jedoch in ihren Ergebnissen nur stark eingeschränkt publizierten Versuche auf der Wartburg 1995. Vgl.: Schwarz, Hilmar: Das Modell einer Blide. In: Wartburg-Jahrbuch 1995, S. 212-216.

138 So etwa im Winter 2004/2005 auf den Seiten von „www.trebuchet.com".

139 Abweichend hiervon ist die Situation bezüglich der antiken Gewerfe zu betrachten, für die es schon sehr früh eine Reihe äußerst quellennaher und realistischer Nachbauten gegeben hat. Vgl. hierzu vor allem die Ausführungen bei: Schramm, Erwin: Die antiken Geschütze der Saalburg – Bemerkungen zu ihrer Rekonstruktion. (Neubearbeitung der Schrift „Griechisch-römische Geschütze") Hrsg. von der Saalburgverwaltung, Berlin 1918. (Beiheft zum Saalburg-Jahrbuch 1980) Bad Homburg 1980 (Nachdruck der Ausgabe 1918); sowie zu den Vorgaben der antiken Quellen vor allem: Rehm, A.; Schramm, E.: Bitons Bau von Belagerungsmaschinen und Geschützen, Griechisch und Deutsch (Abhandlungen der Bayerischen Akademie der Wissenschaften, Philosophisch-historische Abteilung, Neue Folge, 2) München 1929; aber auch: Lendle, Otto (Hrsg.): Palingenesia XIX, Texte und Untersuchungen zum technischen Bereich der antiken Poliorketik, Wiesbaden 1983; Pöhlmann, Martin: Untersuchungen zur älteren Geschichte des antiken Belagerungsgeschützes, Erlangen 1912; Köchly, H. u. Rüstow, W.: Griechische Kriegsschriftsteller, Osnabrück 1969 (Reprint d. Ausgabe Leipzig 1853/55); Baatz, Dietwulf: Recent finds of Ancient Artillery, In: Britannia IX (1978), S. 1-17.

140 Vgl. zur Person Guillaume-Henri Dufours und seinem Einfluß auf Napoleon III. auch: Langendorf, J.-S.: Guillaume-Henri Dufour, General – Kartograph – Humanist, Luzern 1987.

Modell eines Gegengewichtshebelwurfgeschützes unternahm, dessen konstruktive Vorgaben allerdings keineswegs der Quellenlage entsprachen. Sein Bericht[141] zeigt nämlich, daß der von ihm verwendete Hebelarm, der eine Gesamtlänge von 68 cm besaß, im Verhältnis von 1:3 geteilt war und somit die von ihm erzielten Ergebnisse insgesamt von nur geringem Interesse sind. Dennoch konnte er bei seinem Modell offenbar bereits die große Bedeutung der Schleuder für die Weite des Wurfes herausfinden. Sein Bericht vermerkt hierzu: „[...] Nicht ohne Überraschung stellte ich fest, daß die Leistung der Maschine fast verdoppelt wurde durch Hinzufügen der Schleuder. Das heißt, daß derselbe Stein, der mit der Wurfschale 6 m weit geworfen wurde, 11 m weit mit der Schleuder geworfen wurde, deren Länge etwas geringer war, als die des großen Armes der Wippe (bascule) [...]“.[142]

Durch die Versuche Dufours angeregt, gab Napoleon III. im Jahre 1850 den Auftrag zur Rekonstruktion eines Gegengewichtshebelwurfgeschützes in authentischer Größe. Die Leitung dieser Aufgabe wurde dem mit der Materie vertrauten Kapitän Favé übertragen, dessen Bericht sich in den von Napoleon und Favé in mehreren Schritten veröffentlichten „Études sur le passé et l'avenir de l'Artillerie“ finden läßt.[143]

Die Rute seines Nachbaus erhielt eine Gesamtlänge von 10,30 m, wovon 10 m auf den langen Hebel entfielen. Diese Teilung des Hebels entspricht einem Verhältnis von 1:34,3 – was erheblich von den Vorgaben Marinus Sanutus abweicht.[144] Das Gegengewicht bestand größtenteils aus Blei und hatte ein Gesamtgewicht von 4500 kg, wobei 1500 kg auf dem kurzen Hebelarm arretiert und 3000 kg in einem Kasten gelagert waren, der an einem eisernen Bolzen unterhalb des kurzen Hebelarmes frei pendeln konnte. Des Weiteren verfügte Favés Konstruktion, die nach Aegidius Colonna in die Kategorie „tripantium“ einzuordnen wäre,[145] über eine Schleuder von 5 m Länge.

Die Gesamtkonstruktion scheint indes allzu schwach ausgelegt worden zu sein, so daß schließlich – nach mehreren Zusammenbrüchen tragender Teile – die Versuche abgebrochen wurden. Die dürftigen Ergebnisse zeigten eine maximale Leistung des Gewerfs, die für ein zwölf Kilogramm schweres Geschoß bei einer Wurfweite von 175 m lagen. Die seitliche Abweichung betrug dabei stets einen Wert unterhalb von drei Metern, was als deutlicher Hinweis auf die exakte Reproduzierbarkeit der Würfe, selbst mit einer so mangelhaften Konstruktion, gewertet werden kann.[146]

Bei aller Fehlerhaftigkeit stellten diese frühen Versuche Favés doch lange die einzigen mit Modellen authentischer Größe dar. Zu ihrer Ergänzung und mit dem Ziel, ihre Ergebnisse zu bestätigen, wurden jedoch neben zahlreichen Berechnungen auch

141 Vgl.: Dufour, G. H.: Memoire sur l'artillerie des anciens et sur celle du moyen-age, Paris 1840, S. 91f.

142 „[...] J'ai constaté, non sans surprise que l'effet de la machine était presque doublé par l'addition de la fronde, c'est-à-dire, que la même balle qui est lancée à 6 m de ditsance avec le cuilleron, l'était à 11 m avec la fronde dont la longueur était un peu moindre que celle du grand bras de la bascule [...]“. Vgl.: Dufour: L'artillerie, S. 91.

143 Vgl.: Favé, J. : Louis Napoleon Bonaparte: Etudes sur le passe et l`avenir de l`artillerie, Paris 1846-71, II. 26ff.; sowie: Schneider: Artillerie, S. 98-105; der große Teile des Berichts im Original wiedergibt.

144 Unverständlich bleibt daher, warum Schneider behauptet: „[...] Die Rekonstruktion [...] hatte als Grundlagen die Angaben des Marinus Sanutus. [...]“ Vgl.: Schneider: Artillerie, S. 83.

145 Vgl.: Kapitel 2.3: Die Konstruktionsbeschreibungen des Gegengewichtshebelwurfgeschützes.

146 Vgl. zu diesen Angaben neben Favé: L'artillerie II. 26ff; auch: Hill: Trebuchets, S. 110f; der die wichtigsten Teile der Ergebnisse noch einmal aufführt und die mangelnde Ausführlichkeit der von Favé gemachten Konstruktionsangaben kritisiert.

immer wieder Versuche mit verkleinerten Modellen vorgestellt. So hat beispielsweise Payne-Gallwey in seinem 1903 erstmals erschienenen Werk „The Crossbow" bereits als Ergebnis seiner Versuche eine vermutliche Wurfweite von 274,4 m für ein 136 kg schweres Geschoß angeben, wobei der Hebelarm eine Länge von 15,25 m besaß und das Gegengewicht auf 9090,9 kg hochgerechnet wurde.[147] Über die tatsächliche Größe seines Modells machte er indes ebensowenig Angaben, wie über die genaue Aufteilung des Hebelverhältnisses, so daß seine Versuche für uns von nur geringem Wert erscheinen.[148]

Weitaus gewissenhafter zeigt sich im Vergleich hierzu der Bericht Bernhard Rathgens über seine im Jahre 1918 mit einem Modell im Maßstab von 1:20 durchgeführten Versuche, bei denen das vor Vellexon eingesetzte Gegengewichtshebelwurfgeschütz Pate stand.[149] Die Länge des Wurfhebels betrug einen Meter, wobei dieser, gemäß den Angaben des Marinus Sanutus für ein weitreichendes Gewerf, im Verhältnis von 1:5 geteilt wurde. Die Schleuder erhielt zunächst die gleiche Länge wie der lange Arm des Wurfhebels – also 85 cm. Als Geschoß diente eine steinerne Modellkugel von 5,5 cm Durchmesser und einem Gewicht von 170 g. Bei einem spezifischen Gewicht des Steines von 2,05 entsprach dies einer Granitkugel von 1,4 t und einem Durchmesser von 1,1 Metern![150]

Das Gegengewicht wurde aus einem mit Erde gefüllten Kasten von 2050 g Gewicht gebildet, was einem Verhältnisgewicht (Geschoß/Gegengewicht) von 1:12,05 entsprach.[151] Die Ergebnisse zeigten bei dieser Gestaltung des Versuchs eine durchschnittliche Wurfweite von drei Metern, wobei Rathgen insbesondere die geringe Seitenabweichung der Würfe hervorhob. Daneben stellte auch Rathgen – wie zuvor bereits Dufour – die große Abhängigkeit des Wurfverhaltens von der Dimensionierung der Schleuder fest. Verlängerungen der Schleuder über die Länge des Wurfarmes hinaus zeigten sich dabei als ebenso ungünstig, wie eine zu starke Verkürzung derselben, was zu einem sehr steilen und infolgedessen stark verkürzten Wurf führte. Einen unerwartet starken Einfluß auf die Wurfweite beobachtete Rathgen bei einer Verringerung des gewählten Geschoßgewichtes. Eine Verringerung des Geschoßgewichtes auf 145 g führte dabei zu einer Wurfweite von 370 cm, was einer Steigerung um 25% entspricht. Umgekehrt brachte auch eine Steigerung des Gegengewichtes eine stark erhöhte Wurfweite, so daß der Zusammenhang von Wurfweite und Verhältnisgewicht zwischen Geschoß und Gegengewicht eindrucksvoll aufgezeigt werden konnte.[152]

Mit seinen immensen Abmessungen hat das Gegengewichtshebelwurfgeschütz von Vellexon jedoch nicht allein zu Modellbauten im verkleinerten Maßstab angeregt, sondern auch eine Reihe von Versuchen zur mathematischen Leistungsbestimmung

---

147 Vgl. hierzu: Payne-Gallwey: The Crossbow, S. 309.

148 Die Angaben für die Größenverhältnisse beschränken sich dabei auf die Aussage „[...] From experiments with models of good size [...] I find that [...]". Vgl.: Payne-Gallwey: The Crossbow, S. 309.

149 Zu den vor Vellexon eingesetzten Gewerfen vgl.: Kapitel 2.3: Die Konstruktionsbeschreibungen des Gegengewichtshebelwurfgeschützes.

150 Vgl. hierzu: Rathgen: Das Geschütz im Mittelalter, S. 632.

151 Warum Rathgen im Zusammenhang mit den genannten Werten von einem Verhältnisgewicht von 1:1,7 spricht, bleibt leider unklar. Vgl.: Rathgen: Das Geschütz im Mittelalter, S. 632.

152 Vgl. für die umfangreiche Auflistung der Versuchsergebnisse und ihre Auswertung: Rathgen: Das Geschütz im Mittelalter, S. 633f; sowie für eine Kritik dieser Ergebnisse: Hill: Trebuchets, S. 111.

ausgelöst, auf die im Verlaufe des nächsten Kapitels noch einzugehen sein wird.[153] Im heutigen Frankreich bildet die Burganlage von Les Baux (Provence) den Hintergrund für einen Nachbau, der in seinen Abmaßen dem Gewerf von Vellexon wenn nicht gleich, so doch nahe kommt (vgl. Abb. 60). Die Grundkonstruktion folgt, wie so oft, den Vorschlägen aus dem Bauhüttenbuch des Villard de Honnecourt. Indes liegen hier zu einer Einschätzung von Leistungsfähigkeit und Quellenvorbildern, wie bei so vielen anderen Rekonstruktionen, keine ausreichenden Veröffentlichungen vor.

Abb. 60: Rekonstruktion eines Gegengewichtshebelwurfgeschützes auf der Burganlage von Les Baux.

In seiner Dimensionierung kommt dem historischen Vorbild des Gewerfs von Vellexon unter anderem auch ein Nachbau aus dem englischen Shropshire nahe, der jedoch keinesfalls als authentisch bezüglich seiner konstruktiven Vorgaben gewertet werden kann.

Das wenige, was bisher über diesen Versuch in Form populärwissenschaftlicher Literatur bekannt gemacht wurde,[154] zeigt eine Aufteilung des Hebelverhältnisses von etwa 1,5:1.[155] Die Schleuderlänge liegt dabei erheblich unter der Länge des Wurfarmes, so daß auch hier die Optimalwerte nicht erreicht werden. Das am „kurzen“ Hebelarm arretierte Gegengewicht ist offenbar aus massivem Metall (vermutlich Blei oder Eisen) gefertigt, da eine angegebene Wurfleistung von 500 kg ansonsten nicht möglich erscheint.[156] Die Erbauer dieses Gewerfs, Hew Kennedy und Richard Barr,

153 Vgl.: Kapitel 2.6: Mathematische Modellbeschreibungen.

154 Vgl. hierzu: Chevedden, Paul E.; Eigenbrod, Les; Foley, Vernard; Soedel, Werner: Das Trebuchet – Die mächtigste Waffe des Mittelalters. In: Spektrum der Wissenschaft, 9/95, S. 80-86.

155 Vgl. hierzu Abb. 61, sowie: Chevedden: Trebuchet, S. 81.

156 Vgl. hierzu: Chevedden: Trebuchet, S. 81.

Abb. 61: Nachbau aus Shropshire (Engl.)

Abb. 62: Nachbau vor der Runneburg (Thür.)

haben indes immerhin die Aufmerksamkeit der Öffentlichkeit durch spektakuläre Aktionen – wie das Werfen von Kleinwagen – auf dieses mittelalterliche Belagerungsgerät gelenkt und zudem Anregungen zu weiteren Versuchen gegeben, die den historischen Vorgaben näher stehen als dies bei dem Gegengewichtshebelwurfgeschütz aus Shropshire der Fall ist.

Einen solchen Nachbau von ähnlicher Größe aber höherer Authentizität stellt das Gegengewichtshebelwurfgeschütz dar, das unter der Leitung des Ingenieurs Werner Freudemann und des Experimentalarchäologen Thomas Stolle vor der Runneburg in Thüringen aufgeschlagen wurde. Leider liegt bisher auch hier keine wissenschaftliche Veröffentlichung vor, die exakte Konstruktionsdaten und den Abgleich mit der vorhandenen Quellenlage enthielte. Bereits aus den zahlreichen journalistischen Veröffentlichungen[157] gehen indes einige interessante Fakten hervor.[158]

Demnach liegt die technische Leistungsfähigkeit weit über der des Shropshire-Gewerfs.[159] Das thüringische Hebelwurfgeschütz erreicht mit einer steinernen Kugel von etwa 40 kg Gewicht[160] eine Wurfweite von 295 Metern! Die Kosten für den Bau wurden zu einem großen Teil aus Spenden finanziert und lagen bei 250.000 DM.[161] Der Wurfhebel, der aus dänischer Esche hergestellt wurde, hat eine Länge von etwa 20 m[162] und eine Schleuderlänge von 12 m.[163] Das Gegengewicht beträgt (nur) 4,5 t,[164] was ein deutlicher Hinweis auf die Erreichbarkeit einer sehr hohen Leistungsfähigkeit bei verhältnismäßig kleinem Gegengewicht ist – sofern optimale konstruktive Voraussetzungen gegeben sind. So gehen die Erbauer denn auch von einer theoretischen maximalen „Kampfentfernung“ bis zu 670 m aus.[165] Leider ist jedoch für das Gegengewicht ein Kasten mit Bleieinlage verwendet worden, so daß die Authentizität an diesem Punkte zumindest eingeschränkt erscheint. Anders hingegen verhält es sich mit dem Mechanismus zum Herabwinden des Wurfarmes. Hierzu wurde offenbar eine von acht bis zehn Männern bedienbare Winde benutzt, wie sie – zumindest ihrem Prinzip nach – dem historischen Vorbild entspricht. Das Herabwinden des Hebels benötigte dabei etwa 45 Minuten.

Besonders auffällig erschien auch in diesem Fall den Versuchsleitern die überaus genaue Treffsicherheit. Die maximale Abweichung vom Zielpunkt betrug dabei drei Meter, was unter Berücksichtigung der hohen Geschoßgewichte und Reichweiten sehr wenig ist.[166] Die Thüringer Rekonstruktion vermag insgesamt eindrucksvoll die Leis-

---

157 Vgl. unter anderem: Welt am Sonntag vom 30.3.1997/1.6.1997; Thüringer Allgemeine Zeitung vom 22.7.1996/20.5.1997/29.3.1997/2.6.1997; Thüringer Landeszeitung Weimar vom 29.5.1997; Sömmerdaer Wochenblatt vom 10.7.1996/4.6.1997; Stadtanzeiger – Amtsblatt für Weißensee, Ottenhausen, Scherndorf und Waltersdorf vom 13. Juni 1997; Der Spiegel, Nr. 27, Hamburg 1997.

158 Wie bei journalistischen Veröffentlichungen leider üblich, schwanken die Angaben über Konstruktion und Wurfergebnisse indes erheblich und erschweren so die exakte Beurteilung.

159 Weshalb unter anderem eine amtliche Überprüfung gemäß Kriegswaffenkontrollgesetz, eine TÜV-Überprüfung und eine Sperrung des Luftraums während der Versuche notwendig war. Vgl. u.a.: Welt am Sonntag vom 1.6.1997 u. Thüringer Landeszeitung Weimar vom 29.5.1997.

160 Hier schwanken die Angaben zwischen 40 kg (vgl. u.a.: Thüringer Allgemeine Zeitung vom 2.6.1997 u. Welt am Sonntag vom 1.6.1997) und 100 kg (vgl.: Der Spiegel, Nr. 27, Hamburg 1997).

161 Vgl. u.a.: Sömmerdaer Wochenblatt vom 4.6.1997.

162 Vgl.: Welt am Sonntag vom 30.3.1997.

163 Vgl.: Der Spiegel, Nr. 27, Hamburg 1997.

164 Vgl.: Der Spiegel, Nr. 27, Hamburg 1997.

165 Vgl.: Thüringer Allgemeine Zeitung vom 29.3.1997.

166 Holger Berwinkel vermerkt dazu in der Geschichte der Stadt Weißensee: „[...] [Die Rekonstruktion auf Burg Weißensee] hat bereits mehrere spektakuläre Schußversuche absolviert. Gebaut wurde sie von Dipl. Ing. Werner Freudemann aus Frankfurt/Main unter Verwendung chinesischer, arabischer und europäischer Quellen. Laut TÜV-Freigabe dürfen 40 kg schwere Steine verschossen werden. Damit wurden Entfernungen von 300 m erreicht, bei einer maximalen Zielabweichung von nur 3 m. [...]“ Vgl.: Kirchschlager, Michael / Berwinkel, Holger u.a.: Die Geschichte der Stadt Weißensee – Von den Anfängen bis zur Gegenwart. Fest-

tungsfähigkeit und technische Machbarkeit der schweren Gewerfe des Spätmittelalters zu demonstrieren, wie sie uns in den Quellen etwa in Form des großen Baseler Gegengewichtshebelwurfgeschützes von 1369 entgegentreten.[167]

Abb. 63: Seitenansicht des Strüter-Gewerfs.

Abb. 64: Frontansicht des Strüter-Gewerfs.

---

schrift anläßlich des 800jährigen Marktrechtes der Stadt Weißensee 1998, hrsg. v. der Stadt Weißensee, Erfurt 1998, S. 108.

167 Vgl. hierzu auch: Kapitel 3.1: Invention und Innovation.

Abb. 65: Maßstabsgerechter Aufriß des Strüter-Gewerfs.

Eine Rekonstruktion weitaus kleineren Maßstabs stellt das der Fachwelt bislang nicht vorgestellte Gegengewichtshebelwurfgeschütz dar, das von dem Schiffstechniker Reinhard Strüter im Frühjahr 1997 auf einem Feld bei Bockel (Landkreis Cuxhaven) errichtet und mehrere Monate lang „betrieben" wurde. Herr Strüter hatte zur Planung seines Gewerfs verschiedene konstruktive Hinweise aus der Sekundärliteratur herangezogen und die Hebelverhältnisse sowie grundlegende Konstruktionsmerkmale dem historischen Vorbild angenähert.

Die Bauzeit betrug dabei ca. 200 Stunden (unter Verwendung moderner Werkzeuge). Nach einmaliger Fertigstellung kann das Gewerf jedoch von einer Mannschaft von zehn Männern an einem Tag auf- und abgebaut werden. Von besonderem Interesse erscheint dieser Versuch weniger aufgrund seiner Authentizität – die nicht in allen konstruktiven Bereichen gegeben ist – sondern vor allem wegen seiner geringen Größe und einfachen Herstellbarkeit, die in ähnlicher Weise auch mittelalterlichen Baumeistern mit am Belagerungsort vorgefundenen Materialien möglich gewesen wäre.

Die Gesamtlänge des Wurfarmes betrug 9,65 m, wobei 7,8 m auf den langen Hebelarm entfielen. Das exakte Hebelverhältnis ist nur schwer bestimmbar, da sich das (eiserne) Gegengewicht aus einem festen, auf dem kurzen Hebelarm ruhenden Gewicht von 700 kg, und einem beweglichen, frei schwingenden Gewicht von 300 kg zusammensetzte, wodurch der genaue Masseschwerpunkt des Gesamtgegengewichtes kaum exakt definierbar ist. In etwa dürfte dieser jedoch in einem Bereich zwischen 1,5 und 1,7 m hinter der Achse in Richtung des kleinen Hebelarmes gelegen haben, so daß sich ein Hebelverhältnis von etwa 1:4,5 bis 1:5 ergibt – was den Angaben des Marinus Sanutus entspräche.

Während für den Großteil der Holzbalken abgelagerte Eiche verwendet wurde, bestand der Wurfhebel aus einem im Dezember 1996 geschlagenen und geschälten Fichtenstamm, der an seiner stärksten Stelle einen Durchmesser von 20 cm hatte und sich in Richtung der Spitze des langen Wurfarmes hin auf einen Durchmesser von nur mehr zehn Zentimetern verjüngte.

Das Gesamtgewicht der Konstruktion betrug etwa 3Tonnen, wobei sich im Laufe der Versuche herausstellte, daß die Gesamtkonstruktion weit stabiler und schwerer ausgelegt war, als dies aufgrund der unerwarteten Gleichmäßigkeit aller Bewegungsabläufe nötig gewesen wäre. Tatsächlich waren alle auftretenden Kräfte in einer Weise miteinander verbunden, die das Gewerf so ruhig arbeiten ließ, daß es zu keinem Zeitpunkt neu ausgerichtet zu werden brauchte. Diese „Laufruhe" zeigte sich auch an der Lagerung des Hebelarmes, der (entgegen dem historischen Vorbild) mit einer eisernen Manschette umgeben war, deren seitliche Zapfen in ein eisernes Halbschalenlager gebettet waren.

Abb. 66: Eiserne Manschette und Lagerung des Gewerfs.

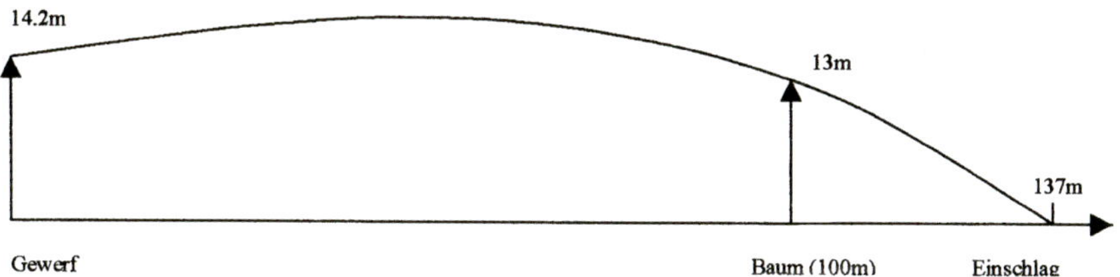

Abb. 67: Wurfverlauf bei Versuchen mit Granitgeschossen von etwa 10kg Gewicht.

Zur Sicherung dieses nach oben offenen Lagers, das in Abb. 66 zu sehen ist, wurden zunächst Sicherungssplinte eingesetzt, um einem Herausspringen der Achse vorzubeugen. Dies stellte sich jedoch schnell als überflüssig heraus, da sich der Bewegungsablauf, wie erwähnt, sehr gleichmäßig gestaltete und die Achse zu keinem Zeitpunkt in Gefahr stand, den Kontakt zum Lagerboden zu verlieren. Eine bedeutende Rolle kam dabei dem beweglichen Gegengewicht zu, das den Schwung des Wurfhebels zum Zeitpunkt des Durchschwingens durch die Ruhelage abzubremsen begann und gewissermaßen als ausgleichendes Pendel wirkte.[168]

Abb. 68: Der gespannte Hebelarm.

168 Diese Wirkung eines beweglichen Gegengewichtes wurde mit Hilfe von Computersimulationen ebenfalls bekräftigt. Vgl. hierzu jedoch: Kapitel 2.6: Mathematische Modellbeschreibungen.

Abb. 69: Wurfverlauf des Strüter-Gewerfs. In Zeitabständen von 0,2s dokumentiert.

Die Auslösung des Gewerfs erfolgte durch das Werfen eines schweren Gewichtes auf eine Auslösekette, die mit dem Sicherungshaken – wie er in ähnlicher Weise bei Philip Mönch zu sehen ist[169] – verbunden war und diesen aus seiner Halterung riß. Die Tension des gespannten Wurfhebels war, wie in Abb. 68 zu sehen ist, dabei erheblich und es muß davon ausgegangen werden, daß ein Teil der auf das Geschoß übertrage-

169 Vgl. Abb. 44.

nen Energie auf diese Tension des Fichtenstammes zurückzuführen ist. Wie groß dieser Anteil ist, kann allerdings nur schwer beurteilt werden.

Abb. 70: Einschlag und Geschoß.

Gesch.Material	Gewicht	Schleuder	Wurfweite
Holz (50x50x25)	25kg	2,5m	50m
Granit (15x15x15)	12kg	3,1m	125m
Granit (15x15x15)	12kg	2,9m	113m
Granit (15x15x15)	12kg	1,48m	55m
Granit (17x16x10)	10kg	3,2m	137m
Granit (17x16x10)	10kg	3,2m	135m
Granit (17x16x10)	10kg	3,2m	136m

Abb. 71: Ergebnisse der Wurfversuche.

Der eiserne Haken an der Spitze des Wurfarmes hatte eine Länge von 7 cm und wurde von Herrn Strüter aufgrund von Beobachtungen des Wurfverlaufs so lange in seiner Stellung verändert, bis die Ablösung der Schleuder augenscheinlich zum optimalen Zeitpunkt (also in senkrechter Position des Hebels) erfolgte. Die Photostudien (vgl. Abb. 69) haben indes gezeigt, daß die Ablösung der Schleuder vom eisernen Haken kurz vor dem optimalen Zeitpunkt erfolgte, was die praktischen Schwierigkeiten zeigt, vor die sich auch die mittelalterlichen Baumeister gestellt sahen. Deutlich zeigen die Photos zudem die ständige Beschleunigung des mechanischen Vorgangs vom Zeitpunkt der Auslösung des Arretierungshakens bis zum Durchpendeln des Gegengewichtes durch seine Ruhelage. Zwischen den einzelnen Aufnahmen liegen jeweils exakt 0,2 s in denen der Hebel seinen Weg fortsetzt. Vergleicht man die einzelnen Photoschritte miteinander, so wird deutlich, wie stark der vom Hebel zurückgelegte Weg (also seine Geschwindigkeit) pro Zeiteinheit zunimmt.

Die Geschosse – zumeist 10 bis 12 kg schwere, viereckige Granitsteine – verfügten über ein Drahtseil, das als Schleuder diente und an dessen Ende sich ein metallener

Ring befand, der über den Haken gestreift wurde und sich je nach Krümmungswinkel des Hakens bei einer bestimmten Position des Wurfhebels löste, um samt Drahtseil und Geschoß in Richtung Vorfeld geschleudert zu werden. Diese Vereinfachung der Schleuder, abweichend vom historischen Vorbild, ist sicher der problematischste Teil der gesamten Rekonstruktion, so daß leider hier keine Beobachtungen zum Verhalten der Schleuder gemacht werden konnten, die von Wert für die weitere Untersuchung wären. Der Einfluß auf die Wurfweite oder den grundsätzlichen Wurfverlauf dürfte hingegen eher gering gewesen sein.

Trotz der genannten Einschränkungen der Authentizität konnten mit dem Strüter-Gewerf dennoch eine Reihe wertvoller Ergebnisse gewonnen werden. Bei den vom Verfasser gemeinsam mit zwei Kommilitonen der Universität Bremen im Mai 1997 durchgeführten Wurfversuchen zeigte sich, daß auch mit einem so kleinen Gewerf, mit einem Gegengewicht von nur 1000 kg, Wurfweiten erreicht werden konnten, die knapp an 140 m heranreichten.

Zwar scheint das Geschoßgewicht mit zehn Kilogramm sehr gering, doch wurde im Laufe der Versuche die dennoch erhebliche Durchschlagskraft zunehmend deutlich. Die Granitgeschosse bohrten sich dabei während des Aufschlags bis zu 50 cm tief in den weichen Marschenboden und mußten unter großer Mühe wieder ausgegraben werden. Das Durchschlagen leichter Dächer dürfte für ein solches Geschoß ohne weiteres möglich gewesen sein.

Wie auch bei den zuvor beschriebenen Rekonstruktionsversuchen zeigte sich zudem auch beim Strüter-Gewerf eine erstaunliche Treffsicherheit, die eine Geschoßplazierung innerhalb eines Radius von wenig mehr als einem Meter zuließ. Diese Genauigkeit erlaubte es, während des Wurfvorgangs Filmaufnahmen aus wenigen Metern Entfernung zum Aufschlagpunkt zu machen und so einen Eindruck von der psychologischen Wirkung zu gewinnen, die das herannahende Geschoß auf den „Beworfenen“ ausgeübt haben mag.

Der Flugverlauf des Geschosses – wie er in Abb. 67 zu sehen ist – war gekennzeichnet durch eine zunächst äußerst stabile Wurfbahn, die jedoch nach Beginn des Absinkens des Geschosses sehr schnell flacher wurde, bis das Geschoß schließlich in einem sehr steilen Winkel von etwa 45° aufschlug. Der Beschuß einer Mauer oder Palisade wäre unter diesen Umständen zwar schwierig, doch aufgrund der exakten Wiederholbarkeit der Würfe bei gleichbleibendem Geschoßgewicht dennoch nicht unmöglich gewesen.

Betrachtet man die einzelnen Wurfversuche, so erscheinen bezüglich der Reichweite zwei Punkte als besonders augenfällig: zum einen die schnelle Verringerung der Wurfweite schon bei geringen Erhöhungen des Geschoßgewichtes. Zum anderen jedoch – und hier bestätigen sich die Erfahrungen, die schon Dufour und Rathgen gemacht hatten – die extreme Abhängigkeit der Reichweite von der Schleuderlänge. So führte bei einem Geschoßgewicht von 12 kg die Verkürzung der Schleuder von 3,1 m auf 1,48 m zu einer Verkürzung der Reichweite von 125 auf 55 Meter. Hier wird deutlich, daß die hohe Leistung des Hebelwurfgeschützes vor allem von der optimalen Dimensionierung der Schleuder abhängt. Der Grund für die geringe Berücksichtigung dieser Tatsache in den historischen Konstruktionsbeschreibungen dürfte vor allem in der Möglichkeit zur flexiblen Handhabung der Schleuderlänge auch nach Fertigstellung des Gewerfs liegen. Zudem bot, neben einer Korrektur des Geschoßgewichtes, die Veränderung der Schleuderlänge die einfachste Möglichkeit, einer exakten und effektiven Steuerung der Wurfweite, so daß eine genaue Definition der Schleuderlänge schon im Vorfeld des Entwurfs vermutlich nicht sinnvoll erschien.

Die Bedeutung der Schlingenlänge für die Wurfweite wurde auch bei der Rekonstruktion eines Gegengewichtshebelwurfgeschützes im dänischen Falster im Jahre 1989 deutlich.[170] Der weitgehend an den historischen Quellen orientierte Nachbau verfügte in Größe und Hebelaufteilung über ähnliche Dimensionen wie auch das Strüter-Gewerf, allerdings bestand das Gegengewicht hier einzig aus einem beweglichen Kasten, der verschiedentlich mit 1000 bzw. 2000 kg bestückt wurde. Die Wurfversuche, die von Peter Vemming Hansen geleitet wurden, ergaben mit einem dem Strüter Gewerf äquivalenten Gegengewicht von 1000 kg Wurfweiten von etwa 90 m – bei einem Geschoßgewicht von 15 kg und einer Schleuderlänge von 5 m. Die höchsten Wurfweiten, die mit 2000 kg Gegengewicht bei ansonsten gleichen Randbedingungen durchgeführt wurden, ergaben Wurfweiten von bis zu 165 Metern. Neben der Bedeutung der genauen Bemessung der Schleuderlänge, die sich schon bei den Vorversuchen mit verkleinerten Modellen gezeigt hatten,[171] konnte Hansen auch die schon bei allen vorangegangenen Versuchen festgestellte Treffsicherheit des Gegengewichtshebelwurfgeschützes bestätigen.[172]

Eine zudem erwähnenswerte, besonders interessante Variante des Nachbaus aus Falster ist die von Hansen verwendete hölzerne Achse, mit der ihm der Nachweis gelang, daß bei kleineren Gegengewichtshebelwurfgeschützen ein Verzicht auf eine eiserne Achse durchaus möglich war. Wichtig ist dies vor allem bezüglich der Frage, ob zumindest kleinere Gewerfe von den Baumeistern am Belagerungsort improvisiert werden konnten, ohne zuvor eine eiserne Achse anfertigen zu lassen.[173] Hansen bemerkte diesbezüglich: „[...] The replica has fired about 120 shots and functioned nearly flawlessly in all of them. [...]“[174]

Zuletzt soll noch ein Blick auf den bisher einzigen gut dokumentierten Rekonstruktionsversuch eines Ziehkrafthebelwurfgeschützes geworfen sein, der gerade aufgrund dieser Singularität als besonders verdienstvoll erscheint.

Der von W. T. S. Tarver im Sommer 1989 erstmals aufgeschlagene Nachbau wurde bis zu den von ihm vorgestellten Versuchen[175] auf dem Universitätsgelände von Toronto im Jahre 1991 mehrmals konstruktiven Verbesserungen unterworfen und basierte im wesentlichen auf Beschreibungen arabischer Quellen für den Gewerfsauf-

170 Vgl hierzu: Hansen, Peter Vemming: Experimental Reconstruction of a Medieval Trebuchet. In: Acta Archaeologica, Vol. 63, 1992, S. 189-208; sowie den 1990 erschienenen Vorbericht: Hansen, Peter Vemming: Reconstructing a Medieval Trebuchet. In: Military Illustrated Past and Present, No. 27, 1990, S. 9-11 u. 14-16.

171 „[...] Experiments with models have shown that the length of the sling is very important for the range of firing. [...]“ Vgl.: Hansen: Experimental Reconstruction, S. 201.

172 Eine genaue Auflistung von 17 ausgewählten Wurfergebnissen bei: Hansen: Experimental Reconstruction, S. 205.

173 Vgl.: Kapitel 3.1: Invention und Innovation.

174 Vgl.: Hansen: Experimental Reconstruction, S. 204.

175 Tarver, W. T. S.: The Traction Trebuchet: A Reconstruction of an Early Medieval Siege Engine. In: Technology and Culture, Januar 1995, Vol. 36, Nr. 1, S. 136-167.

bau[176] und der Konstruktionsskizze des Villard de Honnecourt,[177] nach der die Basis der Rekonstruktion errichtet wurde. Für den 4,88 m langen, aus Zedernholz gefertigten Hebelarm wurde zudem die bereits vorgestellte Miniatur der Maciejowsky-Bibel[178] als Vorbild benutzt, so daß sich ein Hauptarm, flankiert von zwei unterstützenden Seitenarmen ergab, die auf der kurzen Seite des Wurfhebels in einem Querbalken verankert wurden, an dem sich die Zugseile für die ziehende Mannschaft befanden.

Abb. 72: W.T.S. Tarvers' Rekonstruktion beim Wurf.

Die maximale Größe dieser ziehenden Mannschaft gibt Tarver mit 25 Personen an, wobei die Optimalgröße – bei der die größte Wurfweite erreicht wurde – eine gut eingeübte Mannschaft von 14 Personen darstellt. Das Hebelverhältnis betrug bei diesen Versuchen 1:6, wobei die Schleuder eine Länge von etwa einem Meter hatte. Die Tensionskraft des Hebels wurde, gemäß dem historischen Vorbild, vom Ladeschützen durch längstmögliches Festhalten des Geschosses nach dem Start des Wurfvorgangs erreicht – wie in Abb. 72 zu sehen ist.

Die erreichbaren Wurfweiten lagen dabei zunächst in einem Korridor von 137 m mit einem Geschoßgewicht von 1,9 kg und 40 m bei einem Geschoßgewicht von 8 kg. Auch hier zeigte sich also die schnelle Abnahme der Wurfweite bei Steigerung des

176 Tarver bezog seine Informationen dabei vor allem aus dem bisher unveröffentlichten Werk Mardi ben Ali ben Mardi al-Tarsusis, dem „Tabsirat arbab al-albab fi kayfiyat [...]" (= Instruktion der Meister über die Bedeutung der Vermeidung von Unglücken im Kriege und die Offenlegung von Wissen über: Ausrüstung und Maschinen, welche in der Begegnung mit Feinden hilfreich sind.) Dieses auf 1187 datierte Manuskript der Bodleian Library in Oxford (Huntington Collection No. 264) ist vermutlich speziell für Saladin verfasst worden. Vgl.: Tarver: The Traction Trebuchet, S. 148f.

177 Vgl.: Abb. 49.

178 Vgl.: Abb. 30.

Geschoßgewichtes. Die im Vergleich zum Gegengewichtshebelwurfgeschütz geringere Reproduzierbarkeit wird deutlich, wenn man den Umstand bedenkt, daß die 14-köpfige, besonders eingeübte Mannschaft mit einem Stein von 3,1 kg die Rekordweite von 145 Metern erreichte. So gibt Tarver denn auch die Zielgenauigkeit bei gleichbleibendem Geschoßgewicht und disziplinierter Mannschaft mit einem Durchmesser von 20 m auf 90 m Zielentfernung an. Ein Beschuß der feindlichen Mauerbesatzung dürfte unter diesen Umständen schwierig gewesen sein und eine entsprechende Anzahl von Gewerfen erfordert haben. Bei einer von Tarver ermittelten Schußfrequenz von fünf bis sechs Würfen in der Minute erscheint ein solcher Beschuß allerdings schon beim Einsatz von fünf bis zehn Gewerfen sinnvoll, da auf diese Weise immerhin die beachtliche Anzahl von etwa 30-60 geschleuderten Geschossen pro Minute möglich ist.

Darüber hinaus wurde bei den Versuchen in Toronto deutlich, daß das einmal fertiggestellte Gewerf innerhalb einer Stunde von einer kleinen, eingeübten Mannschaft auf- und abgebaut werden konnte und die Möglichkeit zur Verwendung einfacher Materialien das Ziehkrafthebelwurfgeschütz den vergleichbaren antiken Techniken diesbezüglich als überlegen zeigte: „[...] It would not be difficult to make a machine of this type with no metal parts whatsoever, which cannot be said of reproductions of ancient torsion artillery. [...]“[179]

Schließlich bleibt noch die von Tarver beobachtete Rolle des eisernen Rings zu erwähnen, der das Schleuderseil durch Herabrutschen vom eisernen Haken im geeigneten Moment freigibt. Demnach bewirkt dieser Ring durch seine Masse auch nach der Freigabe des Geschosses ein gleichmäßiges Öffnen der Schlinge, die auf diese Weise nicht in die Flugbahn des Geschosses gelangen und seinen Vortrieb behindern könnte. Der Nachteil des eisernen Ringes besteht offenbar jedoch in einem oft beobachteten, harten Aufschlagen auf den Hebelarm in der Endphase des Wurfvorgangs, was nach entsprechend vielen Würfen eine Beschädigung desselben zur Folge haben kann. Aus diesem Umstand entstand denn auch Tarvers Vermutung, die in einigen Darstellungen zu sehenden Umwicklungen des Hebelarmes resultierten möglicherweise mehr aus dem Versuch einer schützenden „Polsterung“, als aus dem Ziel einer Verstärkung der Tensionsbelastbarkeit oder dem Zusammenhalt mehrerer Holzkomponenten.[180]

Rückblickend kann über den Wert der vorgestellten Rekonstruktionen gesagt werden, daß sie in einer Reihe verschiedener Aspekte wertvolle Beiträge zur Ergänzung der Quellenlage leisten können. Wurfweiten, maximale Geschoßgewichte und Schußfrequenz geben dabei ebenso wichtige Hinweise, wie sie die Handhabung und der Bau der Gewerfe liefern können. Größtes Hindernis für eine wissenschaftliche Wirkung der heute nahezu inflationär betriebenen Nachbauten ist neben mangelnder Authentizität, die die zum Teil hervorragenden handwerklichen Leistungen oft zu entwerten droht, vor allem das Fehlen adäquater und wissenschaftlicher Kriterien genügender Auswertungen und Veröffentlichungen. So werden viele „Ergebnisse“ oft nur als amüsante

179 Vgl.: Tarver: The Traction Trebuchet, S. 156.

180 „[...] The ring then tends to bang the arm, providing an excellent reason to wind the arm with rope. Arms wound with rope, therefore, do not necessarily indicate composite beams in the manuscript evidence. [...]“ Vgl.: Tarver: The Traction Trebuchet, S. 156.

Photostrecken im Internet oder in spektakulären Presseartikeln verbreitet,[181] ohne das berechtigte öffentliche Interesse mit dem nötigen Faktenwissen zu hinterlegen.[182] Die praktischen Erfahrungen moderner „Baumeister" dürfen daher einerseits in keinem Fall überbewertet werden, sind jedoch dennoch zuweilen geeignet, einen besseren Zugang zu den Problemstellungen zu gewährleisten, vor die sich auch die mittelalterlichen Belagerungsmeister gestellt sahen.

2.6 Mathematische Modellbeschreibungen

Zur Vermeidung aufwendiger Rekonstruktionsversuche – aber auch zwecks besseren Verständnisses des mechanischen Vorgangs – hat es seit Dufour[183] immer wieder Versuche der mathematischen Erfassung des Wurfvorgangs gegeben. Die Komplexität der einzelnen Komponenten und ihres Zusammenspiels hat indes nicht allein mittelalterliche Baumeister in ihrer Rechenkunst überfordert, sondern auch moderne Mathematiker und Physiker an einer exakten Berechnung von Wurfweiten oder der Bestimmung der optimalen Verhältniswerte gehindert.

Der im mathematischen Sinne chaotische Vorgang eines Hebels mit beweglichem Gegengewicht und elastischer Schleuder läßt sich nur unter der Annahme stark vereinfachter Bedingungen berechenbar machen. So muß zunächst von einem festen, starr auf dem kurzen Hebelarm befestigten Gegengewicht ausgegangen und die elastische Schleuder als starre Verlängerung des Hebelarmes interpretiert werden, um auf diese Weise die voneinander abhängigen Komponenten in ausreichendem Maße zu reduzieren. Auch für die Summe der systemimmanenten Widerstände kann nur eine ungefähre Reibungskomponente veranschlagt werden.

Die Unsicherheit der verschiedenen Berechnungsmethoden wird schnell deutlich, wenn man die Angaben einzelner Autoren näher betrachtet. So hat Favé aus Berechnungen,[184] die sich den von ihm unternommenen Versuchen anschlossen, für ein Gewerf mit einer Hebelaufteilung von 3,3 m : 16,5 m (= 1:5), und einem Gegengewicht von 16.400 kg eine Wurfweite von 75 Metern für ein 1400 kg schweres Geschoß ver-

181 So überschrieb das Magazin „P.M." im Mai 2000 einen Artikel zu den Wurfversuchen am schottischen Loch Ness mit den Worten: „[...] Diese Steinschleuder knackte jede Burg auf 500 Meter Entfernung [...]", ließ jedoch genaue Angaben zu Aufmaßen, Material etc. vermissen. Vgl.: P.M., Mai 2000, S. 38f. Die „Bildzeitung" beteiligte sich des Weiteren am allgemeinen Interesse für die Thematik mit dem Artikel: „[...] Die Menschenschleuder – Ein Spiel mit dem Tod [...]", in dem sie über die Aktivitäten des britischen „Dangerous Sports Club" berichtete, der mit dem „Katapulting" (dem Werfen von Menschen mit Hilfe eines Wurfgeschützes) eine neue Sportart entdeckt zu haben glaubt. Vgl.: Bremer Ausgabe der Bildzeitung vom 31. Mai 2000, S. 16.

182 Leider gilt dies auch für die großangelegten Versuche, die 1998 am Loch Ness mit Hebelwurfgeschützen unterschiedlicher Bauart durchgeführt wurden. Einer der historisch interessierten Handwerker, der französische Zimmermann Renaud Beffeyte, ist zwar mit einer bebilderten Schrift auf den Markt getreten, die neben den Wurfversuchen in Loch Ness auch eine Reihe weiterer stattlicher Nachbauten behandelt, doch fehlen auch hier Teile der zur Beurteilung unablässigen Parameter zu Konstruktion und Wurfergebnissen. Vgl.: Beffeyete, Renaud: Les machines de guerre au Moyen Age, Rennes 2000.

183 Vgl.: Dufour: l'artillerie, S. 92; eine kritische Würdigung dieser Berechnungen aber auch in: Kromayer, Johannes; Veith, Georg: Heerwesen und Kriegführung der Griechen und Römer, hrsg. von Walter Otto, München 1928, Kap. V – Poliorketik, S. 211.

184 Vgl.: Favé: L'artillerie II. 26ff.

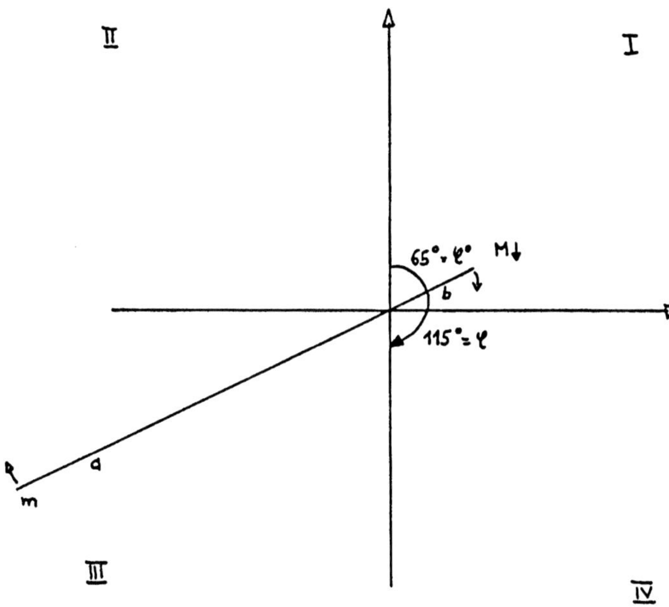

Wobei:

a = Länge des langen Hebels
b = Länge des kurzen Hebels
$\varphi°$ = Winkel des kurzen Hebels, relativ zur Ruheachse.
φ = Lösewinkel des Geschoß', relativ zu $\varphi°$.
m = Geschoßgewicht.
M = Gegengewicht.
Hinweis: Für den Winkel $\varphi°$ wird in allen folgenden darstellungen 65° angenommen, für φ 115°, was dem optimalen Abwurfwinkel entspricht. Sämtliche Rechnungen werden in den physikalischen Standardeinheiten ausgeführt.

Abb. 73: Grundlagen der Berechnungen.

anschlagt.[185] Der hier zur Überprüfung aufgestellte mathematische Beweisgang zeigt hingegen einen deutlich größeren Wert für die Wurfweite. Wenn Favé bei seinen Berechnungen die Länge der Schleuder auf die Hälfte des langen Hebels ansetzt, was er bei seinen Modellversuchen getan hat, so kommt man über die Bestimmung von Winkelgeschwindigkeit, Bahnradius und Abwurfgeschwindigkeit in einem relativ einfachen Verfahren zur Ermittlung der Wurfweite. Nach Abzug einer Gesamtreibungs-

185 Vgl. zu den von Favé vorgestellten Berechnungen auch den Kommentar Napoleons: Bonaparte, Louis Napoleon: Über die Vergangenheit und Zukunft der Artillerie, übers. u. hrsg. von H. Müller, Berlin 1857, S. 43.

Längenverteilung:

Länge des kleinen Hebels (b): 3,30m
Länge des langen Hebels (a): 16,50m
Länge der Schleuder (s): 8,25m

Gewichtsverteilung:

Geschoßgewicht (m): 1400kg
Gegengewicht (M): 16400kg

Die Ermittlung der Winkelgeschwindigkeit φ' in Abhängigkeit zum Zeitindex (t) erfolgt über folgende Formel:

$$\varphi'(\varphi) = \sqrt{2A\,(\cos\varphi^{\circ} - \cos\varphi)} \quad ; \text{ wobei: } A = [(Mb - ma) : (Mb^2 + ma^2)] \cdot g$$

Für die Erdbeschleunigung (g) wird der Wert 9,81m/s angenommen.
Es ergibt sich somit für die Winkelgeschwindigkeit φ' ein Wert von $1{,}6s^{-1}$

Die Ermittlung der Abwurfgeschwindigkeit (v) erfolgt über die Formel:

$$\varphi' \cdot r = v \quad ;$$

wobei der Bahnradius (r) die Länge der Schleuder (s) + die Länge des langen Hebels (a) ist.
Die Abwurfgeschwindigkeit (v) beträgt somit 39,6m/s.

Bei Annahme des idealen Wurfes von 45° ergibt sich für die Wurfweite (w) folgende Formel:

$$w = v^2 : g$$

Die Wurfweite beträgt somit unbereinigt: 159,85m.

Nach Abzug der Gesamtreibungskomponente von 20% beträgt die bereinigte Wurfweite:

128 Meter.

Abb. 74: Das von Favé berechnete Gewerf.

komponente, die hier mit 20% veranschlagt wurde,[186] beträgt demnach die Reichweite des von Favé berechneten Gewerfs mindestens 128 Meter.

Die physikalischen Grundlagen des Verfahrens mögen in Abb. 73 verdeutlicht sein, während Abb. 74 die konkrete mathematische Ausführung belegt.

Als weiteres Beispiel wurde in Abb. 75 eine Berechnung des vor Vellexon eingesetzten Gewerfs vorgenommen, bei dem sich eine Wurfweite von 277 m für ein Geschoßgewicht von 1000 kg ergibt. Dieses Ergebnis läßt sich mit den in Kapitel 2.5 vorgestellten Versuchsergebnissen zwar in Übereinstimmung bringen, doch ist auch

186 Hill veranschlagt für seine Berechnungen eine Reibungskomponente von 30%, was indes angesichts der Erfahrungen mit dem Strüter-Gewerf übertrieben erscheint. Vgl.: Hill: Trebuchets, S. 114.

Längenverteilung:

Länge des kleinen Hebels (b): 3,67m
Länge des langen Hebels (a): 16,33m
Länge der Schleuder (s): 12,5m

Gewichtsverteilung:

Geschoßgewicht (m): 1000kg
Gegengewicht (M): 16000kg

Die Ermittlung der Winkelgeschwindigkeit φ' in Abhängigkeit zum Zeitindex (t) erfolgt über folgende Formel:

$$\varphi'(\varphi) = \sqrt{2A\,(\cos\varphi^{\circ} - \cos\varphi)} \quad ; \text{ wobei: } A = [(Mb - ma) : (Mb^2 + ma^2)] \cdot g$$

Für die Erdbeschleunigung (g) wird der Wert 9,81m/s angenommen.
Es ergibt sich somit für die Winkelgeschwindigkeit φ' ein Wert von $2{,}02\,s^{-1}$

Die Ermittlung der Abwurfgeschwindigkeit (v) erfolgt über die Formel:

$$\varphi' \cdot r = v \;;$$

wobei der Bahnradius (r) die Länge der Schleuder (s) + die Länge des langen Hebels (a) ist.
Die Abwurfgeschwindigkeit (v) beträgt somit 58,2m/s.

Bei Annahme des idealen Wurfes von 45° ergibt sich für die Wurfweite (w) folgende Formel:

$$w = v^2 : g$$

Die Wurfweite beträgt somit unbereinigt: 345,71m.

Nach Abzug der Gesamtreibungskomponente von 20% beträgt die bereinigte Wurfweite:

277 Meter.

Abb. 75: Berechnung des Gewerfs von Vellexon.

hier – wie bei allen Berechnungsversuchen – Vorsicht angebracht, da die notwendige Vereinfachung der physikalischen Randbedingungen stets auch eine Verringerung der Aussagekraft mit sich bringt. Um so verwunderlicher erscheint es, daß Hill, der ja wie bereits erwähnt jegliche Versuche mit verkleinerten Modellen vehement ablehnt, den mathematischen Rekonstruktionsversuchen breiten Raum widmet und verschiedene fiktive Konstruktionen mit einer Formel, die der oben vorgestellten sehr ähnlich ist, zu berechnen sucht.[187]

187 Unter anderem ermittelte er dabei für ein Gegengewichtshebelwurfgeschütz mit einem im Verhältnis 1:5 geteilten 14,64 m langen Hebelarm und einem Gegengewicht von 10000 kg eine Wurfweite von knapp 200 m bei einem Geschoßgewicht von 250 kg und einer Schlingenlänge von 9,15 m. Vgl.: Hill: Trebuchets, S. 114.

Abb. 76: Darstellung der Rolle des bewegl. Gegengewichts.

Wenn die einfachen mathematischen Berechnungen also den Versuchen in ihrer Aussagekraft als nachgeordnet erscheinen, so bieten hingegen die neuen Möglichkeiten der computerunterstützten Simulation doch die Chance eines besseren Verständnisses des mechanischen Vorgangs – insbesondere in der Frage nach der Rolle des beweglichen Gegengewichtes.

Paul Chevedden, Les Eigenbrod, Vernard Foley und Werner Soedel haben diesbezüglich bereits 1995 einige interessante Ergebnisse vorgestellt,[188] die sich mit Erkenntnissen aus Rekonstruktionsversuchen, insbesondere mit dem Strüter-Gewerf, decken. Demnach kommt dem beweglichen Gegengewicht eine stabilisierende Aufgabe während des Durchschwingens durch die Ruhelage des Hebels zu, so daß der Wurfarm durch die Bremswirkung des Gegengewichtes seinen pendelnden Schwung abbauen kann, ohne sehr starke Kräfte auf die Balkenkonstruktion zu verlagern und ein erneutes Ausrichten des Gewerfs notwendig zu machen.[189]

Das Verhalten des beweglichen Gegengewichtes ist dabei in Abb. 76 verdeutlicht. Es zeigt sich hier, daß die Einführung des beweglichen Gewichtskastens nicht allein der Steigerung des verfügbaren Gegengewichtes gedient haben mag, sondern die Erfahrung der Baumeister sehr schnell das bessere mechanische Verhalten des Gewerfs bemerkten und dies wiederum eine weitere Steigerung des Gegengewichtes möglich machte, ohne das stabile „Laufverhalten" der Gesamtkonstruktion damit zu gefährden.

Moderne Simulationsprogramme, wie etwa das in Abb. 78 zu sehende „WinTrebStar2", geben indes nicht allein das Verhalten der einzelnen Konstruktionskomponenten und deren gegenseitigen Abhängigkeiten wieder, sondern sind auch in der Lage, brauchbare Annäherungswerte für Wurfweiten bei bestimmten Geschoßgewichten zu liefern.

---

188 Vgl.: Chevedden: Trebuchet.

189 „[...] Das Rückschwingen des Gegengewichtes übt auf den rotierenden Balken eine starke Bremswirkung aus. Sie vermag – zusammen mit dem Verlust an Energie, die an das Projektil über die Schlinge abgegeben wird [...] den Balken in lotrechter Position fast zum Stillstand zu bringen [...]". Chevedden: Trebuchet, S. 84.

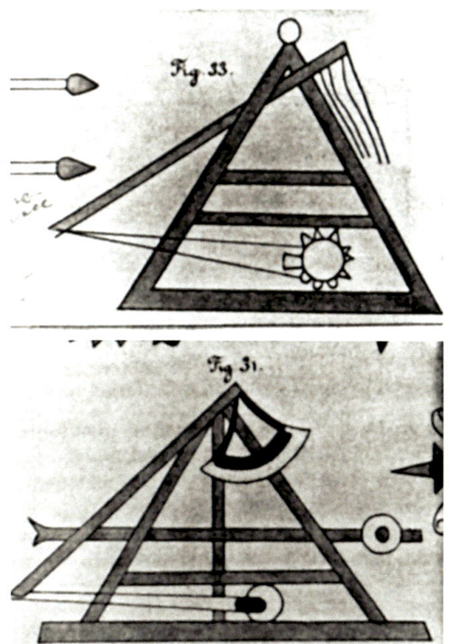

Abb. 77: Zwei arabische Gewerfe einer illum. Handschr. Hasan al Rammahs' um 1285.

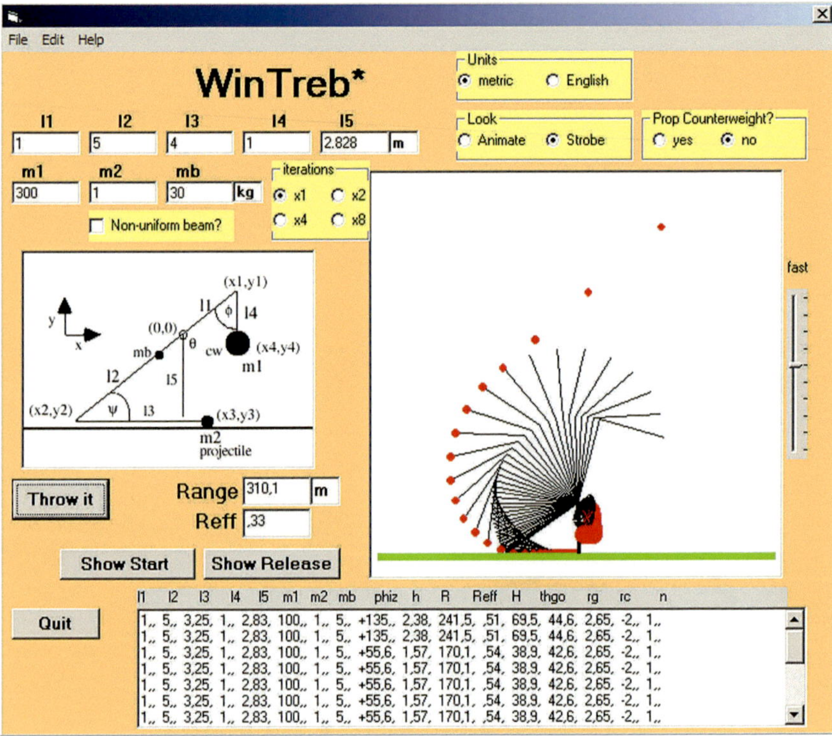

Abb. 78: Computersimulation für die Wurfweitenermittlung bei Hebelwurfgeschützen.

3 Die militärische Dimension des Hebelwurfgeschützes

3.1 Invention und Innovation – Die Rolle des Hebelwurfgeschützes im Kontext des übrigen Antwerks

Wie bei allen Gegenständen der Technikgeschichte spielte auch in der Geschichte der Untersuchung des Hebelwurfgeschützes die Frage der Invention – also der eigentlichen „Erfindung" – eine bedeutende Rolle. Für die Forscher des 19. und frühen 20. Jahrhunderts verband sich mit dieser Frage mehr als das reine Interesse an der Untersuchung von Verbreitungswegen oder historischen Auswirkungen von Techniktransfer. Vielmehr wurde auch hier die Frage der Erfindung des Hebelwurfgeschützes (und noch mehr die der Pulverwaffe) zu einem Aspekt von nationaler Bedeutung, so daß die jeweiligen Ergebnisse nicht als völlig unbeeinflußt von der Nationalität und den damit verbundenen Wunschvorstellungen gelten können.[1] Dennoch haben ihre Vorarbeiten und umfangreichen Quellenstudien eine Grundlage für die neuere Diskussion der Inventions- und Innovationsfragen geschaffen. Die in der Quellenfrage erzielten Fortschritte beschränken sich somit vor allem auf die genauere Untersuchung des außereuropäischen Raumes. Needhams Arbeiten[2] haben hier seit den 70er Jahren neue Erkenntnisse für den chinesischen Kulturraum erbracht, während das jüngst erwachte Interesse am islamischen Geschützwesen die Lücken im Verbreitungsbild, die trotz Huuris umfangreichen Untersuchungen der 40er Jahre[3] noch verblieben sind, schließen könnte.[4] Im deutschsprachigen Raum ist hier sicher in erster Linie auf die Arbeiten Fuat Sezgins und die Veröffentlichungen des Instituts für die Geschichte der Arabisch-Islamischen Wissenschaften an der Johann Wolfgang Goethe-Universität in Frankfurt hinzuweisen.[5] So machten Sezgins Forschungen unter anderem Ibn Aranbuga az-

1 Dies gilt leider auch für Bernhard Rathgen, der trotz hervorragender Quellenkenntnisse sowohl Hebelwurfgeschütz als auch Pulverwaffe als „deutsche" Erfindungen kennzeichnet. Vgl.: Rathgen: Das Geschütz im Mittelalter.

2 Vgl.: Needham: Chinas trebuchets; sowie auch: Needham, J. & Yates, R.: Military Technology.

3 Vgl.: Huuri: Geschützwesen.

4 Hier sind unter anderem die Arbeiten angelsächsischer Forscher zu nenen, die sich seit Hill (vgl.: Hill: Trebuchets) dieser Frage wieder verstärkt zuwenden. Erwähnenswert sind hier vor allem die Bemühungen Paul E. Cheveddens um die Erschließung bisher unveröffentlichter arabischer Manuskripte. Seine Schlußfolgerungen berücksichtigen indes leider nicht in allen Punkten die Ergebnisse des älteren deutschen Forschungsstandes. Vgl. hierzu: Chevedden, Paul E.: Artillery in Late Antiquity: Prelude to the Middle Ages. In: Corfis, I.A.; Wolfe, M.: The medieval city under siege, Woodridge 1995, S. 131-176; sowie: Chevedden, Paul E.: The Citadel of Damascus. (= Diss., Los Angeles 1986); und: Chevedden, Paul E.; Shiller, Zvi; Gilbert, Samuel R.; Kagay, Donald J.: The Traction Trebuchet: A Triumph of Four Civilizations. In: Viator 31, 2000, S. 433-486; Aber auch: al-Hassan, Ahmad Y.: Islamic technology: An illustrated History, S. 106-111.

5 Vgl. hierzu auch: Sezgin, Fuat: Kriegstechnik des arabisch-islamischen Kulturraumes anhand ausgewählter Modelle und Originale aus dem Institut für Geschichte der Arabisch-Islamischen Wissenschaften (Frankfurt). In: Sezgin, Fuat: Ibn Aranbuga az-Zardkas, Kitab al-Aniq fi l-managniq („hübsches Buch über Wurfmaschinen"). In: Kein Krieg ist heilig – Die Kreuzzüge, Katalog zur Ausstellung des Bischöflichen Dom- und Diözesanmuseums Mainz, hrsg. v. H.-J. Kotzur, Mainz 2004, S. 477f; sowie: Sezgin, Fuat: Wissenschaft und Technik im Islam, Bd. V – Kriegstechnik (= Veröffentlichungen des Instituts für Geschichte der Arabisch-Islamischen Wissenschaften), Frankfurt 2003.

Abb. 79: Arabische Miniatur eines Befestigungsturmes vor 1373 aus Ibn Aranbuga az-Zardkas Werk Kitab al-Aniq fi l-managniq („Hübsches Buch über Steinwurfmaschinen“).

Zardkas „hübsches Buch über Wurfmaschinen“ (Kitab al-Aniq fi l-managniq),[6] Rasidaddin Fadlallahs „Geschichte der Welt“ (Gami at-tawa-rih)[7] und die Entwürfe Murda

6 Vgl.: Az-Zardkas, al-Aniq, Istanbul, Topkapi-Serayi, Ahmed III, Ms. 3469; sowie zur Einordnung vor allem: Sezgin, Fuat: Ibn Aranbuga az-Zardkas, Kitab al-Aniq fi l-managniq („hübsches Buch über Wurfmaschinen“). In: Kein Krieg ist heilig – Die Kreuzzüge, Katalog zur Ausstellung des Bischöflichen Dom- und Diözesanmuseums Mainz, hrsg. v. H.-J. Kotzur, Mainz 2004, S. 478.

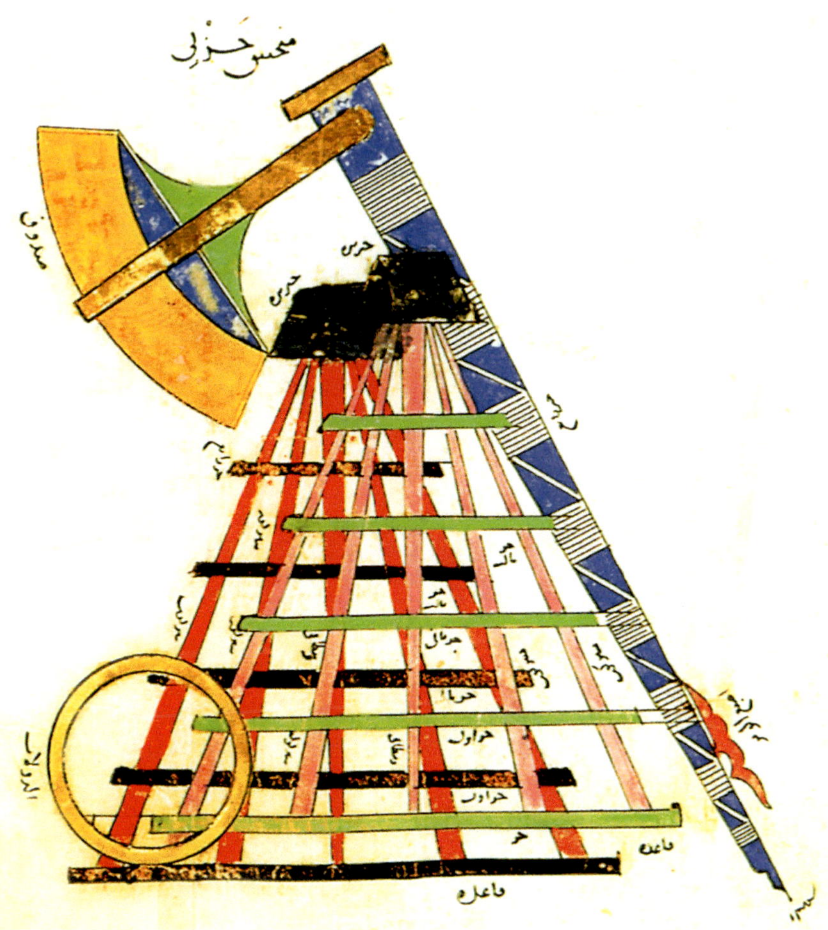

Abb. 80: Arabische Miniatur eines Hebelwurfgeschützes mit beweglichem Gegengewicht vor 1373 aus Ibn Aranbuga az-Zardkas Werk Kitab al-Aniq fi l-managniq („Hübsches Buch über Steinwurfmaschinen“).

7 Vgl.: Rasidaddin Fadlallah, Gami at-tawa-rih (Geschichte der Welt), Universitätsbibliothek Edinburgh, MS Or. 20.

Abb. 81: Arabische Miniatur aus der „Geschichte der Welt“ des Rashid al-Din (1307).

b. Ali b. Murda at-Tarsusis,[8] die dieser für seinen Herrscher Saladin im 12. Jahrhundert entwickelte,[9] auch europäischen Forschern besser bekannt.

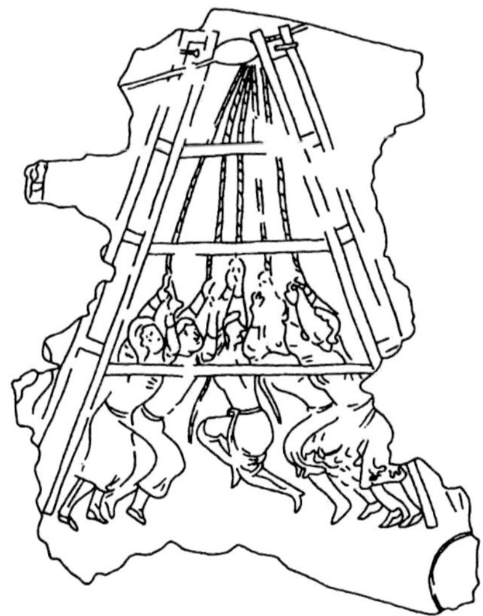

Abb. 82: Darstellung eines Ziehkrafthebelwurfgeschützes. Umzeichnung des Fragments einer Wandmalerei aus Piandjikent (Zentralasien) um 700-750 n. Chr.

Trotz aller Bemühungen kann indes ein einwandfrei nachvollziehbarer Innovationsweg von der Invention bis zu einer Art „allgemeinen Kenntnis" weder für das Ziehkrafthebelwurfgeschütz noch für das Gegengewichtshebelwurfgeschütz nachgewiesen werden. Zwar läßt sich eine rein chronologische Reihenfolge der Belege aufstellen, die gewisse Vermutungen bezüglich des Techniktransfers nahelegt, doch hat bereits Wilhelm Gohlke zu Beginn des letzten Jahrhunderts festgestellt: „[...] Die Frage, wo diese Maschinen erfunden sind, erscheint müßig. Der Grundgedanke ist bei jedem Schaukelbrett, beim Ziehbrunnen und bei einem ihm nachgebildeten Belagerungsgerät des Altertums, dem Kranich zu entdecken. [...] Die Erfindung brauchte deshalb nicht von den Chinesen zu den Arabern, über die Balearen nach Spanien und dem übrigen Abendlande überführt zu werden [...]".[10] Diese resignative Haltung Gohlkes wurde bis in die neuere Zeit hinein immer wieder von bedeutenden Forschern geteilt, selbst wenn diese zumeist mögliche Verbreitungswege des Hebelwurfgeschützes darlegten.[11]

Die frühesten Belege für das Ziehkrafthebelwurfgeschütz finden sich tatsächlich, wie es das Zitat Gohlkes andeutete, im chinesischen Raum, wo die frühesten Hinweise bis in das siebte Jahrhundert zurückgehen.[12] Die Mehrheit der Fachwelt geht von einer Verbreitung über die Turkvölker Zentralasiens zu den westarabischen Völkern noch im Laufe des späten siebten Jahrhunderts aus.[13] Tatsächlich liegen für diese Zeit eine Reihe eindeutiger Belege für das Vorkommen des Ziehkrafthebelwurfgeschützes im arabischen Raum vor.[14] Die Bildbelege späterer Zeit zeigen überdies deutlich die Ver-

8 Vgl.: Murda b. Ali b. Murda at-Tarsusi, Tabsirat arbab, Bodleian Library Oxford, Hunt. 264.

9 Vgl.: Sezgin: Kreuzzüge, S. 486.

10 Vgl.: Gohlke: Das Geschützwesen des Altertums und des Mittelalters. In: ZhWK 5, S. 380.

11 Unter anderem finden sich ähnliche Stellungnahmen bei Bernhard Rathgen: Das Geschütz im Mittelalter, S. 611: „[...] Es [das Hebelwurfgeschütz] war auf einmal vorhanden. Das ist ein Vorgang, wie er sich oft so ähnlich abgespielt hat. [...]"; und Lynn White: Die mittelalterliche Technik, S. 86: „[...] Mögen diese ‚Trebuchets' nun im nahen Osten oder im Abendlande erfunden worden sein, auf jeden Fall stellen sie die erste weitreichende Ausnutzung von Gewichten für mechanische Zwecke dar. [...]" Zum Vergleich zwischen Brunnenhebel und Hebelwurfgeschütz vgl. auch: Needham: Chinas trebuchets, S. 107.

12 Vgl.: Nedham: Chinas trebuchets, S. 110.

13 Vgl. hierzu: Hill: Trebuchets, S. 99; Schmidtchen: Kriegswesen, S. 161.

14 So u.a. eine arabische Quelle, die ein eingesetztes Gewerf mit der Bezeichnung „Mutter des Haupthaares" („Unm Farwa") bezeichnet, was eindeutig ein Hinweis auf die Zugseile des Gewerfs zu sein scheint. Vgl.

Abb 83: Erste Darstellung eines Ziehkrafthebelwurfgeschützes außerhalb Chinas.

wendung aller Arten von Hebelwurfgeschützen im gesamten arabischen und vorderasiatischen Raum bis zum Aufkommen der Pulverwaffe und darüber hinaus.[15]

Den ersten Bildbeleg für das Ziehkrafthebelwurfgeschütz außerhalb Asiens stellt eine Miniatur aus einer mozarabischen Handschrift dar,[16] die den Apokalypsenkommentar des Beatus von Liébana enthält.[17] Die in die erste Hälfte des zwölften Jahrhunderts zu datierende Handschrift befindet sich heute in der Bibliothek von Turin.[18] Zwar ist die fragliche Miniatur, die die Eroberung Jerusalems zeigen soll, nicht sehr deutlich ausgeführt, doch kann das Ziehkrafthebelwurfgeschütz – wie in Abb. 83 zu sehen ist[19] – einwandfrei als solches identifiziert werden. Interessant ist hierbei auch der Lagerungsmechanismus, der mit seiner nach oben geöffneten Gabel tatsächlich noch stark an die Technik des einfachen Brunnenhebels erinnert.

Mag also die arabische Aufnahme des Ziehkrafthebelwurfgeschützes aus dem chinesischen Raum schon während der Umaijaden-Herrschaft schlüssig scheinen,[20] so

hierzu auch: Hill: Trebuchets, S. 100; sowie Huuri: Geschützwesen, S. 142; der auf ein Gedicht von Abul l-Nagm verweist, in dem von einem Gewerf als „einer Hexe, auf deren Kopf Taue hängen" die Rede ist. Zur allgemeinen Tradition der arabischen Mechanik und dem Kenntnisstand der Hebelgesetze vgl. auch: Abattouy, Muhammad: The Arabic Tradition of Mechanics: General Survey and a first Account on the Arabic Works on the Balance (International Workshop: Experience and knowledge Structures in Arabic and Latin Sciences), hrsg. v. Max-Planck-Institut für Wissenschaftsgeschichte, Reprint 76, Berlin 1997.

15 Vgl. hierzu auch Abb. 77 und Abb. 91.

16 Vgl. hierzu die verschiedenen Kommentare Lynn Whites in: White: Die mittelalterliche Technik, S. 85; und: White, Lynn: Medieval Religion and Technology – Collected Essays, Berkeley/Los Angeles/London 1978, S. 283.

17 Vgl. zur Einordnung der Handschrift: King, Gergiana Goddard: Divigations on the Beatus. In: Art Studies VIII (1930), S. 57.

18 Turin, Bibliotheca Universitaria-Nationale, MS Lat. 93.

19 Vgl.: Turin, Bibliotheca Universitaria-Nationale, MS Lat. 93, fol. 181r; sowie: King: Beatus, Abb. 3.

20 Vgl. hierzu insbesondere: Fries, N.: Das Heerwesen der Araber zur Zeit der Omaijaden nach Tabari, Tübingen, 1921, S. 45 und 55f.

klafft im Anschluß hieran doch eine erhebliche zeitliche Lücke bis zum Auftauchen desselben in der Turiner Beatus-Handschrift einerseits und den ersten schriftlichen Hinweisen bei der Belagerung Lissabons andererseits. Hierauf hat zuletzt noch einmal Carroll Gillmor in ihrer Abhandlung über die Verbreitung des Ziehkrafthebelwurfgeschützes und seiner Einführung in Europa hingewiesen.[21]

Bei der erwähnten Belagerung Lissabons durch Kreuzfahrer im Jahre 1147 deuten nach Aussage der zeitgenössischen Handschrift „De expugnatione Lyxbonensi"[22] sowohl die Art des Einsatzes, als auch die Terminologie[23] auf die Verwendung des Ziehkrafthebelwurfgeschützes hin. Bedient werden die Gewerfe von Mannschaften, die offenbar aus Kölnern und Flamen bestehen.[24]

In die genannte zeitliche „Lücke" fällt indes eine Reihe in der Fachwelt stark umstrittener Belege für die Verwendung von Gewerfen. Die Kritik an den – wie Schneider sie nennt[25] – „falschen oder verdächtigen Zeugen" richtet sich einerseits gegen ihre tatsächliche Augenzeugenschaft, andererseits gegen die Annahme, die verwendeten Termini bezeichneten tatsächlich das Hebelwurfgeschütz und nicht vielleicht das vermeintlich aus der Antike übernommene Torsionswurfgeschütz.

Der Vorwurf mangelnder Augenzeugenschaft trifft beispielsweise auf eine Erwähnung von Gewerfen innerhalb der Reichsannalen zu, laut derer sich die Sachsen mit einem mißglückten Einsatz mehrerer „petrarien" selber mehr Schaden zufügten als den belagerten Franken.[26] Neben anderen haben in jüngster Zeit auch Jim Bradbury und Norbert Ohler diese Stelle kritiklos als Beweis für ein frühes Geschützwesen bei den Sachsen angenommen,[27] ohne jedoch die allgemeine Überlieferungsgeschichte der Reichsannalen[28] oder den fraglichen Passus selbst einer genaueren Überprüfung zu unterziehen. Dieser findet sich nämlich nur in drei als unsicher geltenden Handschrif-

21 „[...] The chronological gap of nearly five hundred years between its appearance in Islam and its use in the siege of Lisbon poses the question of why the trebuchet experienced such a long delay in reaching the Latin West. [...]" Vgl.: Gillmor: Introduction of the Traction Trebuchet, S. 2.

22 Vgl.: De expugnatione Lyxbonensi – The conquest of Lisbon, Ed. by Charles W. David, New York 1976 (Neudruck d. Ausgabe New York 1936).

23 Vgl. hierzu auch Kapitel 1.4: Die „Termini-Frage" in Quellen und Literatur.

24 „[...] Colonenses interim et Flandrenses V. fundis Balearicis muros et hostium turres temptant concutere. Pactis tandem eorum machinis et ad murum deductis, vix arietem reduxere, ceteris igne et satis contumeliose consumptis. [...]" Vgl.: De expugnatione Lyxbonensi, S. 135.

25 Vgl.: Schneider: Artillerie, S. 23-26.

26 „[...] Dum enim per placita eos, qui infra ipsum castrum custodes erant, inludere non potuissent, sicut fecerent alios, qui in alium castellum fuerant, coeperunt pugnas et machinas praeparare, qualiter per virtutem potuissent illum capere; et Deo volente petrarias, quas praeparaverunt, plus illis damnum fecerent quam illis, qui infra castrum residebant. [...]" Vgl.: Annales regni Francorum. ed. F. Kurze, MGH SS rer. Germ. in us. scol. VI, Hannover 1895; ad annum 776, S. 44.

27 Vgl.: Bradbury: Siege, S. 34: „[...] All the same, it still tells us that the Saxons could fire a town, and possessed siege engines. [...]"; sowie: Ohler, Norbert: Krieg und Frieden im Mittelalter, München 1997, S. 105: „[...] Für Belagerungen waren schwere Waffen unentbehrlich, doch mußte man sie zu handhaben wissen. Mit Steinschleudern sollen die Sachsen sich einmal höhere Verluste beigebracht haben als den in der Syburg belagerten Franken. [...]"

28 Vgl. hierzu vor allem die Ausführungen bei: Kurze, Friedrich: Über die fränkischen Reichsannalen und ihre Überarbeitung, In: Neues Archiv 19, (1894), S. 295-329; 20, (1895), S. 9-49; 21, (1896), S. 9-82; 26, (1901), S. 153-164; 28, (1903), S. 619ff; 29, (1904); 39, (1914); sowie: Becher, Matthias: Eid und Herrschaft – Untersuchungen zum Herrscherethos Karls des Großen (= Vorträge und Forschungen, hg. vom Konstanzer Arbeitskreis für mittelalterliche Geschichte, Sonderband 39), Sigmaringen 1993.

ten und wurde bereits 1826 in der Ausgabe von Pertz in Klammern gesetzt.[29] Spätere Editionen verzichteten ganz auf den fraglichen Abschnitt, und die Ausgabe von Kurze setzt ihn, unter ausdrücklichem Hinweis auf seine vermutlich sehr viel spätere Einfügung, erneut in Klammern.[30]

Ähnlich problematisch gestalten sich auch andere Hinweise, wie beispielsweise die Erwähnung von „[...] diversis belli machinis [...]" in der Historia Langobardum des Paulus Diaconus.[31] Hier, wie auch in anderen Quellen, ist die Ausdrucksweise zu wage, um genauen Aufschluß über die Beschaffenheit der verwendeten Instrumente zu geben.[32]

Die umstrittenste Quelle vor der „expugnatione Lyxbonensi" ist jedoch das schwer verständliche und an sich nur wenig aufschlußreiche Gedicht „De bello parisiaco", in dem der Mönch Abbo, der während der Belagerung von Paris durch die Normannen[33] als Augenzeuge anwesend war,[34] das Geschehen während der Auseinandersetzung festgehalten hat.[35] Der Forschungsstreit, der sich im Laufe der letzten einhundert Jahre über die Schilderungen Abbos ergeben hat – und der hier aufgrund seines Umfanges nicht detailliert wiedergegeben werden soll – bezog sich vor allem auf die Frage, ob die von Abbo beschriebenen Gewerfe als Hebelwurfgeschütze oder aber als Torsionswurfgeschütze zu klassifizieren seien. Hauptstreitpunkt in Abbos Gedicht war dabei der Passus, in dem es heißt: „[...] Conficiunt longis aeque lignis geminatis Mangana quae proprio vulgi libitu vocitantur, Saxa quibus jaciunt ingentia. [...]"[36]

Nachdem Schneider die „longis aeque lignis geminatis" als deutlichen Hinweis auf das Hebelwurfgeschütz gedeutet hatte[37] und Rathgen eine umfangreiche Erwiderung verfaßte,[38] für die er weitere Stellen aus Abbos Gedicht,[39] sowie einige zusätzliche Quellen heranzog,[40] gilt diese Frage zumindest innerhalb der deutschen Forschung als

29 Vgl.: Annales regni Francorum et Einhardi, ed. G. H. Pertz , MGH SS I, Hannover 1826, S. 156.

30 Vgl.: Annales regni Francorum, ed. F. Kurze, S. 44.

31 Vgl.: Paulus Diaconus: Historia Langobardum; Ed. G. Waitz, MGH SS rer. Germ. in us. scol. IIL, Hannover 1878, S. 171.

32 Die weiteren Passagen bei Paulus Diaconus, in denen Ausdrücke wie „manganum" oder „petraria" genannt werden, sind in ihrer Überlieferungsgeschichte heftig umstritten, so daß der Quellenwert hier gering bleibt. Vgl. hierzu auch: Schneider: Artillerie, S. 24; sowie Köhler: Kriegswesen, S. 164.

33 Vgl. hierzu auch: Hägermann, Dieter: Das Karolingische Imperium – Ein Resultat kriegstechnischer Innovationen? In: Technikgeschichte Bd. 59 (1992), Nr. 4, S. 305-317.

34 Vgl. hier zur allgemeine Rolle Abbos und seiner kirchlichen Mitstreiter, die weit über die bloße Augenzeugenschaft hinausging, auch: Prinz, Friedrich: Klerus und Krieg im früheren Mittelalter (Monographien zur Geschichte des Mittelalters, Bd. 2), Stuttgart 1971, S. 128ff.

35 Vgl.: Abbonis de bello parisiaco libri III; ed. Pertz, MGH SS rer. Germ. in us. scol. I, Hannover 1871; sowie die neuere Ausgabe bei: Abbo von Saint-Germain-des-Prés: Bella Parisiacae urbis, Buch 1. Lateinischer Text, deutsche Übersetzung und sprachliche Bemerkungen von Anton Pauels. (= Lateinische Sprache und Literatur im Mittelalter Bd. 15), Frankfurt/M 1984.

36 Vgl.: Abbonis de bello parisiaco, I.363.

37 Vgl.: Schneider: Artillerie, S. 60ff.

38 Vgl.: Rathgen, Bernhard: Das Drehkraftgeschütz im Streite der Meinungen. In: ZhWK X, 1923-25, S. 47-59; aber auch in: Rathgen: Das Geschütz im Mittelalter, S. 598-609.

39 Hier ist vor allem der Abschnitt zu nennen, bei dem es heißt: „[...] Artifices nervis jaculata uno quoque plectro. [...]" Rathgen deutete dies als Beweis für Verwenung der Torsion in gedrehten Nervenbündeln. Vgl.: Abbonis de bello parisiaco, I.213; sowie: Rathgen: Das Geschütz im Mittelalter, S. 601.

40 Neben anderen Belegen bezieht Rathgen sich auch auf den Bischof Wilhelm von Lisieux, der das Werfen von Steinen während der Schlacht von Hastings beschreibt und Wolfram von Eschenbach, in dessen „Parzival" der Fluch: „[...] dirn braeche mangen swenkel [...]" die Verwendung von „Mangen" während des Mittel-

geklärt und das Fortleben des antiken Torsionswurfgeschützes in einer Reihe von Quellen unter dem Namen „Mange“[41] als gesichert.[42] Als weitere Anzeichen hierfür werden vor allem die gleichzeitige Verwendung unterschiedlicher Termini bei der Aufzählung von Gewerfen, wie auch eine Reihe von Bildquellen, gewertet, die Gewerfe mit Torsionsmechanismus zeigen. Der größte Teil dieser Darstellungen ist indes von einer Beschaffenheit, die eher den Schluß nahelegt, der Zeichner habe zwar die grundsätzliche Funktionsweise eines Torsionswurfgeschützes gekannt, eine konkrete Ausführung hingegen nie zu Gesicht bekommen. Neben Abb. 3 kann auch Abb. 84 in diese Reihe der Bildbelege mit unsicherer Aussagekraft eingereiht werden.[43]

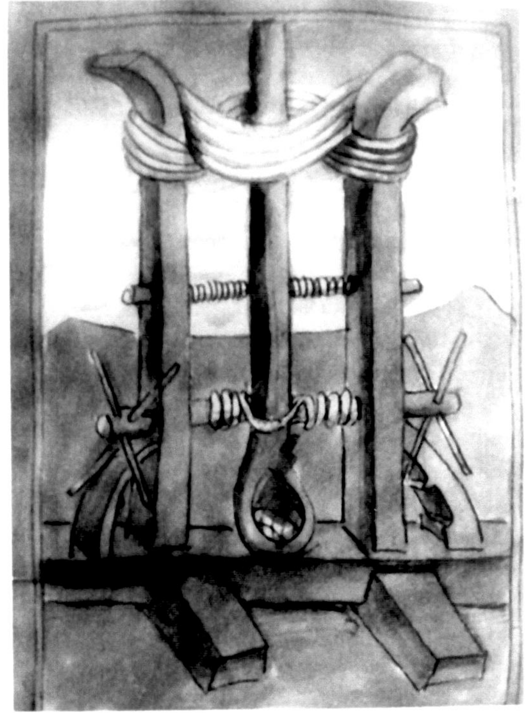

Abb. 84: Darstellung eines Torsionswurfgeschützes um 1430.

Eine Ausnahme bildete seit der ersten Veröffentlichung durch Payne-Gallwey im Jahre 1903 die in Abb. 85 gezeigte Darstellung eines Manuskripts der Bibliotheque Nationale in Paris.[44] Die von Payne-Gallwey in sämtlichen Veröffentlichungen mit dem bibliographischen Nachweis „Ms. No. 7239 Bibl. Nat. Paris“ versehene und in das 15. Jahrhundert datierte Zeichnung kursiert seitdem ohne weitere Überprüfung innerhalb der Fachliteratur und gilt aufgrund ihrer Detailliertheit als bester Beleg für die Fortexistenz des antiken Torsionswurfgeschützes im Mittelalter.[45] Eine Überprü-

alters belegen soll. Vgl.: Wilhelmi conquistoris gesta. Migne PL 149, Sp. 1217; sowie: Wolfram von Eschenbach: Parzival, hrsg. von Karl Lachmann, Berlin 1891, 212,9 (S. 107) und Rathgen: Das Geschütz im Mittelalter, S. 603-606.

41 So unter anderem in den sog. Bertholdi Annales, in denen es heißt: „[...] Machinamentis ballisticis, quae mangones theutonizant [...]“. Vgl.: Bertholdi Annales; ed. G. H. Pertz, MGH SS V, Stuttgart 1844, a.a.1079; und bei: Adam Parvipontanus: De utensilibus. In: Tony Hunt (Hrsg.): Teaching and Learning Latin in thirteenth-century England, Bd. I, Cambridge 1991, S. 174.

42 Vgl.: Schmidtchen: Kriegswesen, S. 157.

43 Vgl.: Anonymus: Kriegs und Pixenwerch, um 1430, Kunsthistorisches Museum Wien, P5014, auch bei: Schmidtchen: Kriegswesen, S. 160.

44 Vgl.: Payne-Gallwey: The Crossbow, S. 277.

45 Vgl.: Schmidtchen: Kriegswesen, S. 159: „[...] Eine aus dem 15. Jahrhundert stammende Bilderhandschrift der Pariser Nationalbibliothek zeigt dagegen eine von erheblichem technischen Verständnis geprägte Zeichnung einer Mange im stationären Einsatz. [...]“

Abb. 85: Angeblich dem Ms.No.7239 Bibl.Nat.Paris entnommene Darstellung eines Torsionswurfgeschützes.

fung des Manuskripts No. 7239 zeigte jedoch, daß diese weder die von Payne-Gallwey präsentierte Darstellung (die ihrem Anschein nach allenfalls eine von ihm gefertigte Umzeichung sein dürfte) noch irgendeine andere Darstellung eines Torsionswurfgeschützes enthält. Auch ein „Zahlendreher" konnte, durch die zusätzliche Überprüfung der Manuskripte No. 3972 und 7329, ausgeschlossen werden. Der von Payne-Gallwey vorgebrachte Bildbeleg kann somit, zumindest bis zu seinem erneuten Nachweis, nicht als Beweis für die Fortexistenz des antiken Torsionswurfgeschützes herangezogen werden!

Zwar ist hierdurch die Fortexistenz des antiken Torsionswurfgeschützes während des Mittelalters keinesfalls widerlegt, doch kann angesichts der übrigen vorgebrachten Beweise Rathgens und anderer Forscher auch die Fortexistenz desselben nicht zwingend bewiesen werden. Die Bildquellen erweisen sich, wie schon erwähnt, in dieser Frage als mindestens problematisch und auch die allgemeine Unzuverlässigkeit der in den Quellen gebrauchten Termini scheint einem genauen Ratschluß in dieser Frage im Wege zu stehen. Den vielleicht besten Hinweis auf das mögliche Vorkommen eines Torsionsgewerfes in einer schriftlichen Quelle finden wir hingegen in der sogen. „Herlingsberga" des Heinrich Rosla.[46] Der zeitgenössische Autor, vermutlich ein Walkenrieder Mönch, schildert uns dabei aus eigener Anschauung die Eroberung der Harlyburg im Jahre 1291.[47] Von besonderem Interesse erscheint dabei der von ihm bei der

46 Vgl.: Rosla, Heinrich: Herlingsberga. In: Heinrich Meiboom: Rerum Germanicarum, tom. III-I. Historicus Germanicos, Helmeastad 1688, S. 775-783; Zu Heinrich Rosla und der Überlieferungsgeschichte der Herlingsberga, die nur in einer Handschrift des Dietrich Engelhus erhalten ist und einem sehr frühen Meibom-Druck verbreitet wurde, aber auch: Haman, Manfred: Überlieferung, Erforschung und Darstellung der Landesgeschichte in Niedersachsen. In: Patze, Hans (Hrsg.): Geschichte Niedersachsens, Bd. I, Hildesheim 1977.

47 Vgl. zur Eroberung der Harlyburg auch: Heine: ...und buweden vor 5 nige slote, S. 59-63.

Beschreibung der Gewerfe gebrauchte Terminus des „asellus“[48] – also des „Esels“, den wir ja auch in der Bezeichnung des klassischen römischen „Onagers“ finden, wo er sich auf eine kleinasiatische Wildeselart bezieht. Das für Torsionsgewerfe charakteristische „Bocken“ beim Aufschlag des Wurfarmes auf den Halterahmen könnte natürlich auch hier Pate bei der Benennung des Gewerfes gestanden haben. Ein sicherer Beweis ist indes auch durch Heinrich Roslas Beschreibung keinesfalls gegeben.

Die angelsächsische Literatur tendiert bezüglich der Frage einer Fortexistenz des Torsionsgewerfes im mitteleuropäischen Raum in den letzten Jahren zu einer erneuten Überprüfung der Quellen in dieser Hinsicht, allerdings bislang ohne abschließende Ergebnisse.[49] Zwar ist die Technik des Torsionsgeschützes über Byzanz zweifellos das gesamte Mittelalter hindurch mehr oder minder „verfügbar“ gewesen, doch erscheint damit nicht die Frage des tatsächlichen Einsatzes der Torsionstechnik für den Wurf beantwortet. Kalervo Huuri hat diesbezüglich die vielleicht wichtigste Frage aufge-

Abb. 86: Hebelwurfgeschütz, bedient von einem Esel. Miniatur aus einem Maastrichter Stundenbuch, um 1300.

48 „[...] Non hic unigena fabricatur machina: nomen Haec librilla tenet, quasi saxea pondera librans: obtinet illa suis: sed hirundinis haec: stat aselli illa vocata nota: quaedam fit ab ariete dicta, Ex re nomen habens, altis aeque alta minatur Turribus interitum: quoniam supereminet ipsa [...]“. Vgl.: Rosla: Herlingsberga, S. 776, Z. 80ff.

49 Dies ist zum Teil auf die Unkenntnis des älteren deutschen Forschungsstandes, zum Teil jedoch auch auf die problematische Quellenlage zurückzuführen. Vgl. hierzu: Chevedden: Artillery in Late Antiquity; sowie: Tarver: The Traction Trebuchet, S. 137-146, der das Fortleben des antiken Torsionsgeschützes für einen Mythos der Rennaissance hält. Die von ihm vorgebrachte Argumentation geht dabei von der Annahme aus, die Rennaissanceschriftsteller hätten ihre Kenntnisse aus den Vegetius-Schriften bezogen und – aus der fehlerhaften Vermutung einer Überlegenheit römischer Belagerungskunst heraus – diese Technik rückwirkend auch für das Mittelalter angenommen.

Abb. 87: Byzantinische Darstellung eines Hebelwurfgeschützes aus der Mitte des 12. Jahrhunderts. Dargestellt wird die Belagerung al-Massisahs durch Nikephoros II. (963-969).

worfen, indem er in Anspielung auf Rudolf Schneider schrieb: „[...] Diese [...] [Hebelwurfgeschütze] zeigen einen deutlichen Fortschritt auf dem kriegstechnischen Gebiete. Einige Forscher haben allerdings von Verfall gesprochen, hauptsächlich darum, weil die Bauart der Geschütze einfacher geworden war. Es ist aber so, dass die einfachste Kriegskunst die beste Kriegskunst ist und dass nur die Leistungsfähigkeit, nicht die künstlerische Vollendung entscheidet. [...]“[50]

Die Frage, warum das antike Torsionswurfgeschütz mit seiner komplizierten und leistungsschwachen Technik neben Ziehkraft- oder Gegengewichtshebelwurfgeschütz weiterhin verwendet worden sein sollte, ist bislang von der Forschung unbeachtet geblieben[51] und mag eventuell Anregungen für eine Neubewertung der Frage des Fortlebens des antiken Torsionswurfgeschützes bieten.

Stellt also für die Übergangszeit fehlendes oder mangelndes Bildmaterial und verwirrende Terminologie das größte Problem bei Nachzeichnung des Innovationsweges des Hebelwurfgeschützes dar, so bieten leider auch die Kreuzzugsquellen hier keine Hilfestellung, da sie ebenfalls von den Deutungsschwierigkeiten der unklaren Terminologie betroffen sind. So werden denn auch die betreffenden Passagen der Aufzeichnungen bei Anna Komnena,[52] Albert von Aachen[53] und Wilhelm von Tyrus[54] entspre-

50 Vgl.: Huuri: Geschützwesen, S. 25.

51 Dies gilt auch für die ansonsten sehr kenntnisreiche Diskussion zwischen Sander und Lammert, die sich in den 30er und 40er Jahren des letzten Jahrhunderts der Frage des Torsionsgeschützes im Mittelalter noch einmal ausführlich zuwandten. Vgl.: Lammert, R.: Die antike Poliorketik und ihr Weiterwirken. In: Klio 31 (1938), S. 389-411; Sander, Erich: Der Belagerungskrieg im Mittelalter. In: HZ Nr. 165 (1942), S. 99-110; Sander, Erich: Der Verfall der römischen Belagerungskunst. In: HZ Nr. 149 (1934), S. 457-476.

52 Vgl.: Anna Komnena: Alexias. Migne PG131, Paris 1864; sowie: Anna Komnéne, Recueil des Historiens des Croisades (RHC), Historiens Grecs I, Paris 1875.

53 Vgl.: Alberti Aquensis historiae libri XII, RHC Occ. IV, Paris 1879.

chend der jeweiligen Überzeugung des Autors entweder für das Vorkommen eines Hebelwurfgeschützes[55] oder aber eines Torsionswurfgeschützes[56] gedeutet. Eine mögliche Transferleistung verschiedener Geschütztechniken während der Kreuzzüge kann so nur schwer nachgewiesen werden.

Abb. 88: Französische Miniatur des 14. Jahrhunderts. Gezeigt wird die Einnahme von Tarsus durch Fürst Tancred von Sizilien beim Ersten Kreuzzug.

Ähnlich schwierig wie die Frage nach Invention und Innovation des Ziehkrafthebelwurfgeschützes gestaltet sich auch die Suche nach einem Erstbeleg für das Gegengewichtshebelwurfgeschütz. Allgemein wird noch immer das Jahr 1199 für die erste Erwähnung eines „trabuciums" als europäischer Erstbeleg für das durch Gegengewicht betriebene Hebelwurfgeschütz angenommen. Für dieses Jahr vermerken die Annalen von Piacenza, daß die Cremonesen an einem Graben Stellung bezogen, und diesen mit „petrarien" und „trabucien" besetzt hielten.[57] Aufgrund der unsicheren Termini und da

54 Vgl.: Wilhelm von Tyrus, RHC Occ. I, Paris 1844.

55 Vgl. hierzu die Argumente bei: Schneider: Geschützwesen, S. 50-60.

56 Vgl. hierzu die Argumente bei: Köhler: Kriegswesen, S. 155ff.

57 Vgl.: Annales Placentini Guelfi et Gibellini, ed.G. H. Pertz, MGH, SS XVIII, a.a.1199 (S. 421): „[...] Cremonenses [...] quoddam fossatum munierunt cariolis quae posuerunt super ripam illam, et gladiis et beltreschis et predariis trabuchis. [...]" Zu den frühesten Nachweisen im islamisch-arabischen Raum sowie der ersten Abbildung eines Gegengewichtshebelwurfgeschützes (um 1187) innerhalb eines arabischen Manuskripts, siehe auch Chevedden: The Traction Trebuchet, S. 483.

der fragliche Abschnitt erst um 1235 verfaßt wurde, ist dieser Beleg jedoch nicht völlig unumstritten.[58]

Abb. 89: Französische Miniatur des 14. Jahrhunderts. Stadtbelagerung während der Kreuzzüge.

58 Vgl. Hierzu u.a.: Huuri: Geschützwesen, S. 171.

Für das Jahr 1212, in dem Otto IV. mit seinem Heer durch Thüringen zog,[59] um zunächst Langensalza und anschließend Weißensee zu belagern, ist der „triboc“ erstmalig für Deutschland belegt. Die Beschreibungen der Magdeburger Schöppenchronik[60] und der Chronik von St. Peter zu Erfurt[61] zeigen deutlich, daß in beiden Quellen das noch neue Gegengewichtshebelwurfgeschütz gemeint ist. Ob tatsächlich zu diesem Zeitpunkt das Gegengewichtshebelwurfgeschütz zum erstenmal in Deutschland eingesetzt wurde, wie dies die Magdeburger Schöppenchronik behauptet,[62] ist jedoch nicht völlig gesichert, da der fragliche Abschnitt erst um 1360 vom Stadtschreiber Hinrik von Lammespringe verfaßt wurde.[63] Und auch die Chronik von St. Peter zu Erfurt, in der das neue Gewerf als „teuflisches Werkzeug“[64] bezeichnet wird, ist erst nach dem Jahre 1276 – also über ein halbes Jahrhundert nach der Belagerung Weißensees – niedergelegt worden.[65]

Unabhängig von der Schwierigkeit, den exakten Zeitpunkt der Einführung des Gegengewichtshebelwurfgeschützes in Deutschland oder in Europa generell zu bestimmen, liegen uns jedoch in der Folgezeit der genannten Erwähnungen zahlreiche Belege aus allen Quellenbereichen vor,[66] die bis hinein in die romanhafte Literatur reichen[67] und einen Beweis für die schnelle und flächendeckende Ausbreitung des neuen, effektiven Gewerfs darstellen. Neben anderen mag hierfür auch die in Abb. 90 zu sehende Darstellung aus der sogenannten „Manessischen Liederhandschrift“ stehen,[68] die das „Briefschießen“ des Minnesangs mit dem Einsatz von Gewerfen im Kriege vergleicht.[69]

Der Grund für diese schnelle Diffusion der neuen Gewerfstechnik mag vor allem durch drei Faktoren begünstigt gewesen sein: Zum ersten ist hier Zwang zur Effektivität zu nennen, den die militärische Auseinandersetzung mit sich bringt und der den

59 Zu Otto IV. im allgemeinen und seinem Feldzug durch Thüringen im besonderen vgl.: Hucker, Bernd Ulrich: Otto IV. – Der wiederentdeckte Kaiser, Frankfurt (M)/Leipzig 2003, S. 339ff.

60 Vgl.: Magdeburger Schöppenchronik, hrsg. von K. Janicke (Die Chroniken der deutschen Städte Bd. 7), Leipzig 1869.

61 Vgl.: Annales Erphordensis, ed. G. H. Pertz, MGH SS XVI, Stuttgart 1859, S. 26-40; sowie: Chronik von St. Peter zu Erfurt, hrsg. und übers. von G. Grandauer (Die Geschichtsschreiber der deutschen Vorzeit, Bd. 54, 12. Jh. Bd. 4), Berlin 1893.

62 Vgl.: Magdeburger Schöppenchronik, S. 136: „[...] Da wart erst bekannt den Dudetschen dat werk, dat triboc heytet. [...]“

63 Benutzt wurden hierfür die Erweiterung der Nienburger Annalen und Brunos Sachsenkrieg, event. auch eine Fortsetzung der Stiftschronik, die jedoch verloren ist. Vgl. hierzu auch: Wattenbach, W.: Deutschlands Geschichtsquellen im Mittelalter bis zur Mitte des dreizehnten Jahrhunderts, 2 Bde, Berlin 1885/86, II 316.

64 Vgl.: Chronik von St. Peter zu Erfurt, S. 73: „[...] und nachdem jenes teuflische Werkzeug hergestellt war, warf er [Otto] Steine von außerordentlicher Größe und trachtete eifrig die Burg zu zerstören. [...]“

65 Vgl.: Schmidt, Erich: Untersuchung der Chronik des St. Peter-Klosters zu Erfurt. In: Zeitschrift des Vereins für thüringische Geschichte XII (1883), S. 107-184.

66 Vgl. zur zeitlichen Dichte dieser Belege: Köhler: Kriegswesen, III, S. 194ff.

67 Vgl. beispielsweise: Das Alexanderlied des Pfaffen Lamprecht, hrsg. von Friedrich Maurer (Reihe geistliche Dichtung des Mittelalters, Bd. 5), Darmstadt 1964, V. 968: „[...] daz warf er in zu der burch / Da mite brante er siu al durch unde durch / unde dar zu manegen herten stein [...]“; sowie: Tschang-Un Hur: Die Darstellung der großen Schlacht in der deutschen Literatur des 12. u. 13. Jahrhunderts. (= Diss.), München 1971, S. 160.

68 Vgl.: Große Heidelberger oder Manessische Liederhandschrift, um 1310, Universitätsbibl. Heidelberg, cpg 848, Bl. 256.

69 Vgl. hierzu: Feldhaus: Die Technik der Vorzeit, Nachtrag, S. 6f.

Abb. 90: Darstellung aus der sog. „Manessischen Liederhandschrift“.

Abb. 91: Islamische Miniatur auf Papier um 1310-20.
Vermutlich die Belagerung Bagdads durch die Mongolen.

Abb. 92: Ziehkrafthebelwurfgeschütz auf einem Relief an der Kirche von St.Nazaire in Carcassone.

Bau dieser, mit einfachen Mitteln fertigzustellenden Belagerungsgeräte nahelegte. Zweitens ist der Nachbau, zumal da das Ziehkrafthebelwurfgeschütz bereits bekannt war, mit einfacher Kenntnis des Grundprinzips und einigen praktischen Versuchen zu bewerkstelligen. Und schließlich ist der Techniktransfer im militärischen Bereich durch die notwendige kriegerische Mobilität ohnehin begünstigt. So ist es durchaus möglich, daß das Gegengewichtshebelwurfgeschütz Otto IV. auf seinem Italienfeldzug bekannt geworden war und er ein solches (event. mitsamt Bau- und Bedienungsmannschaft) mit nach Thüringen brachte, wo es nun wiederum den Einheimischen in Prinzip und Effektivität „anschaulich vorgeführt" wurde.

Diese Art des Techniktransfers, wie sie für militärisches Gerät typisch ist, muß indes nicht auf eine einseitige Richtung der Weitergabe einer Invention beschränkt sein. So geht Donald Hill beispielsweise davon aus, daß das Ziehkrafthebelwurfgeschütz zwar aus dem chinesischen Kulturraum über die Araber nach Europa verbreitet wurde, sich hier jedoch die entscheidende Weiterentwicklung zum Gegengewichtshebelwurfgeschütz vollzog, welches wiederum von Europa aus seinen Weg zurück zum chinesischen Ursprungsort fand.[70] Die Nichtbeachtung einer solchen Möglichkeit der zweiphasigen Entwicklung sorgte in der älteren Literatur für zusätzliche Verwirrung bezüglich der Inventionsfrage. So lehnte Bernhard Rathgen China als Ursprungsort des Hebelwurfgeschützes generell ab,[71] da der Bericht Marco Polos von der Belagerung der Stadt Saianfu die Begeisterung des Großkhans schildert, als die Polos mit Hilfe eines Deutschen und eines Nestorianer-Baumeisters mehrere schwere Gewerfe bauten und mit diesen die Stadt einnahmen.[72]

Zwar ist die Anwesenheit der Polos bei der Belagerung der Stadt Saianfu inzwischen stark umstritten und ihre Hilfeleistung demzufolge eher unwahrscheinlich, doch weisen auch einheimische Quellen auf den Bau und Einsatz schwerer Gewerfe vor Saianfu hin, auch wenn sie hier von Männern mit eindeutig moslemischen Namen

70 Vgl.: Hill: Trebuchets, S. 103f; sowie Abb. 91, die den sogen. „Diezschen Klebealben" entstammt, die sich im Besitz der Berliner Staatsbibliothek befinden. Vgl. hierzu: Staatsbibliothek Preussischer Kulturbesitz: Kostbare Handschriften u. Drucke (Ausstellungskatalog Nr. 9), Wiesbaden 1978, S. 35-37.

71 Vgl.: Rathgen: Das Geschütz im Mittelalter, S. 611.

72 „[...] Die zwei Polo und der Sohn Messer Marco sagten: Großer Herrscher, wir haben Männer in unserem Gefolge, die fähig sind, Wurfmaschinen zu bauen, womit man große Steine in die Stadt schleudern kann. Die Einwohner sind den Geschossen ausgeliefert, sie werden sich bald ergeben. [...] [Sie] hatten einen Deutschen und einen Nestorianer bei sich; diese zwei waren Meister im Wurfmaschinenbau. [...] Sie bauten drei treffliche Maschinen. Als sie fertig waren, ließ sie der Kaiser zu den Belagerern von Saianfu transportieren. Die Wurfmaschinen wurden dem Heere vorgeführt; den Tartaren erschien sie als das größte Wunder der Welt [...]". Vgl.: Marco Polo: Il Milione – Die Wunder der Welt. Übersetzung aus altfranzösischen und lateinischen Quellen von Elise Guignard, Zürich 1983, Kap. CXLVII, S. 236.

Abb. 93: Umzeichnung des Basreliefs in der Kirche von Saint-Nazaire zu Carcassonne.

konstruiert werden.[73] Der von Hill vorgeschlagene Innovationsweg erscheint somit zumindest als möglich, auch wenn er sich nicht so nahtlos nachweisen läßt, wie dies über den Bericht Marco Polos möglich gewesen wäre.

Um die Gründe für die schnelle Verbreitung des Hebelwurfgeschützes innerhalb wie außerhalb Europas besser verstehen zu können, ist es indes notwendig, sich den Kontext des übrigen Antwerks vor Augen zu führen und die Rolle des Hebelwurfgeschützes innerhalb des Kanons der Mittel für den gewaltsamen Zugriff auf feste Plätze zu erörtern.

Das Mittelalter verfügte über eine Reihe von Belagerungsgeräten, deren Gebrauch bereits in der Antike üblich war. Ein Teil dieser Geräte wurde unverändert übernommen, andere jedoch von den mittelalterlichen Baumeistern weiterentwickelt. Zu den Gerätschaften, die auch während der Völkerwanderungszeit durchgehend Verwendung fanden, gehören: Rammbock (auch Widder oder Tumler genannt), fahrbare Schutzdächer (Katze oder Schildkröte), Belagerungsturm (Ebenhöhe) und die Sturmleiter, die neben dem Rammbock eines der ältesten Belagerungsgeräte überhaupt darstellt.

Zu diesen in Bau und Handhabung vergleichsweise einfachen Gerätschaften traten nach der Völkerwanderungszeit allmählich auch die verschiedenen aus der Antike

73 Vgl. zur Problematik der Belagerung von Saianfu: Marco Polo: Il Milione, S. 461; Wood, Frances: Did Marco Polo go to China?, London 1995, S. 34f; 108; 133; sowie zur allgemeinen Problematik: Spence, Jonathan: Marco Polo – Fact or Fiction. In: Far Eastern Economic Review, Aug. 22, 1996, S. 37-45; Haeger, John W.: Marco Polo in China? Problems with internal evidence. In: The bulletin of Sung and Yüan studies, Nr. 14, 1978.

überlieferten Geschütztypen hinzu, die ihre Kraft aus Tension und Torsion bezogen. Zwar war das Wissen um Wirkungsweise und Konstruktionsprinzip dieser Maschinen in Mitteleuropa weitgehend verlorengegangen, doch waren Anwendung und Bau dieser zum Teil sehr komplizierten Gerätschaften im byzantinischen und arabischen Raum weitergeführt und zum Teil verbessert worden.[74]

Zum festen Bestandteil der byzantinischen Kriegstechnik gehörte dabei das Torsionsflachbahngeschütz, ein Pfeil- und Steingeschütz, das seine Kraft aus der Torsion gegen die Schußrichtung gedrehter Sehnenbündel bezog. Das Prinzip dieser Kraftgewinnung aus der Torsion war bereits Philon von Byzanz im 3. vorchristlichen Jahrhundert bekannt und wurde in der griechischen Antike zum Schuß, während der römischen Antike auch zum Wurf verwandt. Wie bereits behandelt, ist die Verwendung der Torsion zum Wurf für die Zeit des Mittelalters noch immer umstritten. Für den flachen Schuß kleiner Steine oder Pfeile hingegen ist die Verwendung der Torsion nahtlos von der Antike bis zum Spätmittelalter in Form des Torsionsflachbahngeschützes belegbar.[75] Dieses bestand im wesentlichen aus einem schweren hölzernen Rahmen, der in drei Teile unterteilt war. Durch die beiden äußeren Rahmenteile wurden jeweils starke Sehnenbündel gezogen, in deren Mitte sich je ein Bogenarm in rechtwinkeliger Position zum Nervenbündel befand. Die Torsion wurde nun durch Verdrehen der Nervenbündel entgegen der Schußrichtung erzeugt.

Die Hauptschwierigkeit im Umgang mit den Torsionsgeschützen allgemein dürfte in der exakten Vorspannung der Nervenbündel gelegen haben, da die Spannung und das allgemeine Dehnungsverhalten stark von der jeweiligen Feuchtigkeit der Sehnenbündel abhängig war. Schon geringe Änderungen der Wetterbedingungen – etwa der morgendliche Tau – konnte die Vorspannung beeinflussen und zu völlig anderen Schuß- oder Wurfleistungen führen. Die Prüfung dieser Vorspannung erfolgte durch kurzes Anreißen des jeweiligen Armes und Prüfung des dabei entstehenden Tones. Die römischen Legionen führten solche Torsionsgeschütze zur Verteidigung ihrer Marschlager und Kastelle sowie zur Belagerung fester Plätze mit sich.[76] In Byzanz gehörten sie ebenfalls zur festen Ausrüstung und wurden von dort aus auch von den Arabern übernommen. Unter der Bezeichnung „Springolf“ oder „Notstall“[77] fanden sie seit dem Beginn des 14. Jahrhunderts auch in Mitteleuropa Verwendung.[78] Bernhard Rathgen hat dies für Deutschland anhand der Rechnungsbücher mehrerer deutscher Städte nachgewiesen.[79]

---

74 Vgl.: Schmidtchen: Kriegswesen, S. 152.

75 Vgl. hierzu: Köhler: Kriegswesen, Bd. III, S. 155-160.

76 Abbildungen auf der Trajanssäule belegen dies.

77 Der Notstall bezeichnet eigentlich ein Gerät zum Beschlagen böswilliger Pferde und Zugrinder. Es bestand aus einer Ständerkonstruktion, in der die Tiere mittels eingezogener und über Winden zu straffender Gurte angehoben wurden, um sie für das Beschlagen wehrlos zu machen. Die äußere Ähnlichkeit der Balkenkonstruktion mag zur Namensübertragung auf das Torsionsflachbahngeschütz geführt haben.

78 Weitere verwendete Bezeichnungen waren „Selbschoß“ (gängige Bezeichnung im süddeutschen Raum), „treibendes Werk“ (in den Rechnungsbüchern der Hansestädte), „Espingala“ (im spanischen Raum) sowie „Tarant“, „Skorpion“ oder „Katapult“ (vor allem im byzantinischen Raum).

79 Unter anderem für Frankfurt (1348), Köln (1370), Aachen (1333) und Bremen (1333). Vgl.: Rathgen: Das Geschütz im Mittelalter, S. 580-586; sowie für Bremen: Historia archiepiscoporum Bremensium – Geschichtsquellen des Erzstiftes und der Stadt Bremen, hrsg. von Martin Lappenberg, Bremen 1841, S. 104.

Abb. 94: Rekonstruktion eines Rammbocks mit Schutzdach auf der Burganlage von Les Baux.

Abb. 95: Rekonstruktion eines Tensionsgeschützes auf der Engelsburg in Rom.

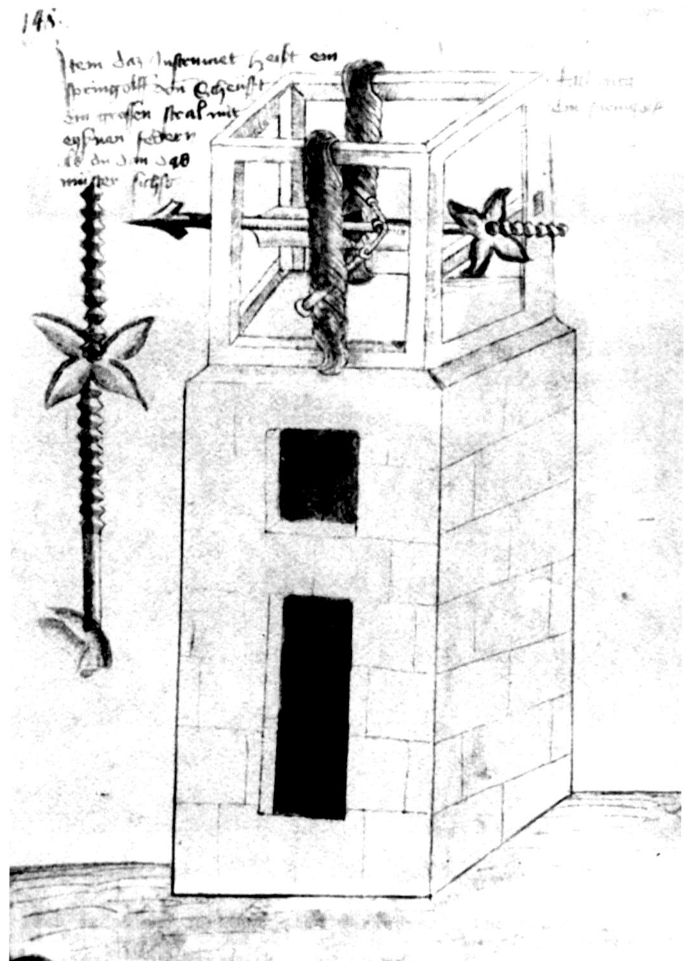

Abb. 96: „Springolf" mit Spannschraube (um 1450), dargestellt als stationäres Pfeilgeschütz auf einer Befestigungsanlage.

Warum in diesem Fall die Torsion mit ihrer umständlichen Technik verwandt wurde, scheint klar: Die großen Wallarmbrüste, die von den spätmittelalterlichen Städten ebenfalls zur Verteidigung ihrer Mauern eingesetzt wurden, boten mit ihrer durch Tension erzeugten – weitaus geringeren – Kraft keine wirkungsvolle Alternative. Ihre effektive Reichweite dürfte weit unter der Marke von fünfhundert Metern gelegen haben, die für die großen Torsionsflachbahngeschütze ermittelt wurden.[80] Daher kann der Schluß, daß bei einem Nachweis der Torsion für den flachen Schuß zugleich auch von einer Verwendung derselben für den Wurf ausgegangen werden müsse, nicht haltbar sein.

80 Vgl. hierzu den Bericht von Schramm: Die antiken Geschütze der Saalburg.

Nimmt man dennoch die Weiterverwendung der Torsion zum Wurf auch nach Einführung des Hebelwurfgeschützes an, so stünde neben dem bisher geschilderten Belagerungsgerät auch ein Torsionswurfgeschütz zur Verfügung, das im steilen Wurf vor allem Steine von etwa 10-15 cm Durchmesser gegen die Mauerbesatzung und vielleicht auch in die feindliche Anlage hinein werfen konnte. Die Leistungsfähigkeit eines solchen Gewerfs dürfte in jedem Fall stark beschränkt gewesen sein, wie die Versuche des Oberst Schramm in den Jahren von 1906-1908 gezeigt haben. Der von Schramm nach den antiken Angaben des Ammianus Marcellinus rekonstruierte Onager[81] warf eine Kugel von nur zwei Kilogramm Gewicht etwa dreihundert Meter weit.[82] Die physikalischen Rahmenbedingungen und die Schwierigkeit der exakt gleichmäßig vorzunehmenden Justierung der Vorspannung lassen eine relativ geringe Treffergenauigkeit erwarten. Die tatsächliche Kampfentfernung dürfte für diesen Gewerfstyp also eher im Bereich von ein- bis zweihundert Metern gelegen haben.[83]

Abb. 97: Rekonstruktion eines Torsionswurfgeschützes auf der Burganlage von Les Baux.

Führt man sich das geschilderte Arsenal der mittelalterlichen Kampfmittel noch einmal vor Augen, so wird die Bedeutung des Hebelwurfgeschützes offensichtlich. Selbst bei Annahme der Weiterverwendung des antiken Torsionswurfgeschützes stellte

81 Vgl.: Ammianus Marcellinus: Res gestae, hrsg. von C. U. Clark, Berlin 1910, Kap. XXIII, 4; sowie: Erben, W.: Beiträge zur Geschichte des Geschützwesens im Mittelalter. III: Der Onager bei Ammian, ZHWK VII (1936), S. 117-122.

82 Die sehr große und äußerst aufwendige Rekonstruktion ist leider während des zweiten Weltkrieges auf der Saalburg zerstört worden, so daß sie uns heute nicht mehr für weitere Versuche zur Verfügung steht. Vgl. jedoch zu den Versuchen neben Schramm: Die antiken Geschütze der Saalburg; auch: Schramm: Poliorketik, S. 28-39.

83 Vgl. hierzu auch die Ausführungen bei: Schmidtchen: Militärische Technik, S. 119.

bereits das Ziehkrafthebelwurfgeschütz die effektivste Waffe zum Be- und Überwerfen der feindlichen Mauern dar.

Die einfache und wenig anfällige Konstruktion machte zudem sowohl den Transport in zerlegtem Zustand, als auch den Bau vor Ort möglich. Für beide Möglichkeiten liegen uns eine Reihe von Belegen vor. So demonstriert die bereits erwähnte Belagerung von Vellexon, daß selbst der Bau extrem großer Gewerfe mit entsprechend qualifizierten Mannschaften vor Ort möglich war – was auch durch die zahlreichen Rekonstruktionsversuche zusätzlich untermauert wird.[84] Andererseits wurde ein Gewerf ähnlicher Größe, nämlich das große Baseler Gegengewichtshebelwurfgeschütz, 1369 an den Herzog Leopold von Österreich verliehen. Zum Transport des schweren Gewerfs wurden 24 Wagen und 144 Pferde benötigt![85] Dasselbe Gewerf wurde 76 Jahre später im Jahr 1445 vor die Burg Rheinfelden transportiert, wo es nach Angabe von Sebastian Münsters „Cosmographey“ große Felsen und Grabsteine in die Burg schleuderte und die Besatzung zur Übergabe zwang.[86]

Abb. 98: Belagerung Rheinfeldens nach Münsters „Cosmographey“.

Auch während der sogenannten „Mandelslohschen Fehde“ im Jahr 1380 hatten die Bremer Bürger bei ihrem Vergeltungskrieg gegen die Herren von Mandelsloh[87] und deren Verbündeten nicht allein schwere Pulvergeschütze mitgeführt, sondern auch „bliden“, die unter anderem vor der gut befestigten Drakenburg (bei Nienburg) zum

84 Unter anderem auch durch den Nachweis Hansens, daß der Bau kleiner Gewerfe auch ohne eiserne Achse möglich war. Vgl.: Hansen: Experimental Reconstruction, S. 197.

85 Vgl.: Wackernagel, R.: Die Geschichte der Stadt Basel, Bd. I, Basel 1907, S. 286.

86 Vgl.: Muenster, Sebastian: Cosmographey – das ist Beschreibung aller Länder, Basel 1614: „[...] Sie wurffen mit eine starcke Gewerff groß Felsen un Grabstein in dsz Schloß un beschossen dsz Schloß also starck, daß die so darinn waren, begerten, man sollte sie zu gnaden auffnemmen, und mit den ihren lassen abziehen. [...]“

87 Vgl. hierzu auch: Mandelsloh, Werner von: Dietrich von Mandelsloh und seine Brüder Heineke und Statius in den Wirren des Lüneburger Erbfolgestreites und der „Sate“, Berlin 1998.

Einsatz kamen.[88] Nach Worten des Bremer Chronisten Johann Renner[89] hatte man dem Feind bereits zehnfache Vergeltung zugefügt,[90] als man vor der Drakenburg ankam und sie kurzerhand mit „bliden“ und „bussen“ bis auf die Erde niederbrannte.[91]

Abb. 99: Bau von Belagerungsgerät vor Ort. Ausschnitt einer franz. Miniatur um 1490.

Unabhängig davon, ob die Hebelwurfgeschütze vor Ort gebaut (vgl. Abb. 99)[92] oder zum Belagerungsplatz transportiert wurden, stellten sie die einzige Möglichkeit dar, effektiv bis in die Stätte des Gegners zu wirken, ohne daß diesem ein wirksamer Schutz vor den steil herankommenden Geschossen möglich war.

Welcher Art diese herankommenden Geschosse waren, hing dabei stark von der jeweiligen militärischen Zielsetzung ab. Die einfachste und ursprünglichste Vorgehensweise war sicher der Wurf von Steinen,[93] deren Größe von der Kampfentfernung und der Leistungsfähigkeit des Gewerfs abhängig waren. Mit solchen Steingeschossen ließen sich unterschiedliche Ziele verfolgen: Zum einen wäre hier der direkte Beschuß der Mauern zum „Abkämmen“ der Zinnen oder gar dem Versuch der direkten Breschelegung zu nennen, zum anderen ließ sich die Mauer auch überwerfen, um Sach- und Personenschaden im Innern des festen Platzes zu verursachen. Schließlich konnte beim Überwerfen der Mauer auch noch ein weiterer Aspekt im Vordergrund stehen, nämlich die psychologische Wirkung, die sich durch das ständige schutzlose Ausgesetztsein gegenüber dem feindlichen Beschuß ergab.

Diese Vielfalt der militärischen Ziele – allein bei der Verwendung von Steingeschossen – traf indes nur für den Belagerer eines festen Platzes zu. Für die Verteidiger, die in nahezu allen Fällen ebenfalls über Gewerfe verfügten, gab es in der Regel nur ein Ziel: die Ausschaltung des gegnerischen Gewerfes![94] Dieser Unterschied in An-

---

88 Vgl. zum historischen Umfeld auch: Feuerle, Mark: Garnison und Gesellschaft – Nienburg und seine Soldaten (Schriftenreihe der Neuhoff-Fricke Stiftung), (= Diss. Uni Vechta, 2003) Bremen 2004.

89 Vgl. hierzu: Renner, Johann: Chronica der Stadt Bremen. Staats- und Universitätsbibliothek Bremen, Brem.a.96 (Bd. 1) und Brem.a.97 (Bd. 2); sowie eine Transskription bei: Klink, Lieselotte: Johann Renner – Chronica der Stadt Bremen, Bremen 1995. Hier die Abschnitte: fol. 291v-294r.

90 „[...] Tor stundt weren de Bremers wedder wach, und reiseden mit 300 glavigen int hertochdom Luneborch, unnd deden teinmal mehr schaden wedder, mit rove und brande, und heerden im lande dar men keins weges her dachte [...]“. Vgl.: Renner: Chronica, fol. 293v.

91 „[...] togen uth und wunnen de Drakenborch, unnd branden se wedder de erden, togen darna mit bussen, bliden unnd wercke vor Twischensee [...]“. Vgl.: Renner: Chronica, fol. 293v.

92 Vgl.: Milger, Peter: Die Kreuzzüge, München 1988, S. 106.

93 Tatsächlich behauptet Huuri, daß in der ersten Phase des Ziehkrafthebelwurfgeschützes Steine die einzigen verwendeten Geschosse waren. Vgl.: Huuri: Geschützwesen, S. 141.

94 Eindrucksvoll belegen dies die verschiedensten Passagen der Historia Albigensis, in denen die Verteidiger entweder mit verzweifelten Ausfällen oder aber mit Hilfe eigener Gewerfe versuchten, das feindliche Gewerf auszuschalten. So auch bei der Belagerung von Penne im Jahre 1212: „[...] Einige Tage später stellten die

Abb. 100: Gedenkstein vor Schloß Ricklingen.

Unsrigen [...] Steinschleudern auf, um die Burg zu beschießen. Als diejenigen in der Burg das sahen, richteten sie ebenfalls Steinschleudern auf, um die unseren zu stören und zu behindern. Sie warfen große Steine in sehr dichter Folge und bedrängten die unsrigen nicht wenig [...]". Vgl.: Pierre des Vaux-des-Cernay: Historia Albigensis. Migne PL 213, 636C.

Abb. 101: Steingeschoß auf dem Denkmal vor Schloß Ricklingen.

griff und Verteidigung läßt sich schnell erklären. Während nämlich der Verteidiger ein festes Ziel mit einer hohen Dichte an Mannschaften, Gesinde, Vieh, Wagen und baulichen Einrichtungen bot, verbrachte der Angreifer alles nicht unmittelbar für die Belagerung benötigte Gerät und Personal in das Hauptlager außerhalb der Reichweite der feindlichen Gewerfe. Als Ziele blieben dem Belagerten infolgedessen nur die verstreut stehenden Mannschaften[95] und die gegnerischen Gewerfe, die sich notwendigerweise in Wurfweite befinden mußten, um selbst gegen die Belagerten wirken zu können.[96] Der Einsatz von Hebelwurfgeschützen war jedoch bei dieser Art des Kampfes noch lange nach der Erfindung der Pulverwaffe auch für die Verteidiger von unschätzbarem Wert, wie dies noch 1624 in Johannes Schwachiums Buch „Von der Artigliaria“ zu lesen ist. Über besagte Belagerung Rheinfeldens schreibt er: „[...] Auch zu der Zeit, da

95 Zwar war ein direkter Personentreffer sehr unwahrscheinlich, doch hat es offenbar auch hier spektakuläre Ausnahmen gegeben. So berichtet Wilhelm von Tudela davon, daß Simon von Montfort durch den Steinwurf eines „Trebuchet“ getötet wurde, dessen Bedienungsmannschaft angeblich aus zwei alten Frauen bestand. Nach Angabe Jim Bradburys ist dieser Vorgang zudem in einer zeitgenössischen Skulptur festgehalten, die leider bisher unveröffentlicht ist. Vgl.: Chanson de la Croisade Albigeoise, ed. E. Martin Chabot, Bd. 3, Paris 1961, S. 206; sowie: Bradbury: Siege, S. 136. Daneben scheint auch der Tod Herzog Albrechts von Sachsen durch den direkten Treffer eines Wurfgeschosses für das Jahr 1385 während der Belagerung des Schlosses Ricklingen belegt. Noch heute ist vor dem Schloß ein Denkmal mit dem fraglichen Geschoß zu sehen, welches mit Eisenbändern am Gedenkstein befestigt ist. Vgl. hierzu: Mithoft, Wilhelm H.: Kunstdenkmale und Alterthümer im Hannoverschen, Bd. I, Hannover 1871, S. 163-165; sowie: Hucker, Bernd Ulrich: Drakenburg – Weserburg und Stiftsflecken, Drakenburg 2000, S. 138.

96 So soll bei der Belagerung Tortonas im Jahre 1155 eine der Kriegsmaschinen Friedrich Barbarossas durch den Wurf eines städtischen Gewerfs zerstört worden sein. Vgl.: Ottonis et Rahewini Gesta Friderici I. imperatoris, ed. Georg Waitz u. Bernhard von Simson MGH SS rer. Germ. in us. schol. XLVI, 1912, a.a. 1155.

Abb. 102: Umzeichnung des Denkmals vor Schloß Ricklingen nach Wilhem Mithoff.

man unsere Geschütz allbereit erfunden, sind noch dieselben alten Inventiones noch oftmals mit grösserem nutz als die newen gebraucht worden. Bey der Belagerung des schlosses Reinfelden, Anno 1444 schreibt Münsterus, daß ein solch Instrument [...] das beste gethan [...] habe. In Belagerungen kundten sich die Belagerten solcher ihrer Art der mancherley Geschoß kegen die Feinde draussen mit grossem nutz und macht gebrauchen [...].“[97]

Der Versuch, sich mittels eigener Gewerfe gegen den Belagerer zu erwehren, hat zahlreiche Städte schon früh zur Anschaffung eines ganzen Arsenals verschiedener Gerätschaften bewogen, die in der Regel zerlegt im Zeughaus aufbewahrt und für den Verteidigungsfall bereitgehalten wurden.[98]

Das erforderliche Maß an Treffsicherheit wurde bei den Steingeschossen vor allem über das Zurechtschlagen von geeigneten Findlingen oder Bruchsteinen auf das erforderliche Gewicht erreicht. So zeigen die noch erhaltenen Steingeschosse oftmals zahlreiche Schlagstellen und eine annähernd runde Form, was die Unterscheidung von Geschossen früher Steinbüchsen zum Teil erschweren kann.[99] Ein hervorragendes Bei-

97 Vgl.: Schwach, Johannes: Von der Artigliaria, Dresden 1624, fol. 18v.

98 Neben den zahlreichen Belegen aus Rechnungsbüchern zeigt dies auch die Stadtordnung von Siena aus dem Jahre 1262, die sich unter anderem ausführlich mit den zur Verfügung stehenden Geschützen und Gewerfen beschäftigt. Vgl.: Constituto del comune di Siena dell anno 1262, ed. Arnoldo Forni, Nd. Mailand 1897.

99 Vgl. hierzu die vergeleichende Abbildung bei: Schmidtchen: Kriegswesen, S. 163.

Abb. 103: Eine Abbildung der „Annales januenses" zeigt, wie Angreifer und Verteidiger bei der Belagerung Savonas das Hebelwurfgeschütz nutzen.

spiel für den gegenseitigen Beschuß mit Steingeschossen zeigte schon der Bericht Johann Prigges aus den 40er Jahren des letzten Jahrhunderts, der von der Fachwelt bisher nur wenig beachtet wurde.[100] Dies ist umso bedauerlicher, als es sich hierbei lange um den einzigen archäologischen Bericht über einen mittelalterlichen Belagerungsort handelte, der einen genauen Einblick in die Wirkungsweise mittelalterlicher Gewerfe bot.

Der von Prigge untersuchte Ort befindet sich im heute trockengelegten Beckdorfer Moor, 10 km südwestlich von Buxtehude. In mittelalterlicher Zeit befand sich hier inmitten eines flachen Sees, auf einer Geestinsel gelegen, die Burg Heinrich IV. von Borch.[101] In Folge seines räuberischen Verhaltens und mehrerer Auseinandersetzungen mit seinen Nachbarn und dem Erzbischof von Bremen[102] kam es 1311 zur Belagerung der Burg, bei der auch Gewerfe eingesetzt wurden.[103] Schon Jahrzehnte vor den Untersuchungen Prigges stießen die Bauern bei ihren Feldarbeiten und im Zuge des Torfabbaus immer wieder auf runde, grob behauene Granitsteine von etwa 32-36 cm Durchmesser. Die Funde waren so ergiebig, daß sie zum Großteil für den Bau umliegender Straßen verwendet wurden.

Während des intensiven Torfabbaus der 30er Jahre stieß man indes auf eine sehr starke Häufung der Funde innerhalb eines etwa 30 m breiten und 100 m langen Korridors. Eine starke Anhäufung horizontal liegender Holzfunde, sowie die Überreste von Pfählen, die in den früheren Seegrund gerammt waren, ließen an dieser Stelle auf eine hölzerne Brücke schließen.[104]

Außerhalb dieses Korridors fanden sich im gesamten Umkreis nur wenige der ca. 50 kg schweren und zwischen 100 und 116 cm im Umfang messenden Steine. Eine Ausnahme bilden zwei, einige hundert Meter entfernt liegende Punkte, an denen die Steine offenbar zurechtgehauen wurden. Hier fand sich eine große Menge von Gesteinsfragmenten, die vermutlich beim Zuhauen der Steine übriggeblieben waren. In-

100 Vgl.: Prigge: Steingeschoßfunde; aber auch seinen später erschienenen, jedoch kaum ergänzten Beitrag: Prigge, Heinrich: Burg Tannensee bei Beckdorf im Kreise Stade. In: Harburger Jahrbuch 1958, S. 66-83.

101 Zur Person Heinrich IV. von Borch vgl. vor allem: Trüper, Hans G.: Ritter und Knappen zwischen Weser und Elbe – Die Ministerialität des Erzstiftes Bremen (= Schriftenreihe des Landschaftsverbandes der ehemaligen Herzogtümer Bremen und Verden, Bd. 12), Stade 2000, S. 58, 307, 326-331, 388f.

102 Eben diese „Konfliktfreude" trug ihm innerhalb des heimischen Sagenschatzes den Beinamem „Isern Hinnerk", also „Eisernerner Heinrich", ein. Vgl.: Trüper: Ritter und Knappen, S. 328.

103 Die Renner-Chronik verzeichnet diesbezüglich: „[...] worpen dat [slott] mit bliden [...] und wunnen dat, dar fingen se Hinrich van Borch mit syner selschop [...]". Vgl.: Renner: Chronica, fol. 224v.

104 Vgl.: Prigge: Steingeschoßfunde, S. 140.

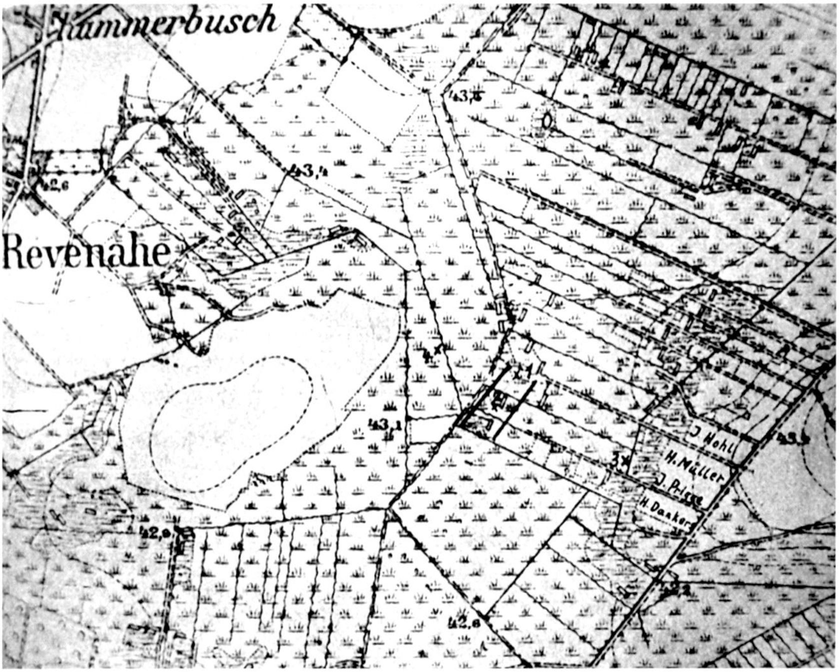

Abb. 104: Lagekarte der Burganlage 1932.

nerhalb des Korridors lagen die Steine zum Teil so dicht, daß sie den Torfabstich erheblich behinderten. Insgesamt, so die Angabe Prigges, wurden mehr als 800 (!) dieser Steinkugeln gefunden. Zwei dieser Geschosse sind in Abb. 105 zu sehen.[105] Der Standort der Burg für das nördliche Ende des Korridors ist durch die in den 30er Jahren dort noch vorhandenen Ruinenfragmente eindeutig belegt.

Abb. 105: Von Johann Prigge gefundene Steingeschosse aus dem Beckdorfer Moor.

Aus den geschilderten Funden läßt sich vermuten, daß Angreifer und Verteidiger sich entlang der zur Burg führenden Brücke beschossen haben. Beide Kontrahenten

105 Vgl.: Prigge: Steingeschoßfunde, S. 139.

Abb. 106: Erste Suchschnitte auf dem Burghügel im Jahr 2002.

müssen über mindestens ein Gewerf verfügt haben, da sich die relativ gleichmäßige Verteilung innerhalb des Korridors ansonsten nicht erklären läßt.[106] Leider wurden die damals noch vorhandenen oberirdischen Überreste auf dem „Bürghügel" in den 1960er Jahren abgeräumt, um die Nutzung als Weideland zu ermöglichen. Erst in jüngster Zeit wurden erneut archäologische Anstrengungen unternommen, um diesen bedeutsamen Fundplatz unter wissenschaftlichen Gesichtspunkten auszuwerten.[107] Die noch zu veröffentlichenden Ergebnisse könnten – trotz der zweifellos bereits bestehenden schweren Störungen des Bodens – zu einer der genauesten Nachzeichnungen eines mittelalterlichen „Artilleriegefechtes" führen, über die wir verfügen. Bereits jetzt lassen erste Folgerungen aus den Grabungskampagnen des Sommers 2003 den Schluß zu, daß die Angreifer nicht allein über ein Gewerf in der Nähe des Brückenkopfes des Knüppeldamms, sondern über ein weiteres, etwa am westlichen Waldrand stationiertes Hebelwurfgeschütz verfügten. Auch waren die verwendeten Steine nicht in dem Maße von einheitlicher Größe und Gewicht, wie dies Prigge noch angenommen hatte. Unter Berücksichtigung der Fundaufnahmen Prigges, der neu erfolgten Grabungen und dem Vergleich dieser Ergebnisse mit dem noch nicht ergrabenen Terrain des Platzes läßt sich insgesamt auf eine Geschoßmenge nicht unter 1500 Steinen schließen. Die hohe Zahl der Geschosse, die sich auch außerhalb der Burganlage im ehemaligen Tannensee fanden, läßt sich bei der insgesamt hohen Treffergenauigkeit der Hebelwurfgeschütze vermutlich nur mit dem Versuch der Burgbesatzung erklären, den während der winterlichen Belagerung zugefrorenen Tannensee regelmäßig mit Hilfe der schweren Geschosse aufzubrechen und so eine Begehbarkeit der Seeoberfläche für den Gegner zu verhindern.[108]

---

106 Vgl. hierzu auch die abschließenden Folgerungen bei: Prigge: Steingeschoßfunde, S. 142.

107 Vgl. hierzu: Alsdorf, Dietrich: Isern Hinnerk – einem Mythos auf der Spur. In: Archäologie in Niedersachsen, Bd. 6 (2003), S. 69-71.

108 Auskünfte des zuständigen Archäologen Dietrich Alsdorf gegenüber dem Verfasser bei einer Begehung vor Ort.

Abb. 107: Neuerer Steinfund im Beckdorfer Moor.

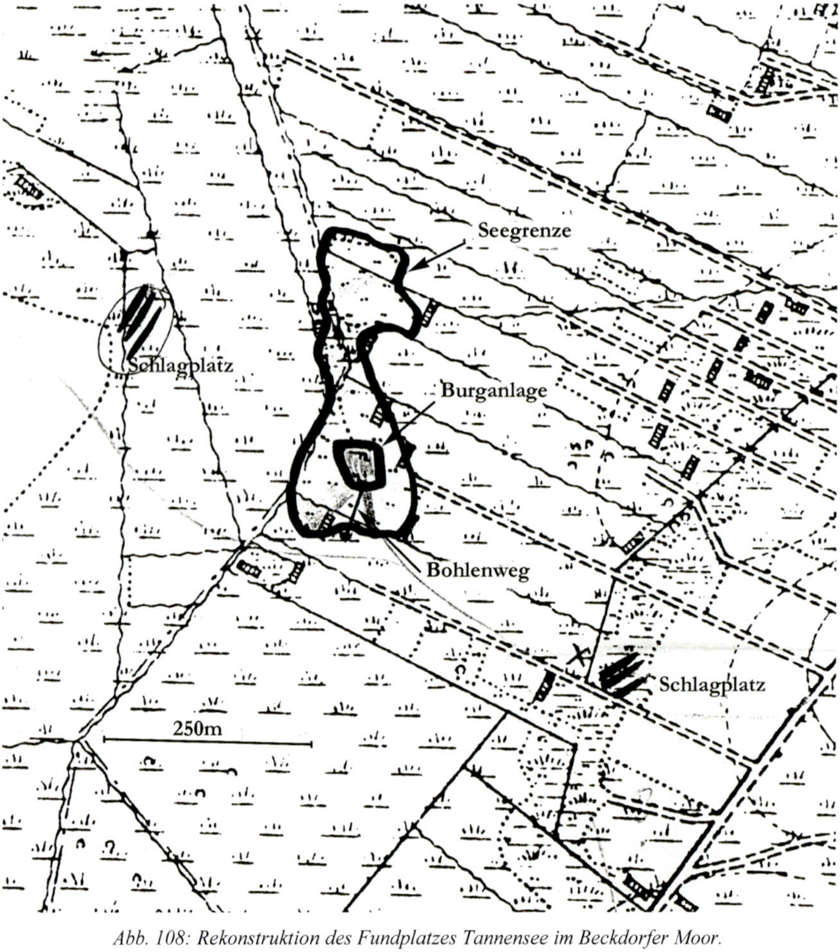

Seegrenze
Schlagplatz
Burganlage
Bohlenweg
Schlagplatz
250m

Abb. 108: Rekonstruktion des Fundplatzes Tannensee im Beckdorfer Moor.

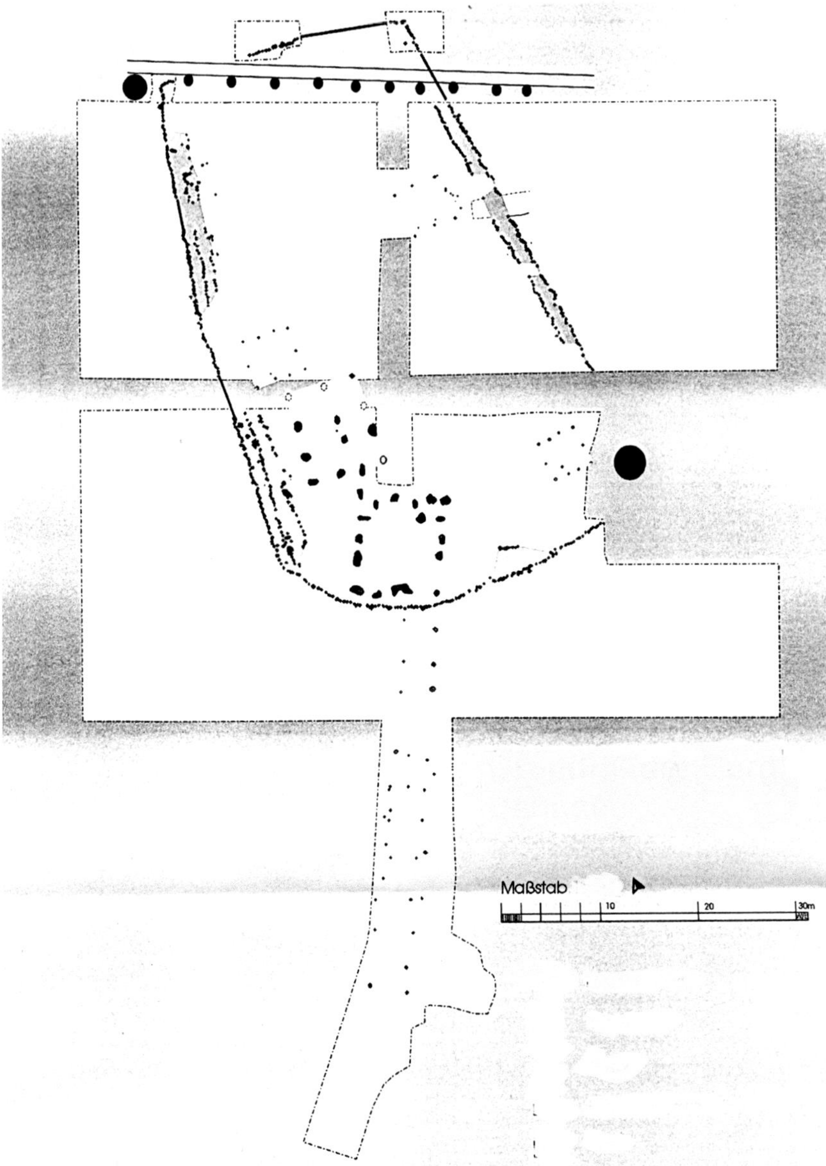

Abb. 109: Lageplan der Burg Tannensee bei Beckdorf mit Darstellung der ergrabenen Flächen.

Abb. 110: Ausgrabungsfläche der Burg Tannensee bei Beckdorf. Im Vordergrund der Bohlenweg zur Burganlage.

Ähnlich zurechtgehauene Steingeschosse, wie sie Prigge vorfand, lassen sich zum Teil auch heute noch an einigen Orten abseits des Beckdorfer Moores finden. So zeigt Abb. 111 beispielsweise ein vom Autor auf der Lauenburg im Lahntal vorgefundenes Geschoß, das bei Aufräumarbeiten des Schloßherrn im dortigen Keller der Burg entdeckt wurde. Das eindeutig behauene Geschoß hat einen Durchmesser von ca. 27 cm und besteht aus relativ leichtem, tuffartigem Gestein, was eine Verwendung als Steinbüchsengeschoß ausschließt. Nach Auskunft des zuständigen Bezirksarchäologen ist es vermutlich aus Eifelgestein gefertigt worden, was für einen längeren Transport und die große Bedeutung geeigneter Steingeschosse sprechen würde.[109]

Abb. 111: Steingeschoß aus dem Lahntal.

Auch die Ausgrabungen der römischen Thermen bei Zülpich im Jahr 2001 förderten als Nebeneffekt das Geschoß eines Hebelwurfgeschützes zu Tage, das in seinen Dimensionen den Beckdorfer Funden sehr nahe

109 Diese Bedeutung geeigneter Steingeschosse wird nicht zuletzt durch den Hinweis Marinus Sanutus unterstrichen, daß der korrekte Wurf erheblich von Gewicht und Beschaffenheit des zu werfenden Steines abhängt. Vgl.: Marinus Sanutus (Ed. Schneider): Liber secretorum, Lib. II S. IV cap. 22.

Abb. 112: Wurfgeschoß aus dem Keller einer Propstei bei Zülpich (Euskirchen).

kommt.[110] Im Zuge der Freilegung eines Kellergeschosses der ehemaligen Propstei fand sich ein auffälliger, etwa 34 cm durchmessender quarzitischer Sandstein von 52 kg Gewicht.[111] Die Form des grob behauenen Steines zeigte sich annähernd rund, ohne die exakte Glättung, die für die Verwendung als Steinbüchsengeschoß notwendig gewesen wäre. Im Gegensatz zu den Funden im Beckdorfer Moor, die offensichtlich nicht in ihrer Form, sondern lediglich zur exakten Gewichtsjustierung behauen wurden, zeigte das Zülpicher Geschoß eine durchgehende Beschlagung, die schließlich die annähernde Kugelgestalt herbeiführte. Zudem fand sich eine ovale, abgeflachte Stelle, von der die vor Ort tätigen Archäologen annehmen, sie habe als „Aufstellfläche“ gedient. Eine kreuzförmige Markierung der Steinkugel könne zudem möglicherweise auf eine Klassifizierung der Gewichtsgruppe hinweisen.[112] Ob letztere Vermutungen tatsächlich einen neuen Aspekt innerhalb der bisherigen Geschoßuntersuchungen darstellen oder als Überinterpretation gewertet werden müssen, läßt sich aus diesem Einzelfund nur schwer beurteilen. Immerhin scheint es auch bei Geschoßfunden in Weißensee und vor der Runneburg in Thüringen ähnlich abgeflachte Geschoßbereiche gegeben zu haben.[113] Insgesamt zeigt sich bei einem Vergleich mit den Beckdorfer Funden deutlich der Unterschied zwischen vorbereiteten und für den Ernstfall eingelagerten Geschossen und jener „Munition“, die bei einem langwierigen „Artilleriegefecht“ herangeschafft und über den Zeitraum von mehreren Tagen in schneller Frequenz verschossen wurde. Allein das Gewicht, dessen genaue Bestimmung eine Voraussetzung zielgerechter Geschoßplatzierung war, spielte in allen Fällen eine wichtige Rolle und gab den Anstoß zur Beschlagung des oftmals in unmittelbarer Nähe des Belagerungsortes aufgefundenen Steinmaterials.

Dem Wunsch nach einem möglichst exakten Geschoßgewicht entsprang vermutlich auch der recht ungewöhnliche Vorschlag zur Fertigung von Geschossen, wie er in Abb. 113 zu sehen ist.[114] Die Darstellung entstammt der erst jüngst der Forschung ge-

110 Vgl. hierzu: Dick, Hans-Gerd / Wagner, Paul: Kailber 344 Millimeter – ein mittelalterliches Blidengeschoß aus Zülpich. In: Archäologie im Rheinland 2001, hrsg. v. Landschaftsverband Rheinland, Stuttgart 2002, S. 135-137.

111 Vgl.: Dick / Wagner: Kaliber 344, S. 135f.

112 Vgl.: Dick / Wagner: Kaliber 344, S. 136f.

113 Vgl.: Dick / Wagner: Kaliber 344, S. 137.

114 Vgl.: Codex Ms. Rh. hist. 33b Zentralbibliothek Zürich, fol. 87r.

Abb. 113: Herstellung von Geschossen in einem Brennofen. (Mitte 15. Jahrhundert).

genauer vorgestellten Rheinauer Waffenhandschrift „Ms. Rh. Hist. 33b“,[115] die sich im Besitz der Zentralbibliothek Zürich befindet und vermutlich zwischen 1420 und 1440

115 Als einzige Arbeiten liegen hierzu die Untersuchungen Giulio Grassis vor, der sich allerdings weitgehend auf die allgemeine Einordnung und Beurteilung der Handschrift beschränkt hat, ohne auf Detailfragen im

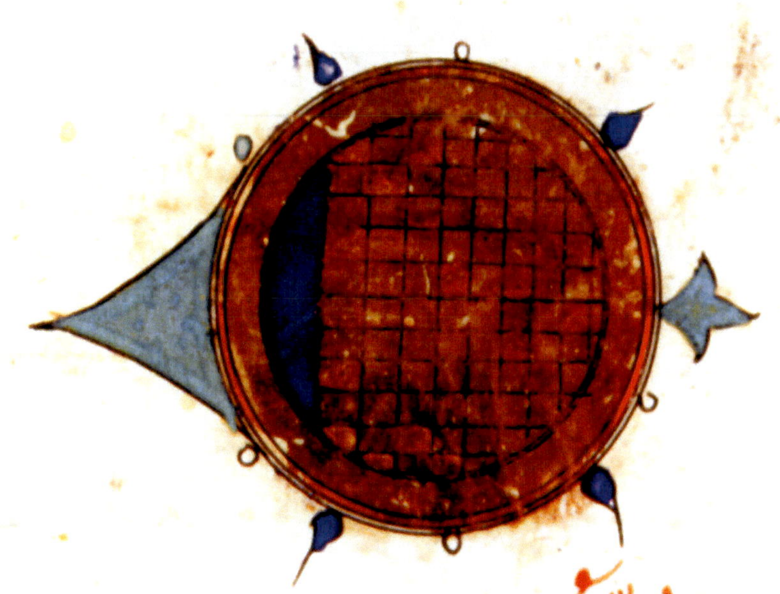

Abb. 114: Arabische Miniatur eines tönernen Geschosses mit Luftlöchern für die Befüllung mit Skorpionen oder Schlangen vor 1373 aus Ibn Aranbuga az-Zardkas Werk Kitab al-Aniq fi l-managniq („Hübsches Buch über Steinwurfmaschinen").

zu datieren ist.[116] Die Überschrift des Bildes – „Dy pachen stain sint gut der sy recht machen dut" – zeigt deutlich die Absicht des Autors, der vorschlägt, geeignete „Steine" einfach im Brennofen herzustellen. Um den Vorgang des Brennens der Geschosse möglichst plastisch zu gestalten, hat der Zeichner hier in die oberen Reihen des Brennofens Dachziegel gemalt.[117] Dieser bisher vermutlich singuläre Hinweis auf die Herstellung gebrannter Geschosse dürfte indes in der Praxis wenig erfolgreich gewesen sein, da ihre Wirkung, im Gegensatz zu ihrer Zielgenauigkeit, als äußerst gering einzuschätzen ist.

Der hohe Wert der Hebelwurfgeschütze – insbesondere der schweren Gegengewichtshebelwurfgeschütze – bestand indes gerade darin, nicht nur Steingeschosse zu werfen, sondern eine ganze Reihe weiterer Möglichkeiten der Bestückung aufzuweisen. Nahezu alles, was Schaden stiften oder den Gegner demoralisieren konnte, wurde dabei zur Munitionierung verwendet. Bienenkörbe und Gefäße mit giftigen Tieren, wie

---

Einzelnen einzugehen. Vgl.: Grassi, Giulio: Ein Kompendium spätmittelaterlicher Kriegstechnik aus einer Handschriftenmanufaktur (ZBZ, Ms. Rh. hist. 33b). In: Technikgeschichte, Bd. 63 (1996), Nr. 3, S. 195-236; sowie: Grassi, Giulio: Ms. Rh. Hist. 33b – Eine kriegstechnische Bilderhandschrift aus dem Spätmittelalter im Besitze der Zentralbibliothek Zürich. Lizentiatsarbeit am Historischen Seminar Zürich, Typoskript, Zürich 1994. Zur Einordnung der Handschrift aber auch: Leng: Ars belli, Bd. 2, S. 417-422.

116 Vgl.: Grassi: Eine kriegstechnische Bilderhandschrift, S. 34.

117 Die Deutung Grassis, es handle sich hierbei um ein Zeughaus, in dessen oberen Reihen Beutelkartuschen aufbewahrt würden, scheint bei genauer Betrachtung des Bildes und unter Berücksichtigung der Überschrift abwegig. Vgl.: Grassi: Eine kriegstechnische Bilderhandschrift, S. 171.

Abb. 115: Werfen von Fassbomben in einer Darstellung der Rheinauer Waffenhandschrift.

Schlangen oder Skorpionen,[118] vor allem aber Fässer mit siedendem Öl, vergorenem Käsewasser, Urin oder Kot waren dabei oft verwendete Kampfmittel. Ein Beispiel hierfür bietet auch die Rheinauer Waffenhandschrift, wie in Abb. 115 zu sehen ist.[119] Die Bildüberschrift lautet in diesem Fall: „Mit dissem feslin macht man gestanck dem hus dein".[120] Das Wort „gestanck" ist in diesem Fall zwar einerseits durchaus im wörtlichen Sinne, vor allem aber vor dem Hintergrund der „Miasma-Theorien" des Mittelalters und der Frühen Neuzeit zu verstehen. Da man von einer Ausbreitung ansteckender Krankheiten infolge übler Gerüche ausging, lassen sich quellentypische Bemerkungen des „Gestank machens" eindeutig mit der Formel des „Krankheiten verbreitens" übersetzen. Die katastrophalen Pesterfahrungen des 14. Jahrhunderts hatten indes als grausamer Lehrmeister auch die Möglichkeiten des Abwehrverhaltens gelehrt. So verhinderte 1422 der Einsatz großer Mengen Löschkalks die Ausbreitung von Krankheiten in der durch Hussiten belagerten Burg Karlstein (bei Prag). Die Belagerer hatten zuvor 1800 Fässer mit Jauche in die Festung geschleudert und auf den üblichen Erfolg einer Kapitulation der Besatzung[121] oder deren Ableben in Folge von Krankheit gehofft.[122]

Auch bei Conrad Kyeser findet sich eine Reihe von Vorschlägen für die Herstellung wirksamer Geschosse. Insbesondere Feuergeschosse scheinen ihm dabei von gro-

118 Solche Tongefäße, wie hier etwa auf einer Miniatur des 14. Jahrhunderts zu sehen (Abb. 114), fanden vor allem im arabischen Kulturraum verwendung. Vgl.: Az-Zardkas, al-Aniq, Istanbul, Topkapi-Serayi, Ahmed III, Ms. 3469. Hier aus: Sezgin, Fuat: Kriegstechnik des arabisch-islamischen Kulturraumes, S. 481.

119 Vgl.: Codex Ms. Rh. Hist. 33b, fol. 15v.

120 Weitere Bildbelege auch bei: Schmidtchen: Kriegswesen, S. 164; Schmidtchen: Militärische Technik, S. 391; Piper: Burgenkunde, S. 386; sowie: Gohlke: Geschützwesen, S. 387ff;

121 Eine solche war beispielsweise 1333 nach dem Einsatz von Fäkalienfässern erfolgt, als Berner und Straßburger Truppen die Burg Schwanau im Elsaß belagerten. Vgl. hierzu: Winkle: Kulturgeschichte der Seuchen, S. 454, Fn. 112.

122 Vgl.: Winkle: Kulturgeschichte der Seuchen, S. 454.

ßer Wichtigkeit zu sein. So lautet die Unterschrift zu Abb. 116: „[...] Die gefertigten Pulver wirst Du hier vollendet / In diese Sprenggeschosse füllen, fortfliegt das sprengende Feuer / Zerstörend, was es trifft, so werden viele Schäden folgen [...]“.[123]

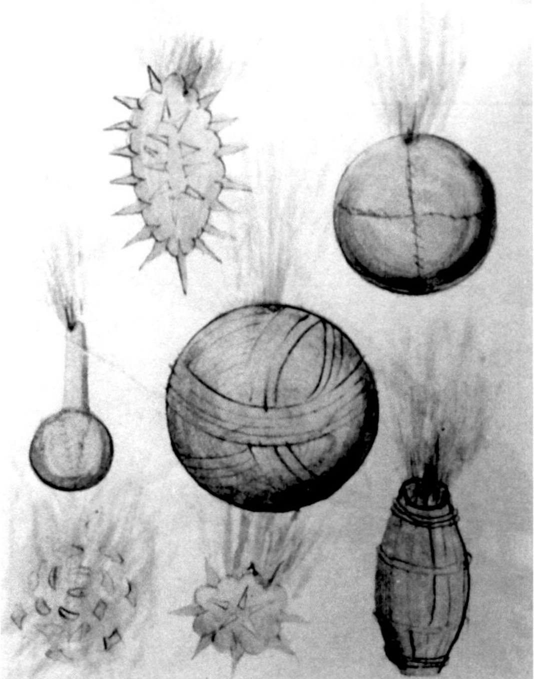

Abb. 116: Brandgeschosse nach C. Kyeser.

Der Feuerschaden, den die Brandgeschosse anrichteten, war vermutlich nicht das einzige Ziel, das der Angreifer mit ihnen verfolgte. Hinzu kam der Vorteil der Zerfaserung der gegnerischen Kräfte, die nun zugleich kämpfen und löschen mußten. Auf diesen Umstand hat auch Taccola im „De rebus militaribus“ hingewiesen, wenn er schreibt: „[...] Wichtig ist, daß die Stadt selbst, sobald die Stadt in Brand gesteckt ist und ein Haus brennt, das sich innerhalb von ihr befindet, sofort bekämpft werden muß, weil die gesamte Stadt unter Waffen steht und die Stadtbewohner nicht das Feuer löschen und die Stadtmauern verteidigen können [...]“.[124]

Neben den Brandgeschossen, die seit dem 13. Jahrhundert verstärkt eingesetzt wurden,[125] konnte von schweren Hebelwurfgeschützen jede Form von Aas, bis hin zu kompletten Eseln oder Pferden geworfen werden. Die Wirkung, die das Einschlagen eines solchen bis zu fünfhundert Kilogramm schweren und oftmals halb verwesten Kadavers auf die Besatzung einer Feste oder die Einwohner einer Stadt gehabt haben mag, ist nur schwer einschätzbar. Sie ist jedoch von den Zeitgenossen offenbar als erheblich eingestuft worden, wie auch die Bildunterschrift zu Abb. 117 belegt, die den

123 „[...] Pulveros confectos hic tu repones perfectos / Ad dracones istos evolat ignis laceratus / Frangens id quod carpit ita dampna plura secuntur. [...]“ Vgl.: Kyeser: Bellifortis, fol. 109v.

124 „[...] Notandum est sicuti oppidum est focatum et eius intus domus ardens statim oportet ipsum oppidum bataliari quia totum oppidum est sub armis et non posunt oppidanei stingere ignem et defendere oppidi menia etc. [...]“ Vgl.: Taccola: De rebus militaribus, Ed. Knobloch, S. 141.

125 Vgl. hierzu einen der frühesten europäischen Belege für das Werfen von Feuer in der Chronik Heinrichs von Lettland: „[...] Paterellis ignem et lapides in castrum prjicient. [...]“ Vgl.: Heinrici Chronicon Lyvoniae. Ed. G. H. Pertz, MGH SS XXIII, Hannover 1874, S. 305-306. Zu Heinrich von Lettland und seinen Erwähnungen des Einsatzes schwerer Wurfmaschinen während der Kreuzzüge in Estland in den Jahren 1208-1227 vgl. vor allem: Mäesalu, Ain: Heitemasinad muistses vabadusvoitluses (Wurfmaschinen im frühgeschichtlichen Freiheitskampf). In: Muinasaja loojangust omariikluse läveni, Tartu 2001, S. 69-106.

Zeugbüchern Kaiser Maximilian I. entstammt[126] und in der es in leicht derb-humoristischer Art heißt: „Wann man ein schloss nicht schiessen mocht / zu demselben bin ich erdocht. / Ich würf darein stein und gestank, / Das inen darin wirdt die weil lang. / Der Kaiser Maximilian / Hat mich zu solchem machen la. [...]“

Abb. 117: Werfen eines Pferdes auf einer Darstellung aus den Zeugbüchern Kaiser Maximilian I.

Weiterhin kam selbst das zu Tode Werfen noch lebender Gefangener oder Gesandter vor, die man ebenfalls mittels Hebelwurfgeschützes auf ihre Seite der Front zurückbeförderte. Neben anderen Quellen schildert uns dies die Chronik der Grafen von Zimmern für die Belagerung der Geroldseckschen Wasserburg Schwanow bei Erstein am Rhein. Nachdem zunächst „[...] durch sonderliche darzu ufgerichte instrumenta [...] stinkenden, faulen assen in das schloss geworfen, dadurch dann die profiant und früchten zugleich den bronnen aller verwüst und verderbt ward [...]“,[127] gaben die Belagerten auf, worauf sogleich zwei gefangene „[...] geroltzeckische büchsenmaister, und darnach der dritt von stetten in schlaudern und instrumenten sampt dem Kat ins schloss zu todt geworfen [...]“.[128]

126 Vgl.: Boeheim, W.: Die Zeugbücher Kaiser Maximilians I. (Jahrbuch der kunsthistorischen Sammlung des Allerhöchsten Kaiserhauses, Bd 13), Wien 1892, S. 157.

127 Vgl.: Zimmersche Chronik, urkundlich berichtet von Graf Froben Christoph von Zimmern und seinem Schreiber Johannes Müller, nach der von Karl Barack besorgten zweiten Ausgabe neu hrsg. von Paul Herrmann, 4 Bde., Meersburg 1932, Bd. I, S. 381.

128 Vgl.: Zimmersche Chronik, Bd. I, S. 381.

Abb. 118: Werfen von Gefangenen nach einer franz. Handschrift des 15. Jahrhunderts.

Ein ähnliches Schicksal wäre in frühen Jahren beinahe auch Wilhelm dem Marschall widerfahren, dessen Leben inzwischen auch Eingang in die populärwissenschaftliche Literatur gefunden hat.[129] Als Fünfjähriger hatte ihn sein Vater, John Marshall, bei der Belagerung New Burys König Stephan als Geisel übergeben. Als John, entgegen seiner Zusage, die Burg New Bury mit Proviant entsetzte, schlug einer der Gefolgsleute Stephans vor, Wilhelm mit einem Gewerf in die Burg zu befördern, was der König jedoch im letzten Moment verhinderte.[130] Dem Bericht der „Histoire de Guillaume le Maréchal" zufolge war Wilhelms Vater jedoch wenig beeindruckt von der Möglichkeit der Hinrichtung seines Sohnes und beschränkte sich auf die lakonische Bemerkung, er habe Hammer und Amboß, um einen neuen zu schmieden.[131]

Eine besondere Variante der psychologischen Kriegsführung, mit der der Gegner terrorisiert werden sollte, war das Werfen abgeschnittener Köpfe, wie es insbesondere zahlreiche Schrift- und Bildquellen der Kreuzzüge dokumentieren.[132] Abb. 119 zeigt eine Illustration zu Robertus de Remigios Beschreibung der Belagerung Nikaias, auf der die christlichen Belagerer die Köpfe ihrer muslimischen Feinde mit einem Gegengewichtshebelwurfgeschütz in die Stadt werfen.[133] Der Kommentar zum Bild lautet hier: „[...] Also behüben die unsern den syg und wurden erfroewet und zugen wider für die stat und stigen wider auff jr gepew und wurffen die todten türcken heüpter mit schlingen und handwerchen in die stat darum dz sy dester vorchtsamer waeren [...]".[134]

129 Vgl.: Duby, Georges: Guillaume le Maréchal oder der beste aller Ritter, Frankfurt/M 1986.

130 Vgl.: Crosland, J.: William the Marshal, London 1962, S. 20; sowie: Anderson, William: Burgen Europas – Von der Zeit Karls des Großen bis zur Renaissance, München 1971, S. 108.

131 „[...] Mais il dist kene li chelait De l'enfant, quer encore aveit les enclumes et les marteals Dunt forgereit il de plus beals [...]". Vgl.: Histoire de Guillaume le Maréchal, hg. von P. Meyer, Bd. I, Paris 1891, S. 513.

132 Vgl.u.a.: Gesta Francorum et aliorum hierosolymitanorum. Anonym. RHC. Occ.III, Paris 1866, VIII, 3; sowie: Alberti Aquensis: historiae, II, 27; und: Kolias, Taxiarchis G.: Byzantinische Waffen – Ein Beitrag zur byzantinischen Waffenkunde von den Anfängen bis zur lateinischen Erorberung (= Byzantina Vindobonensia XVII), Wien 1988, S. 259.

133 Vgl.: Robertus de Remigio: Hienach volgt ein warhaft und bewehrte histori / wie die türcken im anderen geschlecht der unggleübigen die christenlichen kirchen vor vil jaren in manigerly weiß angefochten [...], Augsburg 1482, fol. 18v/S. 36.

134 Vgl.: Robertus de Remigio: ein wahrhaft und bewehrte histori, fol. 18v/S. 36.

Abb. 119: Belagerung Nikaias nach Robertus de Remigio.

Dieselbe Szene vor den Mauern Nikaias ist auch in einer französischen Miniatur des 13. Jahrhunderts belegt, die sich im Besitz der Bibliothéque Nationale befindet[135] und hier in Abb. 120 zu sehen ist.[136] Auch Albert von Aachen hatte dieses Ereignis bereits in seiner „Geschichte des ersten Kreuzzuges“ erwähnt. Nachdem er zuerst die Triumphgebärden der Belagerer mit den Worten schildert: „[...] Den Toten und Verwundeten aber schlugen die Christen die Köpfe ab und schleppten sie am Sattelriemen aufgeknüpft als Siegeszeichen mit sich in ihre Zelte [...]“, fährt der Chronist fort: „[...] Als sich dieser erste Schlachtensturm um Nikaia gelegt, warfen die Pilger die abgeschlagenen Türkenköpfe über die Stadtmauern, um die Herren der Burg und die Wächter der Mauern zu erschrecken. [...]“[137]

All diese „Wurfmittel“ fallen zumeist weniger in den Bereich der direkten Schädigung oder physischen Bezwingung des Gegners als vielmehr in die Kategorie des „Terrorkampfes“, wie ihn Heinrich Angermann in seiner Dissertation über die Einführung der psychologischen Kriegsführung im Mittelalter beschrieben hat.[138] War der Einsatz von Fernwaffen in einem Kriegsgeschehen, das zumindest in seiner Idealvorstellung wesentlich von ritterlichen Vorstellungen des Kampfes geprägt war, von jeher

135 Vgl.: MS fr. 2630, Bibliothéque Nationale, fol. 22v.

136 Vgl. hierzu auch: Milger: Kreuzzüge, S. 75; sowie: Bradbury: Siege, S. 258.

137 „[...] Jam hujus primi belli turbine sedato circa Nicaeam, capita Turcorum amputata intra urbis moenia jactabant, ad terrendos magistros arcis et custodes murorum. [...]“ Vgl.: Albert von Aachen: Geschichte des ersten Kreuzzuges, II, 27f.

138 Vgl.: Angermann: Ausweitung des Kampfgeschehens.

Abb. 120: Belagerung Nikaias nach einer franz. Miniatur.

vielen suspekt gewesen, so galt dies für das „Bewerfen" des Gegners im besonderen. Seinen Ausdruck fand dieses Unbehagen einerseits im frühen Fernwaffenverbot der katholischen Kirche, ausgesprochen auf dem II. Laterankonzil im Jahre 1139,[139] das indes ohne Wirkung blieb und 1215 noch einmal – mit der Beschränkung auf Geistliche – wiederholt wurde. Schon 1139 hatte man indes das Verbot der „todbringenden und Gott verhaßten Waffe" auf den Einsatz gegen Christen beschränkt, da man auf seine Effektivität im Kampf gegen die Ungläubigen nur ungern verzichten mochte. Auswirkungen hatten diese Sanktionen hingegen ebenso wenig, wie die allgemeine Ansicht, daß Verhandlungen nur bis zum ersten Einsatz von Wurfgeschützen statthaft seien und danach der Kampf bis zur bedingungslosen Aufgabe einer Seite geführt werden müsse.[140] Die „Bändigung kriegerischer Gewalt"[141] fand, wie in allen Epochen, ihre Begrenzung dort, wo die religiös oder ideell hinterlegte Rücksichtnahme den taktisch und strategisch notwendig erscheinenden Maßnahmen im Weg zu stehen schien.

Das verheerendste Beispiel für den „Terrorkampf" schildert uns jedoch der Bericht des jungen Notars Gabriele de Mussis aus Piacenza, der in Caffa (dem heutigen Feodosia) auf der Halbinsel Krim lebte.[142] Diese Handelsniederlassung der Genuesen wurde im Jahre 1346 von den Tartaren unter der Führung Djanibek Khans belagert. Nachdem der Versuch, die Stadt auszuhungern, gescheitert und unter den Tartaren völlig unvermutet die Pest ausgebrochen war, schöpften die eingeschlossenen Bewohner bereits Hoffnung, da der Belagerungsring abzubröckeln begann. Was nun geschah, schildert Gabriele de Mussis mit folgenden Worten: „[...] Als die nunmehr von Kampf und Pest geschwächten Tartaren bestürzt und völlig verblüfft zur Kenntnis nehmen mußten, daß ihre Zahl immer kleiner wurde und erkannten, daß sie ohne irgendeine Hoffnung auf Rettung dem Tod ausgeliefert waren, banden sie die Leichen auf Wurfmaschinen und ließen sie in die Stadt Caffa hineinkatapultieren, damit dort alle an der unerträglichen Pest zugrunde gehen sollten [...]".[143]

Es ist aus den Beschreibungen de Mussis leicht zu entnehmen, wie verheerend sich die Aufschläge der toten und mit dem extrem ansteckenden Pestvirus verseuchten Körper auf die „hygienischen Bedingungen" der ohnedies durch die Belagerung geschwächten Stadtbevölkerung auswirken mußten. Die Annahme Arno Karlens, „[...] wahrscheinlich waren es nicht die fliegenden Leichen, sondern die Ratten, die der Stadt die Pest brachten [...]",[144] scheint daher unter Seuchenmedizinischem Gesichts-

139 „[...] Artem autem illam mortiferam et Deo odibilem ballistariorum et sagittariorum adversus Christianos et catholicos exerceri de caetero sub anathemate prohibemus. [...]" Vgl.: Hefele, Carl Joseph: Histoire de conciles d`après les documents originaux Nouvelle traduction francaise corrigée et eugmentée par H. Leclercq, I, Nachdruck der Ausgabe Paris 1907, Hildesheim/New York 1973, can.29, Mansi XXI 534.

140 Vgl.: Schmidtchen: Ius in bello, S. 31.

141 Vgl. hierzu auch: Ohler: Krieg und Frieden im Mittelalter, S. 293-317.

142 Der Originaltext findet sich bei: Gabriele de Mussis: Bericht aus Piacenza 1348. In: Haeser, H.: Geschichte der epidemischen Krankheiten (Lehrbuch der Geschichte der Medizin und der epidemischen Krankheiten III). 3., bearb. Jena 1882, S. 157-161; Eine Übersetzung bei: Bergdolt, Klaus: Die Pest 1348 in Italien. 50 zeitgenössische Quellen. Mit einem Nachwort von Gundolf Keil. München 1989, S. 20f.

143 „[...] Quod Tartari extanta clade et morbo pestifero fatigati, sic defficientes attoniti et undique stupefacti, sine spe salutis mori cinspicientes, cadavera, machinis eorum superposita, intra Caffensem urbem precipitari iubebant, ut ipsorum fectore intollerabili omnino defficerent [...]". Vgl.: Gabriele de Mussis: Bericht aus Piacenza, S. 157f.

144 Vgl.: Karlen, Arno: Die fliegenden Leichen von Kaffa – Eine Kulturgeschichte der Plagen und Seuchen, New York 1995, S. 139f.

punkt haltlos. Im Zusammenhang mit dem Bericht de Mussis von einer „Legende“[145] zu sprechen, verkennt zudem den Quellenwert, der dem Bericht des jungen Notars zweifellos zukommt. Mit dem Ausbruch der Pest in Caffa, der Flucht einiger genuesischer Handelsschiffe und der daraus resultierenden pandemischen Ausbreitung des tödlichen Virus über die kleinteiligen, eng besiedelten Kulturlandschaften Europas, finden wir hier den folgenschwersten Einsatz biologischer Kampfstoffe innerhalb der Geschichte.[146]

Die große Variabilität in der Bestückung des Hebelwurfgeschützes von Steingeschossen, bis hin zu Mitteln früher biologischer Kriegsführung, war es vermutlich, die das Hebelwurfgeschütz noch lange nach dem Aufkommen der Pulverwaffen zu einem beliebten Belagerungsinstrument machte. Dies lag nicht zuletzt an den immer stärker werdenden Befestigungen, die neben dem Aushungern den „Terrorkampf“ oftmals als einzig effektives Mittel für den Angreifer zuließen.[147] Das Hebelwurfgeschütz bot hier Möglichkeiten, die sich durch kein anderes Instrument des Antwerks ersetzen ließen.

3.2 Aufkommen der Pulvergeschütze und schließliches Verschwinden (Vergessen) der Hebelwurfgeschütze

War das Hebelwurfgeschütz während des Hochmittelalters innerhalb des übrigen Antwerks nahezu konkurrenzlos gewesen, so trat mit der ersten Hälfte des 14. Jahrhunderts eine neue Waffe in den Kanon der Belagerungsgeräte, die den Beginn eines neuen Kapitels der Waffengeschichte ankündigen sollte. Mit Aufkommen des Pulvergeschützes, das erstmals 1326 auf einer Miniatur bei Walter von Milimete zu betrachten ist,[148] wurde die Wende eingeleitet von der Nutzung traditioneller mechanischer Prinzipien für militärische Zwecke zum Siegeszug chemischer Elemente.[149] Der Umbruch von der Anwendung des Hebels zum Entzünden eines Salpeter-Schwefel-Holzkohlegemischs fand erst im 20. Jahrhundert eine Entsprechung in der waffentechnischen Revolution, die in der Verwendung der Kräfte der Atomspaltung für kriegerische Auseinandersetzungen zu finden ist.[150] So findet das Pulvergeschütz denn auch noch im Laufe des 14. Jahrhunderts weite Verbreitung in nahezu allen bedeutenden Zeughäusern Europas.[151]

---

145 Vgl.: Karlen: Die fliegenden Leichen, S. 140.

146 Zum Bericht Gabriele de Mussis, der selbst das Sterben auf einem der Fluchtschiffe beobachtete, sowie der genauen pandemischen Verbreitung und der Pest im allgemeinen vgl. die kenntnisreiche und detaillierte Darstellung bei: Winkle, Stefan: Kulturgeschichte der Seuchen, Düsseldorf/Zürich 1997, S. 444ff.

147 Vgl.: McNeil, Ian (Hrsg.): An Encyclopaedia of the History of Technology, London/New York 1990, S. 975: „[...] Indeed, the defences of castles were often so formidable that disease or stavation often became the only means through which the besiegers could gain ultimate succes [...]“.

148 Vgl.: Abb. 121: Walter von Milimete: De nobilitatibus, fol. 79v; sowie Abb. 122: Codex Add. 47680, British Library, f. 44v.

149 Vgl. hierzu: Kramer, Gerhard: Berthold Schwarz, Chemie und Waffentechnik im 15. Jh., München 1995; sowie: Partington, James A.: A History of Greek Fire and Gunpowder, Cambridge 1960.

150 Vgl.: Schmidtchen: Militärische Technik, S. 130; sowie: Parker, Geoffrey: The military Revolution: Technological Innovation and the Rise of the West, 1500-1800; Cambridge 1988.

151 Vgl. hierzu: Gessler, E.A.: Das schweizerische Geschützwesen zur Zeit des Schwabenkrieges, 1499 (Neujahrsbl. der Feuerwerker-Ges.) Zürich 1927-1929; Post, Paul: Waffen- und Kostümgeschichtliche Ausdeutung der Limburger Chronik. In: ZhWK 14 (1935-36), S. 177-183; Rathgen, Bernhard: Feuer- und Fernwaf-

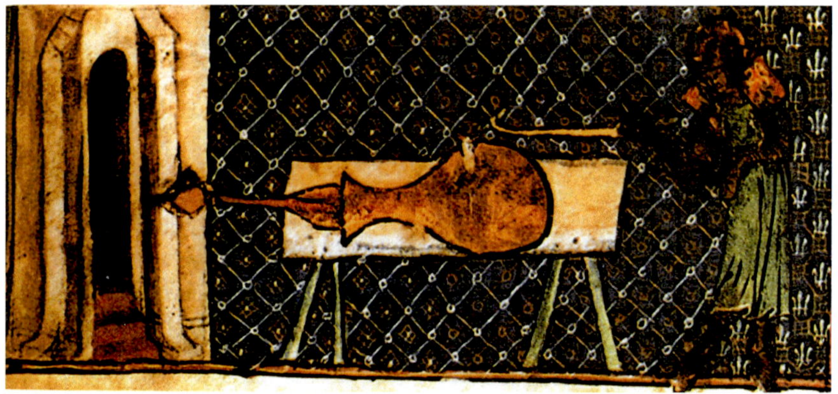

Abb. 121: Früheste Darstellung eines Pulvergeschützes bei Walter von Milimete um 1326.

Abb. 122: Pulvergeschütz nach einer englischen Miniatur um 1326/27.

Wie bereits angemerkt, fand das Hebelwurfgeschütz dennoch, aufgrund seiner vielfältigen Einsatzmöglichkeiten, bis ins 16. Jahrhundert hinein parallel zum Pulvergeschütz Verwendung. Zunächst spielte dabei die im Vergleich zu den frühen Steinbüchsen sehr viel schnellere Wiedereinsatzbereitschaft nach dem „abfeuern" die entscheidende Rolle.[152] Nachdem sich die Schußfrequenz der Pulvergeschütze im Laufe des 15. Jahrhunderts allmählich verbessert hatte und mit Mörsern nun auch das Schießen von Feuer möglich war, sprach vor allem die Möglichkeit des „Terrorkampfes" mit Aas und Fäkalienfässern noch immer für die zusätzliche Verwendung des Hebelwurfgeschützes.[153] Als späteste Daten für den Einsatz gelten, je nach Autor, die Belagerung von Rhodos im Jahr 1480,[154] der Kampf um die mittelamerikanische (sic) Stadt

fen beim päpstlichen Heere im 14. Jahrhundert. In: ZhWK VII, (1915-1917), S. 1-15; sowie: Rathgen, Bernhard: Feuer- und Fernwaffen des 14. Jahrhunderts in Flandern. In: ZhWK VII, (1915-1917), S. 275-306.

152 Vgl.: Schmidtchen: Kriegswesen, S. 200.

153 So wurde in Hannover noch 1433 „[...] eyn nige blyde gemachet [...]", die von erheblichen Ausmaßen war. Vgl.: Grote u. Brönneberg: Hannoversches Stadtrecht. In: Vaterländisches Archiv des historischen Vereins für Niedersachsen 1844, S. 516.

154 Vgl.: Bradbury: Siege 258; und: Brockman, Eric: The two sieges of Rhodos 1480-1522, London 1969, S. 45.

Tenochtitlan im Jahre 1521[155] oder der Tod Herzog Albrechts von Sachsen durch direkten Treffer eines Wurfgeschosses im Jahre 1585.[156]

Wie sich der Vorgang der allmählichen Ablösung des Hebelwurfgeschützes durch das Pulvergeschütz in den zeitgenössischen Quellen niederschlägt, läßt sich anhand einiger ausgewählter Kriegsbücher und Urkunden zeigen:

Als eines der frühesten umfassenden Handbücher für Büchsenmeister enthält beispielsweise bereits das sogenannte „Feuerwerkbuch von 1420"[157] bereits keinerlei Hinweise mehr auf die Möglichkeit, eine der beschriebenen Brandmischungen auch mittels Gewerf zum Einsatz zu bringen. Wie bei einer Reihe anderer Werke auch, überwiegt hier offenbar der Wunsch, allein die neue Technik, nicht aber die traditionellen Methoden der Belagerung zu präsentieren.

Auch das sogenannte „Mittelalterliche Hausbuch",[158] das vermutlich um 1480 entstanden ist,[159] zeigt zwar keinerlei Hebelwurfgeschütz, doch enthält es ein auf Tensionsbasis arbeitendes Gewerf[160] und Christoph Graf zu Waldburg-Wolfegg vermutet diesbezüglich: „[...] nachweislich fehlen sechs Blätter vor der Zeichnung eines Wurfgeschützes, das seine Wurfkraft mittels eines gebogenen Balkens erhält [...]. Vielleicht zeigten sie weitere große Wurfmaschinen [...]".[161]

Diese Annahme ist durchaus naheliegend, wenn man der Vermutung Rainer Lengs folgt, daß die Bilder von Kriegsgeräten eine Zusammenstellung von Zeichnungen des Nürnberger Büchsenmeisters Johannes Formschneider darstellen, dem das Hebelwurfgeschütz dieser Zeit noch bestens bekannt gewesen sein muß. Zu dieser Zeit zeugen nämlich nicht allein verschiedene Drucke[162] von der immer noch vorhandenen Kenntnis um die Möglichkeiten des Hebelwurfgeschützes, auch eine Meldung der Innsbrucker Raitkammer vermerkt für den 5. Juli 1515: „[...] Von den Pleiden oder Schleu-

155 Ohne Quellenangabe behauptet Paul Chevedden den Einsatz eines Gegengewichtshebelwurfgeschützes auf Befehl Hernando Cortez, dem bei der Belagerung des heutigen Mexiko City die Munition auszugehen drohte. Nach Cheveddens Angabe wurde das Gewerf nach wenigen Tagen fertiggestellt, zerstörte sich jedoch beim ersten Wurf selbst, da der Stein senkrecht in die Höhe geschleudert wurde und direkt auf das Gewerf zurückfiel. Vgl.: Chevedden: Trebuchet, S. 86.

156 Ebenfalls ohne Quellenangabe nach: Demmin: Kriegswaffen, Bd. I, S. 850. Es handelt sich hierbei jedoch um einen Irrtum Demmins, da besagter Herzog Albrecht von Sachsen zwar tatsächlich bei der Belagerung des Schlosses Ricklingen, jedoch im Jahre 1385 durch direkten Treffer eines Wurfgeschosses getötet wurde (s. a. Fußnote 95).

157 Vgl.: Das Feuerwerkbuch von 1420, übertr. u. erläutert von Wilhelm Hassenstein, München 1941. Zur Einordnung auch: Leng: Ars belli, Bd. 1, S. 198-221.

158 Vgl.: Das Mittelalterliche Hausbuch, hrsg. von Christoph Graf zu Waldburg-Wolfegg. Edition und Kommentarband. Mit Beiträgen von Gundolf Keil, Eberhard König, Rainer Leng, Karl-Heinz Ludwig und Christoph Graf zu Waldburg-Wolfegg, München/New York 1997; sowie die ältere Ausgabe: Das Mittelalterliche Hausbuch nach dem Originale im Besitze des Fürsten Waldburg-Wolfegg-Waldsee, hrsg. von Helmuth Th. Bossert u. Willy F. Storck, Leipzig 1912.

159 Vgl. hierzu die Ausführungen Christoph Graf zu Waldburg-Wolfeggs im Kommentarband des Mittelalterlichen Hausbuchs, S. 65.

160 Vgl.: Das Mittelalterliche Hausbuch, hrsg. von Christoph Graf zu Waldburg-Wolfegg, fol. 56r.

161 Vgl.: Das Mittelalterliche Hausbuch, hrsg. v. Christoph Graf zu Waldburg-Wolfegg, Kommentbd., S. 98f.

162 U.a. in Birringuccios Pirotechnia, in der es über die Verwendung von Feuerkugeln heißt: „[...] Man kann die Kugel aber auch mit Schleudermaschinen werfen, wie sie die Alten benutzt haben, oder man kann sie auf moderne Art mit Geschützen schießen [...]." Vgl.: Johannsen, Otto: Biringuccios Pirotechnia. Ein Lehrbuch der Chemisch-metallurgischen Technologie und des Artilleriewesens aus dem 16. Jh. Braunschweig 1925, S. 519; oder in einem um 1522 verfassten Bericht über die Belagerung von Rhodos: „[...] So haben sy [...] fewerwerk stayn unnd gestanck hynein geworffen [...]". Vgl.: Rodis belegerung [24 Flugschriften, HAB Wolfenbüttel: 108.17Qudl.1-42] um 1520-1522, fol. 2v.

dern sei nur eine hier, nämlich die grosse, darauf seine Majestät zu Innsbruck den Esel habe werfen lassen [...]".[163]

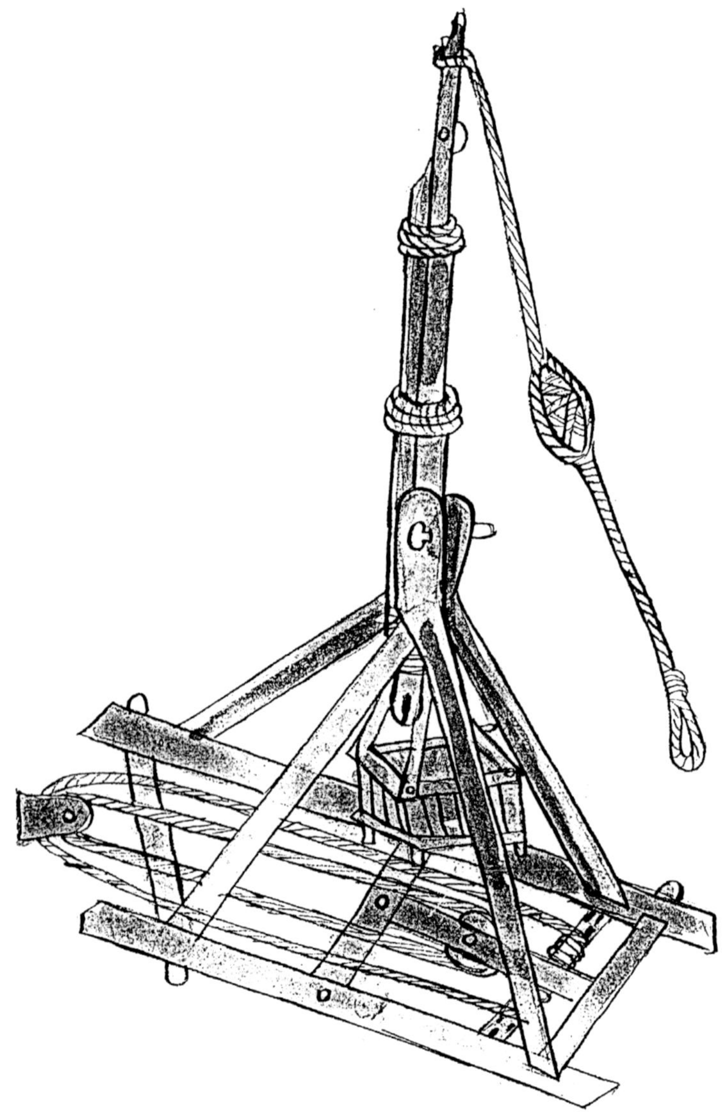

Abb. 123: Hebelwurfgeschütz mit beweglichem Gegengewicht nach einer kolorierten Skizze des 16. Jahrhunderts.

163 Vgl.: Urkunden und Regesten aus dem kk. Statthalterei-Archiv in Innsbruck, Teil II, hrsg. von David Schönherr (Jahrbuch der kunsthistorischen Sammlung des Allerhöchsten Kaiserhauses, Bd. 2), Wien 1884, S. LXX, Ziffer 1202.

Abb. 124: Weit verbreitete Darstellung eines Gegengewichtshebelwurfgeschützes mit Balkenstütze. Nach einem Vegetius-Druck 1511.

Dennoch zeigt sich bereits zur Mitte des 16. Jahrhunderts hin eine deutliche Abnahme um die Kenntnis der traditionellen mechanischen Belagerungswaffen, wie zahlreiche Drucke dieser Zeit dokumentieren.[164] Besonders eindrucksvoll zeigt dies jedoch eine Illustration aus dem Jahre 1540, auf der die Belagerung Trojas durch die Griechen dargestellt werden soll. Die Überschrift zu Abb. 125 lautet daher: „[...] Wie die Trojaner den Sig verloren / unnd die Griechen die Statt belägert haben [...]".[165] Gezeigt wird hier der Beschuß Trojas mit Pulvergeschützen, die hinter Faschinen Deckung genommen haben.

Wie die Troianer den sig verloren/ vnnd die Griechen die statt belägert haben.

Abb. 125: Belagerung Trojas nach einer Illustration von 1540.

164 Keinerlei Hinweise auf Hebelwurfgeschütze enthalten beispielsweise die zur Waffentechnik ansonsten reichhaltigen Drucke: Linck, Wenceslaus: Historia Baleatij Capelle / Wie der Herzog zu Mailand / Franciscus / widereingesetzt ist / vom 21.jar bis inn das 30., verdeudschet durch D. Wencelaum Linken, o.O. 1538. [HAB Wolfenbüttel: T989.4 Helmst.1-17]; Fronsperger, Leonhard: Geschützbuch, Frankfurt am Main 1557; Cyllenius, Dominicus: Dominici Cyllenii Graeci de vetere & recentiore scientia militari omnium bellorum genera, terestria perinde ac navalia, nec non tormentorum rationes complectende, opus, veluti ad quendam artis & disciplinare ordinem red. [...] Venedig 1559; Reinhart Graf zu Solms: Kriegsbuch, Solms 1559; Brechtel, Franz Joachim: Büchsenmeisterei, Nürnberg 1591; Dambach, Christoff: Büchsenmeisterey, Frankfurt am Mayn 1608; Boillot, Joseph: Modeles artifices defeu & divers Instruments de guerre. Das ist künstlich Feuerwerck und Kriegs Instrumenta / allerhandt vöste Orth zu defendirn und expugnirn. Aus dem Französischen transferirt durch Joannem Brantzium Iunior, Straßburg 1603; Wallhausen, Johann Jacobi von: Manuale Militare oder Kriegsz Manual, Frankfurt 1616; De Bry, Johann Theodor: Kunstbüchlein von Geschütz und Feuerwerck, Frankfurt am Mayn 1619.

165 Vgl.: Tatius, Marcus: Dictyn Cretensem, wahrhaftige histori und beschreibung von dem Trojanischen Krieg, Augsburg 1540, S. LXXVIII.

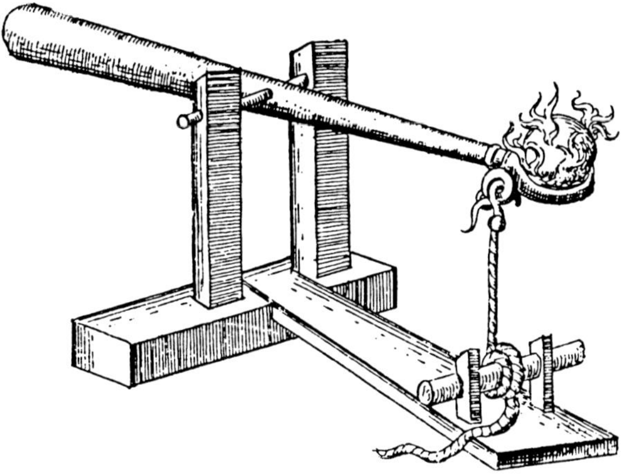

Abb. 126: Werfen von Feuerkugeln mit einem Wurfgeschütz nach einem Druck aus dem beginnenden 17. Jahrhundert.

Zu Beginn des 17. Jahrhunderts – also nach dem definitiven Ende des Einsatzes von Hebelwurfgeschützen – zeigen die Quellen entweder völlige Unkenntnis der mechanischen Belagerungswaffen[166] oder aber beginnen bereits wieder, die Waffen der „Alten“ ob ihrer Wirksamkeit zu diskutieren.[167]

Diese Diskussion ging soweit, daß selbst über die Frage gestritten wurde, ob die Römer bereits über die Technik des Pulvergeschützes verfügten. Hiervon zeugt die bereits erwähnte Schrift Johannes Schwachiums, der im ersten Diskurs „Von der Artigliaria“[168] eben diese Frage ausführlich bespricht und zu dem Ergebnis kommt: „[...] Erstlich zwar ist unleugbar [...] daß die alten Römer und andere ihres gleichen / kriegerische Völcker / allerhand Kriegs instrumenta, Sturmzeuge / Schleudern / Pfeile auch wie mans nennen mag / Geschütz und Artigliaria [...] gehabt [...]. Sie sind aber unsern jetzigen Büchsen und Geschützen im wenigsten nicht ehnlich oder zuvergleichen / sondern gantz anderer art und qualiteten / in dem sie nicht mit fewer und Schwefelichten Salpeterischem Pulver /sondern mit künstlichem Kegengewicht / schnellen und starcken von Menschen oder Bogen getriebenen bewegungen und dergleichen inventionen, ihren effect gemacht haben / von welcher art und manira, so offt in den alten historien der Geschoß und Sturmzeuge gedacht wird [...] [darf es] auff unsere art der Büchsen gar im wenigsten nicht gedeutet werden [...]“.[169]

Hier zeigt sich eine Haltung gegenüber den mechanischen Belagerungswaffen, wie sie für das 17. Jahrhundert durchaus typisch ist. Dort, wo die Kenntnis vom Hebelwurfgeschütz – zumeist auf der Basis älterer Texte – noch vorhanden ist, werden diese oftmals als römischen Ursprungs betrachtet. Dies belegt auch Abb. 127, die eine Illustration aus Wilhelm Dilichs Buch „Kriegsschule“ aus dem Jahre 1689 zeigt.[170]

---

166 Vgl. u.a.: Neumayr, Johann Wilhelm: Erinnerung und Regeln von Kriegswesen, Jena 1630; sowie: Ulfano, Diego: Tratado de la artilleria. Deutsch, Zütphen 1630.

167 Vgl. u.a.: Machiavelli, Nicolo: Libro dell arte della guerra. Deutsch: Kriegskunst, Mümpelgardt 1623, S. 379: „[...] Die Alten hatten mancherley seltsame Instrument zu defendierung und beschürmung der Stätten / als da seind / Armbrust / händtbögen / Eselgeschoß / Scorpiones Arcubaliste, fustibales, un Schläudern [...] catapultae / an deren statt wir heutigs tags daß klein un grobe Geschütz haben / welches beedes den Anfallenden / und dan auch den Belagerten / dienet: darumb ich auch nichts weiteres darvon meldung thun will [...]“.

168 Vgl.: Schwachium: Von der Artigliaria, fol. 1r-7v.

169 Vgl.: Schwachium: Von der Artigliaria, fol. 3v-4r.

170 Vgl.: Dilich, Wilhelm: Kriegsschule. Faks.-Ausg. d. Ausg. Frankfurt/M 1689, Teil 1., Magstadt 1967, S. 437.

I. Cap. Von Römischen Sturm-Zeugen. 437

Catapultam. Catapulta aber ist Griechisch καταπέλτης, dessen unterschiedene Arten man bey (IX.) besehen kan.

Balista oder Ballista, ἀπὸ τῦ βάλλειν, à jaciendo, darmit man nur geworffen: und könten / wenn man wolte / etwa noch anheute allerhand grosse Steine / so auch Aasse und ander Unflat in die Städte / Schantzen und sonsten darmit geworffen / ihren Nutz thun. Man besehe hiervon den Abriß (X.)

Abb. 127: Verschiedene Hebelwurfgeschütze in Wilhelm Dilichs Buch „Kriegsschule“ 1689.

Die Kenntnis vom Hebelwurfgeschütz war somit zwar zu keinem Zeitpunkt vollständig verloren, doch ergibt sich im Zeitraum zwischen 1500 und 1700 eine ganz wesentliche Veränderung in der zeitgenössischen Meinung über das traditionell mechanische Antwerk im allgemeinen und das Hebelwurfgeschütz im speziellen. Während um das Jahr 1500 Einsatzmöglichkeit und Wirkungsweise des Hebelwurfgeschützes den meisten Autoren noch sehr gut bekannt waren, scheint dieses Wissen rund 50 Jahre später nur noch vereinzelt vorhanden. Weitere 50 Jahre später – also etwa an der Wende zum 17. Jahrhundert – beginnen erste Legendenbildungen, die das Hebelwurfgeschütz entweder für eine römische Belagerungswaffe halten, oder aber die Erfindung der Pulvergeschütze bis weit in die Antike zurückdatieren.

Auch aufgrund dieser „Rezeptionsgeschichte“ dürfte das endgültige Ende des Einsatzes von Hebelwurfgeschützen mit großer Sicherheit in den Zeitraum zwischen 1500 und 1550 zu datieren sein.

Das Aufkommen der Pulvergeschütze markiert zugleich eine Veränderung innerhalb unseres Wissens um die Mannschaften, die diese schweren Belagerungswaffen bedienten. Denn während wir über die Büchsenmeister und ihre Aufgaben und Fähigkeiten aus zahlreichen Quellen verhältnismäßig gut orientiert sind, verraten uns die Quellen zum Hebelwurfgeschütz nur wenig über die Männer, die sie bauten, bedienten und weiterentwickelten. Dennoch soll im letzten Kapitel unserer Betrachtung noch einmal das Augenmerk auf diese frühen technischen Spezialisten gerichtet sein, ohne die weder die Erfindung, noch die Verbreitung des Hebelwurfgeschützes möglich gewesen wäre.

3.3 Bedienungsmannschaften und technische Spezialisten

Einer der am wenigsten erforschten Aspekte des mittelalterlichen Antwerks ist die Frage nach den Personen, die mit den Belagerungsgeräten in ganz unmittelbarem Kontakt standen. Zwar ist die Quellenlage bezüglich der Bedienungsmannschaften und der technischen Spezialisten, die für Planung und Bau der Gewerfe verantwortlich zeichneten, äußerst schlecht, doch lassen sich zumindest einige begründete Vermutungen festhalten, die sich zum Teil aus den bereits vorangegangenen Untersuchungen ergeben.

Bei den Ziehkrafthebelwurfgeschützen ist hier vor allem an die Rolle des Ladeschützen zu denken, der nicht allein das Kommando zum Wurf erteilte, sondern auch das Geschoß nach Gewicht und Zielentfernung auswählte.[171] Die zeitgenössischen Abbildungen zeigen als Zugmannschaft zumeist Ritter oder Soldaten, die sich in ihrer Darstellung nicht von anderen kämpfenden Mannschaften unterscheiden und so nicht als Spezialisten irgendeiner Art gekennzeichnet sind. Einzig der Ladeschütze hebt sich durchweg von den übrigen gezeigten Personen ab, was als Hinweis auf seine Sonderstellung gewertet werden kann. Namentliche Nennungen bestimmter Spezialisten, die für Bau oder Bedienung eines Gewerfs verantwortlich waren, kommen in dieser Zeit allerdings nicht vor.

Anders stellt sich diesbezüglich die Lage beim Bau der großen Gegengewichtshebelwurfgeschütze dar. Die Stadtrechnungen des 14. Jahrhunderts weisen eine Reihe von Baumeistern namentlich aus.[172] Zum Teil werden diese ihrem Beruf nach als Zimmerleute gekennzeichnet, die über eine Reihe ebenfalls bezahlter Hilfskräfte verfügen.[173] Es scheint also, daß zunächst erfahrene Zimmerleute zumindest den Bau der immer komplizierter werdenden Gewerfe leiteten. Es muß jedoch im Laufe der Zeit zu einer starken Spezialisierung gekommen sein, die sich auch in Form eigener Berufsbezeichnungen niederschlug. So werden für das Jahr 1304 in Goslar zwei Brüder, die Zeuge einer Schenkung sind, ausdrücklich als „Blidenmeisters“ gekennzeichnet[174] und

171 Vgl.: Kapitel 2.2 Die Konstruktionsbeschreibungen; sowie: Huuri: Geschützwesen, S. 142 u. 148.

172 So im Falle des „Meister Proffioin“, der für Aachen mit 12 Gesellen ein großes Gewerf aufschlägt. Vgl.: Rathgen: Das Geschütz im Mittelalter, S. 616.

173 So weisen die Kölner Stadtrechnungen für das Jahr 1372 eine Auszahlung an den „[...] mag. Johanni carpentario pro se et sociis suis [...]“ aus. Vgl.: Rathgen: Das Geschütz im Mittelalter, S. 620.

174 Vgl.: Urkundenbuch der Stadt Goslar, hrsg. von der Historischen Commission der Provinz Sachsen, Bd. III, Halle 1900, No. 69 (1304).

noch der Übersetzer des Schedelschen Liber Chronicarum trägt den Namen „Wilhelm Pleydenwurff“.[175]

Noch im Laufe des 14. Jahrhunderts scheint es indes eine Verschmelzung zwischen den Aufgaben des Gewerfs- und des Geschützbaus gegeben zu haben, was daran abzulesen ist, daß die meisten sogenannten „Büchsenmeister“ nicht allein ihre Fähigkeiten im Geschützbau anpreisen, sondern sich auch der Fertigkeit rühmen, große Gewerfe bauen zu können.[176] Diese Form der Aufgabenverschmelzung scheint darauf hinzudeuten, daß sich aus der ursprünglichen „Zusatzqualifikation“ von Zimmerleuten im Laufe der Zeit eine Spezialisierung ergeben hat, die schließlich zu einem eigenen Berufsbild führte, daß sich der technischen Veränderung der Belagerungswaffen anpaßte. Für ein endgültiges Urteil in dieser Frage ist die Quellenlage jedoch bisher zu dünn.

Ähnliches gilt für die häufige Erwähnung von Klerikern, die in den Bau von Gewerfen verwickelt waren. Jim Bradbury hat dies für die Zeit des Albigenser-Kreuzzuges festgestellt, jedoch ohne eine nähere Untersuchung der jeweiligen Umstände vorzunehmen.[177] Ebenso unklar ist der Hintergrund, der dazu führte, daß in den Quellen des öfteren erfahrene Seeleute als Bedienungsmannschaft genannt werden. So etwa bei den bereits erwähnten Belagerungen von Lissabon im Jahre 1147[178] und Rhodos im Jahre 1480, wo angeblich nur noch ein alter Seemann die bereits als altmodisch geltenden Gewerfe bedienen konnte.[179] In diesem Zusammenhang könnte noch einmal an die These Schneiders gedacht werden, der behauptet hatte, das Hebelwurfgeschütz könne nur von einem Seemann erfunden worden sein, da diese den Umgang mit allen dafür notwendigen mechanischen Prinzipien und Materialien gewohnt seien.[180] Auch wenn seine Behauptung bezüglich der Erfindung des Hebelwurfgeschützes durch die seefahrenden Normannen als abwegig einzuschätzen ist, so könnte die seemännische Erfahrung mit Seilen und Hebekränen doch hilfreich bei der Bedienung der mechanischen Gewerfe gewesen sein. Unwahrscheinlich hingegen wäre die Vermutung, der Einsatz von Hebelwurfgeschützen auf Schiffen könne zur notwendigen Kenntnis der Seeleute geführt haben. Zwar behauptete Alwin Schultz, mehrere Belege für die Verwendung von Hebelwurfgeschützen auf Schiffen anführen zu können,[181] doch ergibt eine Überprüfung der von ihm vorgelegten Zitate, daß – entgegen seiner Behauptung – weder die „Chronik des Franziskaner Lesemeisters Detmar“,[182] noch die „Revaler

175 Vgl.: Schedel, Hartmann: Liber chronicarum, dt. von Georg Alt, Wilhelm Pleydenwurff u. Michael Wolgemut. (Faksimile-Nachdruck d. Ausgabe) Nürnberg, Koberger 1493, New York / Brüssel 1966.

176 So im Falle des Büchsenmeisters Goedekin Volgers, der seine Fähigkeiten gegenüber der Stadt Köln im Jahre 1418 in Form einer schriftlichen Erklärung angepriesen hat. Vgl.: Merlo, J.: Kölnische Künstler in alter u. neuer Zeit, hrsg. von Firmenich-Richartz u. H. Keussen, 1895, S. 906.

177 Vgl.: Bradbury: Siege, S. 267.

178 Vgl.: De expugnatione Lyxbonensi, S. 143.

179 Vgl.: Brockman: The two sieges of Rhodos, S. 70.

180 Vgl.: Schneider: Artillerie, S. 61.

181 Vgl.: Schultz, Alwin: Deutsches Leben im XIV. und XV. Jahrhundert, Prag/Wien/Leipzig, 1892, S. 429.

182 Vgl.: Chronik des Franciscaner Lesemeisters Detmar, nach der Urschrift und mit Erg. Aus anderen Chroniken, hrsg. von Ferdinand Heinrich Grautoff, Th.1.2., Hamburg 1829; sowie: Chroniken der deutschen Städte 19, 1884, S. 115-597.

Abb. 128: Einsatz eines Hebelwurfgeschützes auf See nach Mariano Taccola.

Zollbücher und Quittungen des 14. Jahrhunderts“[183] eine Erwähnung von Hebelwurfgeschützen auf Schiffen enthalten. Auch die übrigen Quellen, die uns diesbezüglich vorliegen, sind zumeist nur theoretischen Charakters[184] und können nicht als eindeuti-

183 Vgl.: Revaler Zollbücher und Quittungen des 14. Jhrdts., Hansische Geschichtsquellen Bd. V, hrsg. von Wilhelm Stieda, Halle 1887.

184 Hier sind vor allem die Vorschläge des Marinus Sanutus bezüglich der genauen Aufstellung der Gewerfe auf Schiffen zu nennen. Vgl.: Marinus Sanutus (Ed. Schneider): Liber secretorum, Lib. II S. IV cap. 22.

ge Belege für die Verwendung der raumgreifenden Hebelwurfgeschütze auf den zumeist sehr beengten Oberdecks mittelalterlicher Schiffe gewertet werden. So muß wohl auch der in Abb. 128 gezeigte Vorschlag Taccolas für die Belagerung von Wasserburgen in das Reich der erfinderischen Phantasie verwiesen werden.[185] Die vergleichsweise realistischeren Darstellungen aus dem chinesischen Kulturraum (vgl. etwa Abb. 129) finden insgesamt in Europa keine Entsprechung.[186]

So stellt sich, wie gezeigt, die Frage nach den technischen Spezialisten insgesamt als weitgehend ungelöst dar. Festzuhalten bleibt jedoch die vermutlich während des 14. Jahrhunderts herausgebildete Spezialisierung von Zimmerleuten zu „Blidenmeistern" und die schließliche Verschmelzung von Büchsenhandwerk und Gewerfbau.[187] Als Gehilfen hingegen scheinen neben einfachen Hilfskräften auch weiterhin Zimmerleute herangezogen worden zu sein. Die Sonderstellung eines „Gewerfsführers" kann zudem bereits für die Zeit der Ziehkrafthebelwurfgeschütze angenommen werden.

Abb. 129: Wurfgeschütz auf einem chinesischen Schiff um 1510.

185 Vgl.: Taccola: De rebus militaribus, S. 260.

186 Vgl.: Needham: Chinas trebuchets, S. 136ff.

187 Rainer Leng zeigte neben anderen indes für das Handwerk des Büchsenmachers auch die Möglichkeiten eines Aufstiegs aus Reihen des Söldnerwesens, vor allem aber der vom Materialzugang naheliegenderen Handwerke des Glockengießens und Schmiedens. Vgl. auch: Leng, Rainer: getruwelich dienen mit Buchsenwerk. Ein neuer Beruf im späten Mittelalter: Die Büchsenmeister. In: Strukturen der Gesellschaft im Mittelalter – Interdisziplinäre Mediävistik in Würzburg, hrsg. v. Dieter Rödel u. Joachim Schneider, Wiesbaden 1996, S. 302-321.

Schluß

„[...] Wie sie aber im schloss ingelassen [...] fragt sie herr Walther [v. Geroldseck], wie inen das schloss, die werinen und andere gebew sampt der munition gefielen, auch ob sie über das nochmals verhofften das schloss zu erobern.
Darauf der ain sprach: Herr, was die handt kann machen, das kann sie auch wider zerbrechen [...]“
Die Chronik der Grafen von Zimmern, Bd. I, S. 381.

Neben den vielfältigen Einzelaspekten, die sich im Verlaufe unserer Betrachtung ergaben, muß sicher die extreme Variabilität des Hebelwurfgeschützes als die hervorstechendste Auffälligkeit angesehen werden. Sie ist es zugleich, die alle Bereiche der Untersuchung erschwert und verallgemeinerbare Ergebnisse nur in begrenztem Umfang zuläßt. So variieren die Geschoßgewichte mit Massen von wenigen Kilogramm bis hin zu tonnenschweren Gewichten ebenso stark, wie die Kampfentfernungen oder die Art und Beschaffenheit der Geschosse selbst. Von leichten Ziehkrafthebelwurfgeschützen, die mit wenigen Männern bedien- und transportierbar waren, bis zu über 30 Tonnen schweren, durchkonstruierten Gewerfen zeigt die uns vorliegende Quellenlage alle Möglichkeiten der Anwendung des Hebelprinzips zum Wurf.

Eine Art „Idealtypus“ läßt sich somit weder für das Ziehkrafthebelwurfgeschütz noch für das Gegengewichtshebelwurfgeschütz feststellen. Vielmehr ist es gerade der Nachweis des flexiblen Einsatzes der Hebelwurfgeschütze, der ihre lange Verwendungsdauer über unterschiedliche Phasen militärtaktischer und strategischer Vorgehensweisen erklärt. So wertvoll den nomadisierenden Reitervölkern das leichte Ziehkrafthebelwurfgeschütz gewesen sein mag, so wenig konnte es gegen die stark befestigten und gut bewaffneten Festungen und Städte des europäischen Spätmittelalters ausrichten. Hier war die Entwicklung der schweren Gegengewichtshebelwurfgeschütze und die damit wiederum verbundene Spezialisierung der Baumeister die einzig mögliche Konsequenz.

Der unabweisliche Vorteil des Hebelwurfgeschützes bestand eben darin, daß sein Prinzip in Abhängigkeit von der sich verändernden militärischen Situation und dem jeweiligen Kontext des übrigen Antwerks stets effektiv umgesetzt werden konnte. Hierbei ist jedoch auch der Mangel an wirkungsvollen Alternativen zu berücksichtigen, der sich bis zum Aufkommen der Pulvergeschütze ergab. Doch auch nach der Erfindung der Pulverwaffe ist es wiederum die Flexibilität, die am stärksten für die parallele Weiterverwendung der schweren Gegengewichtshebelwurfgeschütze spricht. Erst als die Feuerkraft der Pulvergeschütze den langwierigen „Terrorkampf“ überflüssig erscheinen läßt, ist das Ende dieser leistungsfähigsten aller mechanischen Belagerungswaffen endgültig eingeläutet. Nichts markiert den Sieg der Pulverwaffe dabei mehr als der rasante Wissensverlust innerhalb weniger Jahrzehnte über das Wirken der Hebelwurfgeschütze, die den Kampf um belagerte Plätze mehr als ein halbes Jahrtausend bestimmt haben.

Danksagung

Neben dem Autor waren am Gelingen dieser Darstellung viele weitere Menschen direkt oder indirekt beteiligt, von denen einigen mein besonderer Dank gilt.

Zunächst wäre dabei Professor Dr. Karl-Heinz Ludwig von der Wissenschaftlichen Einheit für Wirtschafts-, Technik- und Sozialgeschichte der Universität Bremen zu nennen, der mich auf den interessanten Themenkomplex, der sich mit dem Hebelwurfgeschütz verbindet, aufmerksam machte und meine Forschungen mit großem Interesse begleitete. Gleiches gilt für meinen Doktorvater, Professor Dr. Bernd Ulrich Hucker vom Institut für Geschichte und historische Landesforschung der Universität Vechta, der mir stets die Freiheit ließ, dieses „privatissimum" neben meinen anderen Arbeiten voranzutreiben. Professor Dr. Gerhard Dohrn van Rossum (Chemnitz) und Dr. Marcus Popplow (Berlin) verdanke ich eine Reihe wertvoller Hinweise und Anregungen. Dr. Frank May von der Eidgenössischen Technischen Hochschule in Zürich danke ich für die umfangreiche Beratung in allen technischen und mathematischen Fragen. Dr. Jan Ulrich Büttner, meinem wissenschaftlichen Weggefährten und schärfsten Kritiker, danke ich für die Durchsicht großer Teile des Manuskripts und beständiger Ermunterung zu weiterem Vortrieb und Verbesserung meiner Arbeiten.

Vielen Mitarbeitern der zitierten Archive und Bibliotheken sei für ihre Hilfe und das Öffnen ihrer Schatzkammern gedankt. Anderen, die im Historiker nur den natürlichen Feind der ihnen anvertrauten Cimälien vermuten, seien zumindest die besten Absichten unterstellt.

Vielen weiteren aufmerksamen Kollegen, Studenten und Bekannten sei darüber hinaus für das fleißige Sammeln von Material – vom einfachen Zeitungsartikel bis zum Handschriftenfund – gedankt. Ihr Interesse ermunterte mich zugleich zur Veröffentlichung der vorliegenden Arbeit.

Nicht zuletzt jedoch muß auch Herrn Axel Fahl-Dreger vom Museum im Zeughaus Vechta gedankt sein, der den letzten Anstoß zur Fertigstellung des Manuskripts und dessen schließlicher Veröffentlichung gab.

Trotz der großzügigen Hilfe der genannten und vieler weiterer Kollegen bleiben natürlich dennoch alle eventuell verbliebenen Fehler in der alleinigen Verantwortung des Autors.

Mark Feuerle, Bremen im Winter 2004

Abbildungsnachweis

Nr. **Herkunft**

1 Gohlke, Wilhelm: Das Geschützwesen des Altertums und des Mittelalters. In: ZhWK 5, S.382.

2 Payne-Gallwey, Ralph W. F.: A summary of the History, Construction and Effects in Warfare of the Projectile-Throwing Engines of the Ancients, London 1907, S. 32.

3 Bibliotheca Vaticana Rom, Cod.Pal.lat.Vat.1888, 1-3. Anonymus: "Belligerae machinae figuris expressae", (dt./lat.), 3 Bde.

4 Kyeser, Conrad: Bellifortis - Faksimile d. Göttinger Pergamenthandschrift Ms. philos. 63. Umschr. u. Übers. von Götz Quarg, Bd. 1.2., Düsseldorf 1967, fol.51v.

5 Thickhill Psalter, New York, Public Library Spencer ms. 26, fol. 99v.

6 Annali Genovesi di Caffaro de suoi continuatori dal MCLXXIV al MCCCXXIV, Vol. II., hrsg. v. L.T. Belgrano, Genua 1901, Taf. II, Fig. XIV.

7 Godeschalci Stewechi & Franciscii Modii: Commentaria et Notae in Vegetium & Frontinum de Re Militari. In: Vegetius Renatus, Flavius: De re militari libri. Accedunt Frontini Strategematibus eiusdem auctoris alia opuscula. Cum Commentariis aut Notis God. Stewechii & Fr. Modii., Antwerpen 1607, S. 267.

8 Anonymi: de Rebus Bellicis liber cum figuris. Semel antea tantum excusus. In: Vegetius Renatus: De re militari 1607, S. 90.

9 Payne-Gallwey, Ralph W.F.: A summary of the history, Construction and Effects in Warfare of the projectile-throwing engines of the ancients, London 1907, S. 21.

10 Relief auf dem Grabsteins des C. Vedennius Moderatus, eines Ingenieuroffiziers der Kaiser Vespasian und Domitian (Galleria lapidaria, Mus. Vat. Rom). Hier nach: Schmidtchen: Kriegswesen im späten Mittelalter, Weinheim 1990, S. 153.

11 Demmin, August: Die Kriegswaffen in ihren geschichtlichen Entwicklungen von den ältesten Zeiten bis auf die Gegenwart. Band I, Leipzig 1893, Nd. Hildesheim 1964, S. 858.

12 Godeschalci Stewechi & Franciscii Modii: Commentaria et Notae in Vegetium & Frontinum de Re Militari. In: Vegetius Renatus, Flavius: De re militari libri. Accedunt Frontini Strategematibus eiusdem auctoris alia opuscula. Cum Commentariis aut Notis God. Stewechii & Fr. Modii., Antwerpen 1607, S. 268.

13 Le Grandes Chroniques de France (Frankreich um 1325-1350). British Library, Royal MS 16 GVI, fol. 345v.

14 Royal MS 19 DI, British Library, fol. 3.

15 Murda b. Ali b. Murda at-Tarsusi, Tabsirat arbab, Bodleian Library Oxford, Hunt. 264, fol. 80v. Hier aus: Sezgin, Fuat: Kriegstechnik des arabisch-islamischen Kulturraumes anhand ausgewählter Modelle und Origininale aus dem Institut für Geschichte der Arabisch-Islamischen Wissenschaften (Frankfurt). In: Kein Krieg ist heilig - Die Kreuzzüge, hrsg. v. Hans Jürgen Kotzur, Mainz 2004, S. 487.

16 Ramelli, Agostino: Schatzkammer / Mechanischer Künste, Deutsch, o.O. 1620 (Nachdruck, Hannover 1976), S. 298; jedoch auch: Ramelli, Agostino: Le Diverse et Artificiose Machine, Paris 1588; ed. by Gregg Farnborough, New York 1970.

17 Ramelli, Agostino: Schatzkammer / Mechanischer Künste, Deutsch, o.O. 1620 (Nachdruck, Hannover 1976), S. 303; jedoch auch: Ramelli, Agostino: Le Diverse et Artificiose Machine, Paris 1588; ed. by Gregg Farnborough, New York 1970.

18 Needham, J.: Chinas trebuchets, manned and counterweighted. In: B.S. Hall & D.C. West (Hrsg.): On pre-modern technology and science, Malibu 1976, S. 130 (WCTY, ch.12, S. 50a = WPC, ch.113, S. 18a); sowie: Needham, J. & Yates, R.: Military Technology: Missiles and Sieges. In: Science and Civilizations in China, Bd. V/6, Cambridge 1995, S. 212; und Huuri, Kalervo: Zur Geschichte des mittelalterlichen Geschützwesens aus orientalischen Quellen, Helsinki 1941, Fig. 14.

19 Needham, J.: Chinas trebuchets, manned and counterweighted. In: B.S. Hall & D.C. West (Hrsg.): On pre-modern technology and science, Malibu 1976, S. 131 (WCTY, ch.12, S. 55b = WPC, ch.113, S. 23f); sowie: Needham, J. & Yates, R.: Military Technology: Missiles and Sieges. In: Science and Civilizations in China, Bd. V/6, Cambridge 1995, S. 213.

20 Needham, J.: Chinas trebuchets, manned and counterweighted. In: B.S. Hall & D.C. West (Hrsg.): On pre-modern technology and science, Malibu 1976, S. 133 (WCTY, ch.12, S. 48a = WPC, ch.113, S. 16b); sowie: Needham, J. & Yates, R.: Military Technology: Missiles and Sieges. In: Science and Civilizations in China, Bd. V/6, Cambridge 1995, S. 213; und Huuri, Kalervo: Zur Geschichte des mittelalterlichen Geschützwesens aus orientalischen Quellen, Helsinki 1941, Fig. 13.

21 Needham, J.: Chinas trebuchets, manned and counterweighted. In: B.S. Hall & D.C. West (Hrsg.): On pre-modern technology and science, Malibu 1976, S. 132 (WCTY, ch.12, S. 39a = WPC, ch.113, S. 9b); sowie: Needham, J. & Yates, R.: Military Technology: Missiles and Sieges. In: Science and Civilizations in China, Bd. V/6, Cambridge 1995, S. 213.

22 Huuri, Kalervo: Zur Geschichte des mittelalterlichen Geschützwesens aus orientalischen Quellen, Helsinki 1941, Abb. 13; der als Quelle angibt: T´u shu - Ku chin t`u shu chi ch`eng, Abschnitt "Militärwesen" (ed. Shanghai 1884-88), 1726.

23 Demmin, August: Die Kriegswaffen in ihren geschichtlichen Entwicklungen von den ältesten Zeiten bis auf die Gegenwart. Band I, Leipzig 1893, S. 860; sowie: Gohlke, Wilhelm: Das Geschützwesen des Altertums und des Mittelalters.

24 Demmin, August: Die Kriegswaffen in ihren geschichtlichen Entwicklungen von den ältesten Zeiten bis auf die Gegenwart. Band II - Ergänzungen zu den vier Auflagen, Wiesbaden 1895/96, Nd. Hildesheim 1964, S. 177.

25 Demmin, August: Die Kriegswaffen in ihren geschichtlichen Entwicklungen von den ältesten Zeiten bis auf die Gegenwart. Band II - Ergänzungen zu den vier Auflagen, Wiesbaden 1895/96, Nd. Hildesheim 1964, S. 177.

26 Petrus de Ebulo: Liber ad honorem Augusti sive de rebus Siculis - Codex 120 II der Burgerbibliothek Bern, hrsg. von Theo Kölzer und Marlis Stähli, Sigmaringen 1994, fol. 96r.

27 Petrus de Ebulo: Liber ad honorem Augusti sive de rebus Siculis - Codex 120 II der Burgerbibliothek Bern, hrsg. von Theo Kölzer und Marlis Stähli, Sigmaringen 1994, fol. 104r.

28 Petrus de Ebulo: Liber ad honorem Augusti sive de rebus Siculis - Codex 120 II der Burgerbibliothek Bern, hrsg. von Theo Kölzer und Marlis Stähli, Sigmaringen 1994, fol. 109r.

29 Petrus de Ebulo: Liber ad honorem Augusti sive de rebus Siculis - Codex 120 II der Burgerbibliothek Bern, hrsg. von Theo Kölzer und Marlis Stähli, Sigmaringen 1994, fol. 114r.

30 Maciejowsky-Bibel, Codex Ms.638, fol. 23v. The Pierpont Morgan Library, New York.

31 Chevedden, Paul E.; Eigenbrod, Les; Foley, Vernard; Soedel, Werner: Das Trebuchet - Die mächtigste Waffe des Mittelalters. In: Spektrum der Wissenschaft, 9/95, S. 83.

32 Zeichnung: Mark Feuerle.

33 Petrus de Ebulo: Liber ad honorem Augusti sive de rebus Siculis - Codex 120 II der Burgerbibliothek Bern, hrsg. von Theo Kölzer und Marlis Stähli, Sigmaringen 1994, fol. 111r

34 Vegetius Renatus, Flavius: De re militari. Deutsch. / Vier bucher der Rytterhafft. geschrieben mit mancherleyen gerysten, bolwercken und gebeuwen. Zu krygßleufften gehorick mit yren mosternn unnd fig. darneben verzeychent, Erfurt 1511.

35 Kyeser, Conrad: Bellifortis - Faksimile d. Göttinger Pergamenthandschrift Ms.philos.63. Umschr. u. Übers. von Götz Quarg, Bd. 1.2., Düsseldorf 1967, fol. 43v.

36 Miniatur aus den bis zum Anfang des 15. Jahrhunderts geführten Chroniken des Giovanni Sercambi. Archivio di Stato, Lucca. Hier nach: Ludwig, Karl-Heinz; Schmidtchen, Volker: Metalle und Macht, (Propyläen Technikgeschichte Bd. 3), Frankfurt/M 1992, S. 191.

37 Walter von Milimete: De nobilitatibus, Oxford, Bibl. der Christ Church MS92, fol. 67r.

38 Erbstösser, Martin: Die Kreuzzüge - Eine Kulturgeschichte, Leipzig 1980, S. 172.

39 Bayerische Staatsbibliothek München, Cgm 600: Anleitung, Schießpulver zu bereiten, Büchsen zu laden und zu beschießen (dt.), um 1400.

40 (Pseudo-) Johann Hartlieb: Kriegsbuch, um 1411, Österreichische Nationalbibliothek Wien, Cod. 3069; jedoch auch bei: Schmidtchen: Kriegswesen im späten Mittelalter, Weinheim 1990, S. 135.

41 British Library, MS Royal 16G VI, fol. 388.
42 Bibliotheque Nationale Paris, Man. Fr. 352, fol. 62r. Hier aus: Jones, Terry / Ereira, Alan: Die Kreuzzüge, München 1995, S. 69.
43 Bibliotheque Municipale de Lyon/Bridgeman Art Library. Man. 828, fol. 33r.
44 Codex pal. germ. 126 Universitätsbibl. Heidelberg, (Büchsenmeisterbuch d. Philipp Mönch), fol. 30r.
45 Codex pal. germ. 126 Universitätsbibl. Heidelberg, (Büchsenmeisterbuch d. Philipp Mönch), fol. 30v-31r.
46 Historisches Archiv der Stadt Köln: Augustinus Dachsberg: Disses ist ist ein büxen buch, 1443; jedoch auch bei: Rathgen, Bernhard: Das Geschütz im Mittelalter. Neu herausgegeben und eingeleitet von Volker Schmidtchen. Reprint d. Ausgabe von 1928, Düsseldorf 1987, Tafel 1.
47 Viollet-Le-Duc, Eugene Emmanuel: An Essay on the Military Architecture of the Middle Ages, Washington 1977 (Reprint d. Ausg. Oxford 1860).
48 Funcken, Liliane u. Fred: Historische Waffen und Rüstungen des Mittelalters, München 1990, S. 65
49 Villard de Honnecourt. Hrsg. von: H. R. Hahnloser: Kritische Gesamtausgabe d. Bauhüttenbuches, ms.fr19093 der Pariser Nationalbibliothek. Nachdr. der Ausgabe Wien 1935. 2. rev. und erw. Auflage, Graz 1972, Tafel 59.
50 Kyeser, Conrad: Bellifortis - Faksimile d. Göttinger Pergamenthandschrift Ms.philos.63. Umschr. u. Übers. von Götz Quarg, Bd. 1.2., Düsseldorf 1967, fol. 30r.
51 Kyeser, Conrad: Bellifortis - Faksimile d. Göttinger Pergamenthandschrift Ms.philos.63. Umschr. u. Übers. von Götz Quarg, Bd. 1.2., Düsseldorf 1967, fol. 48r.
52 Illustration eines Alexanderromans um 1330. Hier aus: Gravett, Christopher: Medieval siege warfare, London 1990, S.20.
53 Taccola, Mariano: De ingeneis, Liber primus Leonis, liber secundus draconis, addenda Books I and II, on engines, and addenda (The Notebook), by Gustina Scaslia, Frank D. Prager, Ulrich Montag, Facsimile of clm 197, part II in the bayr. Staatsbibliothek, with additional Reproductions from Add.34113 in the British Library, London and from the codex santini in the collection of A. Santini Urbino, o.O., o.J., fol.19v, 40v, 48v, 68v.
54 Taccola, Mariano: De ingeneis, Liber primus Leonis, liber secundus draconis, addenda Books I and II, on engines, and addenda (The Notebook), by Gustina Scaslia, Frank D. Prager, Ulrich Montag, Facsimile of clm 197, part II in the bayr. Staatsbibliothek, with additional Reproductions from Add34113 in the British Library, London and from the codex santini in the collection of A. Santini Urbino, o.O., o.J., fol.40v.
55 Payne-Gallwey, Ralph W.F.: The Crossbow, London 1958, S. 253.
56 Annales januenses, ed.G.H. Pertz, MGH, SS XVIII, Hannover (1863), Tafel III.
57 Hier aus: Heine, Hans-Wilhelm: ...und buweden vor 5 nige slote; In: Archäologie in Niedersachsen, Bd. 6 (2003), S. 60.
58 Zeichnung nach Merian 1650. Hier aus: Heine, Hans-Wilhelm: ...und buweden vor 5 nige slote; in: Archäologie in Niedersachsen, Bd. 6 (2003), S. 62.
59 Chronik des Wiegand von Gerstenberg, Gesamthochschul-Bibliothek Kassel, 4 Ms. Hass. fol. 115.
60 Photo: Mark Feuerle
61 Chevedden, Paul E.; Eigenbrod, Les; Foley, Vernard; Soedel, Werner: Das Trebuchet - Die mächtigste Waffe des Mittelalters. In: Spektrum der Wissenschaft, 9/95, S. 81.
62 Der Spiegel, Nr. 27, Hamburg 1997.
63 Photo: Mark Feuerle.
64 Photo: Mark Feuerle.
65 Photo: Mark Feuerle.
66 Photo: Mark Feuerle.
67 Photo: Mark Feuerle.
68 Photo: Mark Feuerle.
69 Photo: Focke Strangmann.
70 Photo: Mark Feuerle.

71 Tabelle: Mark Feuerle.

72 Tarver, W.T.S.: The Traction Trebuchet: A Reconstruction of an Early Medieval Siege Engine. In: Technology and Culture, Januar1995, Vol. 36, Nr. 1, S.136-167.

73 Graphik: Mark Feuerle.

74 Abb.: Mark Feuerle.

75 Abb.: Mark Feuerle.

76 Chevedden, Paul E.; Eigenbrod, Les; Foley, Vernard; Soedel, Werner: Das Trebuchet - Die mächtigste Waffe des Mittelalters. In: Spektrum der Wissenschaft, 9/95, S. 84.

77 Needham, J. & Yates, R.: Military Technology: Missiles and Sieges. In: Science and Civilizations in China, Bd. V/6, Cambridge 1995, S. 235; und: Hasan ar-Rammah, Bibliotheque Nationale Paris, ar.2825. Hier aus: Sezgin, Fuat: Kriegstechnik des arabisch-islamischen Kulturraumes anhand ausgewählter Modelle und Origininale aus dem Institut für Geschichte der Arabisch-Islamischen Wissenschaften (Frankfurt). In: Kein Krieg ist heilig - Die Kreuzzüge, hrsg. v. Hans Jürgen Kotzur, Mainz 2004, S. 483.

78 Computerprogramm WinTrebStar2.

79 Az-Zardkas, al-Aniq, Istanbul, Topkapi-Serayi, Ahmed III, Ms.3469. Hier aus: Sezgin, Fuat: Kriegstechnik des arabisch-islamischen Kulturraumes anhand ausgewählter Modelle und Origininale aus dem Institut für Geschichte der Arabisch-Islamischen Wissenschaften (Frankfurt). In: Kein Krieg ist heilig - Die Kreuzzüge, hrsg. v. Hans Jürgen Kotzur, Mainz 2004, S. 477.

80 Az-Zardkas, al-Aniq, Istanbul, Topkapi-Serayi, Ahmed III, Ms. 3469. Hier aus: Sezgin, Fuat: Kriegstechnik des arabisch-islamischen Kulturraumes anhand ausgewählter Modelle und Origininale aus dem Institut für Geschichte der Arabisch-Islamischen Wissenschaften (Frankfurt). In: Kein Krieg ist heilig - Die Kreuzzüge, hrsg. v. Hans Jürgen Kotzur, Mainz 2004, S. 483.

81 Rashid al-Din, Geschichte der Welt, Universitätsbibliothek Edinburgh, MS Or. 20, fol. 20v.

82 Hier aus: Nicolle, David C.: Arms and Armour of the Crusading Era 1050-1350, White Plains, New York 1988.

83 Turin, Bibliotheca Universitaria-Nationale, MS Lat. 93, fol. 181r.

84 Anonymus: Kriegs und Pixenwerch, um 1430, Kunsthistorisches Museum Wien, P5014, hier nach: Schmidtchen: Kriegswesen im späten Mittelalter, Weinheim 1990, S. 160.

85 Payne-Gallwey, Ralph W. F.: The Crossbow, London 1958 (ND 1903), S. 277.

86 Maastrichter Stundenbuch, Stowe MS 17, British Library, fol. 243v.

87 Johannes Skylitzes: Synopsis historiarum, Biblioteca National, Cod.5-3, N2, fol. 151v. Hier nach: Chevedden: The Traction Trebuchet - A Triumph of Four Civilizationa, S. 473.

88 Bibliotheque Nationale Paris. Hier aus: Hägermann, Dieter: Das Mittelalter, Gütersloh 2001, S. 309.

89 Hier aus: Milger, Peter: Die Kreuzzüge, München 1988, S. 111.

90 Große Heidelberger oder Manessische Liederhandschrift, um 1310, Universitätsbibl. Heidelberg, cpg 848, Bl. 256.

91 Miniatur aus den sogen. "Diezschen Klebealben", die sich im Besitz der Berliner Staatsbibliothek befinden. Hier aus: Staatsbibliothek Preussischer Kulturbesitz: Kostbare Handschriften u. Drucke (Ausstellungskatalog Nr. 9), Wiesbaden 1978, S. 35-37.

92 Photo: Mark Feuerle.

93 Hier aus: Schultz, Alwin: Das höfische Leben zur Zeit der Minnesänger. 2. verm. u. verb. Aufl., Bd. 1.2., Leipzig 1889, S. 289.

94 Photo: Mark Feuerle.

95 Photo: Frank May.

96 Bayr. Staatsbibl. München Cgm 356.

97 Photo: Mark Feuerle.

98 Muenster, Sebastian: Cosmographey - das ist Beschreibung aller Länder, Basel 1614.

99 Milger, Peter: Die Kreuzzüge, München 1988, S. 106.

100 Photo: Bernd Ulrich Hucker.

101 Photo: Bernd Ulrich Hucker.

102 Mithoft, Wilhelm H.: Kunstdenkmale und Alterthümer im Hannoverschen, Bd. I, Hannover 1871.

103 Annales januenses, ed. G.H. Pertz, MGH, SS XVIII, Hannover 1863, Tafel III.

104 Prigge, Heinrich: Steingeschoßfunde mittelalterlicher Wurfmaschinen. In: ZhWK 16 (1940-42), S. 138.

105 Prigge, H.: Steingeschoßfunde mittelalterlicher Wurfmaschinen. In: ZhWK 16 (1940-42), S. 136-142.

106 Aus: Alsdorf, Dietrich: Isern Hinnerk - einem Mythos auf der Spur. In: Archäologie in Niedersachsen, Bd. 6 (2003), S. 71.

107 Aus: Alsdorf, Dietrich: Isern Hinnerk - einem Mythos auf der Spur. In: Archäologie in Niedersachsen, Bd. 6 (2003), S. 71.

108 Zur Verfügung gestellt durch den Kreisarchäologen Dietrich Alsdorf.

109 Zur Verfügung gestellt durch den Kreisarchäologen Dietrich Alsdorf.

110 Zur Verfügung gestellt durch den Kreisarchäologen Dietrich Alsdorf.

111 Photo: Mark Feuerle

112 Archäologie im Rheinland 2001, hrsg. v. Landschaftsverband Rheinland, Stuttgart 2002, S. 136.

113 Codex Ms.Rh.hist.33b Zentralbibliothek Zürich, fol. 87r.

114 Az-Zardkas, al-Aniq, Istanbul, Topkapi-Serayi, Ahmed III, Ms.3469. Hier aus: Sezgin, Fuat: Kriegstechnik des arabisch-islamischen Kulturraumes anhand ausgewählter Modelle und Origininale aus dem Institut für Geschichte der Arabisch-Islamischen Wissenschaften (Frankfurt). In: Kein Krieg ist heilig - Die Kreuzzüge, hrsg. v. Hans Jürgen Kotzur, Mainz 2004, S. 481.

115 Codex Ms.Rh.hist.33b Zentralbibliothek Zürich, fol. 15v.

116 Kyeser, Conrad: Bellifortis - Faksimile d. Göttinger Pergamenthandschrift Ms.philos.63. Umschr. u. Übers. von Götz Quarg, Bd. 1.2., Düsseldorf 1967, fol. 109v.

117 Boeheim, W.: Die Zeugbücher Kaiser Maximilians I. (Jahrbuch der kunsthistorischen Sammlung des Allerhöchsten Kaiserhauses, Bd. 13), Wien 1892, S. 157.

118 Bibliotheque Nationale Paris, MS fr. 87.

119 Robertus de Remigio: Hienach volgt ein warhaft und bewehrte histori / wie die türcken im anderen geschlecht der unggleübigen die christenlichen kirchen vor vil jaren in manigerly weiß angefochten (...), Augsburg 1482, fol. 18v / S. 36.

120 Bibliotheque Nationale Paris, MS fr. 2630, fol. 22v.

121 Walter von Milimete: De nobilitatibus, Oxford, Bibl. der Christ Church MS92, 79v.

122 Codex Add. 47680, British Library, fol. 44v.

123 Herzog August Bibliothek Wolfenbüttel, 23.6.Bell. 2°. Angehängt an: Vegetius Renatus, Flavius: De re militari. Deutsch. / Vier bucher der Rytterhafft. geschrieben mit mancherleyen gerysten. bolwercken und gebeuwen. Zu krygßleufften gehorick mit yren mosternn unnd fig. darneben verzeychent, Erfurt 1511.

124 Vegetius Renatus, Flavius: De re militari. Deutsch. / Vier bucher der Rytterhafft. geschrieben mit mancherleyen gerysten. bolwercken und gebeuwen. Zu krygßleufften gehorick mit yren mosternn unnd fig. darneben verzeychent, Erfurt 1511.

125 Tatius, Marcus: Dictyn Cretensem, wahrhaftige histori und beschreibung von dem Trojanischen Krieg, Augsburg 1540, p. LXXVIII.

126 Wallhausen, Johann Jacobi von: Manuale Militare oder Kriegsz Manual, Frankfurt 1616.

127 Dilich, Wilhelm: Kriegsschule. Faks.-Ausg. d. Ausg. Frankfurt/M 1689, Teil 1., Magstadt 1967, S. 437.

128 Taccola, Mariano: De rebus militaribus. Mit dem vollständigen Faksimile der Pariser Handschrift, hrsg., übers. und kommentiert von Eberhard Knobloch, Baden-Baden 1984, S. 260.

129 Hier aus: Needham, J.: Chinas trebuchets, manned and counterweighted. In: B.S. Hall & D.C. West (Hrsg.): On pre-modern technology and science, Malibu 1976, S. 138. Maastrichter Stundenbuch, Stowe MS 17, British Library, fol. 243v-244r.

Umschlagbild:

Maastrichter Stundenbuch, Stowe MS 17, British Library, fol. 243v-244r.

Quellen- und Literaturverzeichnis

Abkürzungen und Sigel

Abt.	Abteilung
Bd./Bde.	Band / Bände
ed.	editus / editor
eingel.	eingeleitet
Erg.	Ergänzung(en)
GdV	Geschichtsschreiber der deutschen Vorzeit
HAB	Herzog August Bibliothek, Wolfenbüttel
hrsg. v.	herausgegeben von
Hrsg.	Herausgeber
HZ	Historische Zeitschrift
Jhrdt.	Jahrhundert
MGH	Monumenta Germaniae Historica
- SS	Scriptores
- rer. Germ	rerum Germanicarum
	(Nova series/in usum scholarum seperatim editi)
Migne PG	J.-P. Migne (ed.), Patrologiae cursus completus, series graeca
Migne PL	J.-P. Migne (ed.), Patrologiae cursus completus, series latina
NA	Neues Archiv
Nd.	Neudruck
O.J.	Ohne Jahr
o.O.	Ohne Ort
RHC	Recueil des historiens des croisades
- Occ.	Historiens occidentaux
TaC	Technology and Culture
Trans.	Transskription
übers.	übersetzt (von)
übertr.	übertragen
ZhWK	Zeitschrift für historische Waffen und Kostümkunde

Quellen

Abbonis de bello parisiaco libri III; ed. Pertz, MGH SS rer. Germ. in us. scol .I), Hannover 1871.

Abbo von Saint-Germain-des-Prés: Bella Parisiacae urbis, Buch 1. Lateinischer Text, deutsche Übersetzung und sprachliche Bemerkungen von Anton Pauels. (=Lateinische Sprache und Literatur im Mittelalter Bd. 15), Frankfurt/M 1984.

Aegidius Romanus: De regimine principum libri tres. Ed. und hrsg. von Rudolf Schneider. In: R. Schneider: Die Artillerie des Mittelalters, Berlin 1910, S. 105-182.

Aegidius Romanus: De regimine principum libri III, Nd. d. Ausg. Rom 1607, Aalen 1967.

Adam Parvipontanus: De utensilibus. In: Tony Hunt (Hrsg.): Teaching and Learning Latin in thirteenth-century England, Bd. I, Cambridge 1991, S. 165-176.

Albert von Aachen: Geschichte des ersten Kreuzzugs, 2 Bde., übers. und eingel. Von Herman Hefele, Jena 1923.

Alberti Aquensis historiae libri XII., RHC Occ. IV, Paris 1879.

Al-Bundari: Zubdath al-nusrah, Ed. M.T. Houtsma, Recueil des textes relatif a l`histoire des Seljoucides 2 (Leyden 1889).

Alexander Neckam: De nominibus utensilium. In: Wright, Thomas: Volume of vocabularies, London 1853, S. 96-119.

Alexander Neckam: De nominibus utensilium. In: Tony Hunt (Hrsg.): Teaching and Learning Latin in thirteenth-century England, Bde. I, Cambridge 1991, S. 177-190.

Ammianus Marcellinus: Res gestae, hrsg. von C.U. Clark, Berlin 1910.

Anna Komnena: Alexias. Migne PG 131, Paris, 1864.

Anna Komnéne, Recueil des Historiens des Croisades (RHC), Historiens Grecs I, Paris 1875.

Annales Erphordensis, ed. G. H. Pertz, MGH SS XVI, Stuttgart 1859, S. 26-40.

Annales januenses, ed. G. H. Pertz, MGH, SS XVIII, Hannover 1863.

Annales Placentini Guelfi et Gibellini, ed. G. H. Pertz, MGH, SS XVIII, S. 403-581.

Annales regni Francorum et Einhardi, ed. G. H. Pertz , MGH SS I, Hannover 1826.

Annales regni Francorum inde ab a. 741 usque ad a. 829, qui dicuntur Annales laurissenses maiores et Einhardi, ed. F. Kurze, MGH SS rer. Germ. in us. scol. VI, Hannover 1895.

Annali Genovesi di Caffaro de suoi continuatori dal MCLXXIV al MCCCXXIV, Vol. II., hrsg. v. L.T. Belgrano, Genua 1901.

Az-Zardkas, al-Aniq, Istanbul, Topkapi-Serayi, Ahmed III, Ms. 3469.

Bertholdi Annales; ed. G. H. Pertz, MGH SS V, Stuttgart 1844.

Boeheim, W.: Die Zeugbücher Kaiser Maximilians I. (Jahrbuch der kunsthistorischen Sammlung des Allerhöchsten Kaiserhauses, Bd 13), Wien 1892.

Boillot, Joseph: Modeles artifices defeu & divers Instruments de guerre. Das ist künstlich Feuerwerck und Kriegs Instrumenta / allerhandt vöste Orth zu defendirn und expugnirn. Aus dem Französischen transferiert durch Joannem Brantzium Iunior, Straßburg 1603.

Brechtel, Franz Joachim: Büchsenmeisterei, Nürnberg 1591.

Codex Add. 47680, British Library, f. 44v.

Chanson de la Croisade Albigeoise, ed. E. Martin Chabot, Bd. 3, Paris 1961

Chronik von St. Peter zu Erfurt, hrsg. und übers. von G. Grandauer (Die Geschichtsschreiber der deutschen Vorzeit, Bd. 54, 12. Jh. Bd. 4), Berlin 1893, S. 72f.

Chronik des Franciscaner Lesemeisters Detmar, nach der Urschrift und mit Erg. aus anderen Chroniken, hrsg. von Ferdinand Heinrich Grautoff, Th.1.2., Hamburg 1829; sowie: Chroniken der deutschen Städte 19, 1884, S. 115-597.

Codex Ms. 638. The Pierpont Morgan Library, New York.

Codex Ms. No. 7239 Bibl. Nat, Paris.

Codex Ms. Rh. hist. 33b Zentralbibliothek Zürich.

Codex pal. germ. 126 Universitätsbibl. Heidelberg (Büchsenmeisterbuch d. Philipp Mönch).

Constituto del comune di Siena dell anno 1262, ed. Arnoldo Forni, Nd. Mailand 1897.

Cyllenius, Dominicus: Dominici Cyllenii Graeci de vetere & recentiore scientia militari omnium bellorum genera, terestria perinde ac navalia, nec non tormentorum rationes complectende, opus, veluti ad quendam artis & disciplinare ordinem red. [...] Venedig 1559.

Dambach, Christoff: Büchsenmeisterey, Frankfurt am Mayn 1608.

Das Alexanderlied des Pfaffen Lamprecht, hrsg. von Friedrich Maurer (Reihe geistliche Dichtung des Mittelalters, Bd. 5), Darmstadt 1964.

Das Feuerwerkbuch von 1420, übertr. u. erläutert von Wilhelm Hassenstein, München 1941.

Das Mittelalterliche Hausbuch nach dem Originale im Besitze des Fürsten Waldburg-Wolfegg-Waldsee, hrsg. von Helmuth Th. Bossert u. Willy F. Storck, Leipzig 1912.

Das Mittelalterliche Hausbuch, hrsg. von Christoph Graf zu Waldburg-Wolfegg. Edition und Kommentarband. Mit Beiträgen von Gundolf Keil, Eberhard König, Rainer Leng, Karl-Heinz Ludwig und Christoph Graf zu Waldburg-Wolfegg, München/New York 1997.

De Bry, Johann Theodor: Kunstbüchlein von Geschütz und Feuerwerck, Frankfurt am Mayn 1619.

De expugnatione Lyxbonensi – The conquest of Lisbon, ed. by Charles W. David, New York 1976 (Neudruck d. Ausgabe New York 1936).

Die Chronik der Grafen von Zimmern (Handschriften 580 und 581 der Fürstlich Fürstenbergischen Hofbibliothek Donaueschingen), hrsg. von Hansmartin Decker-Hauff, 3 Bde., Darmstadt 1964-1972.

Dilich, Wilhelm: Kriegsschule. Faks.-Ausg. d. Ausg. Frankfurt/M 1689, Teil 1.2., Magstadt 1967.

Ennen, A.: Quellen zur Geschichte der Stadt Köln, Köln 1870.

Europäisches Montanwesen im Hochmittelalter: das Trienter Bergrecht 1185-1214; hrsg., übers. u. mit einer Einleitung versehen von Dieter Hägermann u. Karl-Heinz Ludwig, Köln / Wien 1986.

Fritsche (Friedrich) Closeners Chronik. 1362. In: Die Chroniken der deutschen Städte 8.9 (Die Chroniken Oberrheinischer Städte I), Straßburg I, Leipzig 1870, S. 15-151.

Fronsperger, Leonhard: Geschützbuch, Frankfurt am Main 1557.

Gabriele de Mussis: Bericht aus Piacenza 1348. In: Haeser, H.: Geschichte der epidemischen Krankheiten (Lehrbuch der Geschichte der Medizin und der epidemischen Krankheiten III). 3. Bearb. Jena 1882, S. 157-161.

Gesta Francorum et aliorum hierosolymitanorum. Anonym., RHC Occ. III), Paris 1866.

Gotfried von Hagen: Reimchronik – Dat is dat boich van der Stede Colne. In: Die Chroniken der Deutschen Städte XII, Köln I, Leipzig 1875.

Große Heidelberger oder Manessische Liederhandschrift, um 1310, Heidelberg cpg 848.

Guebin, Pascal; Lyon, Ernest: Petri Vallium Sarnaii Monachi Hystoria Albigensis, 2 Bde., Paris 1926-1939.

Harms, B.: Der Stadthaushalt Basels im ausgehenden Mittelalter, Bd. II, Basel 1909.

Hefele, Carl Joseph: Histoire de conciles d`après les documents originaux Nouvelle traduction francaise corrigée et eugmentée par H. Leclercq, I, Nachdruck der Ausgabe Paris 1907, Hildesheim/New York 1973.

Heinrici Chronicon Lyvoniae. Ed. G. H. Pertz, MGH SS XXIII, Hannover 1874.

Histoire de Guillaume le Maréchal, hg. von P. Meyer, Bd. I, Paris 1891.

Historia archiepiscoporum Bremensium – Geschichtsquellen des Erzstiftes und der Stadt Bremen, hrsg. von Martin Lappenberg, Bremen 1841.

Ipsiroglu, M. S.: Saray-Alben (Verzeichnis der orientalischen Handschriften in Deutschland, Bd. 8), Wiesbaden 1964.

Isidor von Sevilla: Etymologiae. Ed. W.M. Lindsay, Oxford 1911.

Johannes de Garlandia: Dictionarius. In: Tony Hunt (Hrsg.): Teaching and Learning Latin in thirteenth-century England, Bd. I, Cambridge 1991, S. 191-203.

Johannes de Garlandia: Dictionarius. In: Wright, Thomas: Volume of vocabularies,..., London 1853, S. 120-138.

Jurischütz, Niklas (Freiherr zu Günz): Des Türcken erschröckenliche belegerung der Stat und Schloß Günz, Güns 1532.

Kyeser, Conrad: Bellifortis – Faksimile d. Göttinger Pergamenthandschrift Ms. philos. 63. Umschr. u. übers. von Götz Quarg, Bd. 1.2., Düsseldorf 1967.

Laurent, J.: Aachener Stadtrechnungen aus dem 14. Jahrhundert, Leipzig 1866.

Le Grandes Chroniques de France (Frankreich um 1325-1350). British Library, Royal MS 16 GVI, f. 345v.

Linck, Wenceslaus: Historia Baleatij Capelle / Wie der Herzog zu Mailand / Franciscus / widereingesetzt ist / vom 21.jar bis inn das 30., verdeudschet durch D. Wencelaum Linken, o.O. 1538. [HAB Wolfenbüttel: T989.4 Helmst.1-17].

Lipowski, Felix Josef: Des Flavius Vegetius Renatus fünf Bücher über Kriegswissenschaft und Kriegskunst der Römer, Sulzbach 1827.

Lottes, Michael: Eroberung / Plünderung und Schleifung des Schloss und Stadt Sanct Paul / der Stadt Monterol und Sanct Rickir / Sampt der Belegerung der Stadt Terruana inn Franck Reich, Erfurt oder Magdeburg 1537.

Machiavelli, Nicolo: Libro dell arte della guerra. Deutsch: Kriegskunst, Mümpelgardt 1623.

Magdeburger Schöppenchronik, hrsg. von K. Janicke (Die Chroniken der deutschen Städte Bd. 7), Leipzig 1869.

Marco Polo: Il Milione – Die Wunder der Welt. Übersetzung aus altfranzösischen und lateinischen Quellen von Elise Guignard, Zürich 1983.

Marinus Sanutus: Dictus Torsellus. Liber secretorum Fidelium Crucis super Terrae Sanctae recuperatione et conservatione. In: R. Schneider: Die Artillerie des Mittelalters, Berlin 1910, S. 93-98.

Muenster, Sebastian: Cosmographei, Mappa Europae, o.O. 1537.

Muenster, Sebastian: Cosmographey – das ist Beschreibung aller Länder [...], Basel 1614.

Muenster, Sebastian: Cosmographey oder Beschreibung aller Länder [...], Basel 1578.

Muhammad ben Garir al-Tabari: kitab ahbar al-rusul wa-l-muluk, Ed. M.J. de Goeje, Leiden 1879.

Murda b. Ali b. Murda at-Tarsusi, Tabsirat arbab, Bodleian Library Oxford, Hunt. 264, fol. 80v.

Neumayr, Johann Wilhelm: Erinnerung und Regeln von Kriegswesen, Jena 1630.

Johann Hartlieb (Pseudo-): Kriegsbuch, um 1411, Österreichische Nationalbibliothek Wien, Cod. 3069.

Otoboni annales. Ed. G. H. Pertz, MGH SS XVIII, Hannover 1863.

Ottonis et Rahewini Gesta Friderici I. imperatoris, ed. Georg Waitz u. Bernhard von Simson, MGH SS rer. Germ. in us. scol. XLVI, Hannover 1912.

Paulus Diaconus: Historia Langobardum. Ed. G. Waitz, MGH SS rer. Germ. in us. scol. IIL, Hannover 1878.

Petrus Ansolino de Ebulo: Liber ad honorem augusti sive de rebus siculis carmen. In: Muratori, Rerum Italicarum Scriptores, N.S.XXXI/1, Città di Castello 1904.

Petrus de Ebulo: Liber ad honorem Augusti sive de rebus Siculis – Codex 120 II der Burgerbibliothek Bern, hrsg. von Theo Kölzer und Marlis Stähli, Sigmaringen 1994.

Pierre des Vaux-de-Cernay: Historia Albigensis. Aus dem Lateinischen ins Deutsche übertragen, hrsg. und mit einem Nachwort versehen von Gerhard E. Sollbach, Zürich 1996.

Pierre des Vaux-des-Cernay: Historia Albigensis. Migne PL 213, Sp. 543-712.

Radulf von Caen: Gesta Tancredi. RHC Occ. III, Paris 1866.

Ramelli, Agostino: Le Diverse et Artificiose Machine, Paris 1588; ed. by Gregg Farnborough, New York 1970.

Ramelli, Agostino: Schatzkammer / Mechanischer Künste, Deutsch, o.O. 1620 (Nachdruck, Hannover 1976).

Reinhart Graf zu Solms: Kriegsbuch, Solms 1559.

Renner, Johann: Chronica der Stadt Bremen. Staats- und Universitätsbibliothek Bremen, Brem.a.96 (Bd. 1) und Brem.a.97 (Bd. 2).

Revaler Zollbücher und Quittungen des 14. Jhrdts., Hansische Geschichtsquellen Bd. V, hrsg. von Wilhelm Stieda, Halle 1887.

Robertus de Remigio: Hienach volgt ein warhaft und bewehrte histori / wie die türcken im anderen geschlecht der unggleübigen die christenlichen kirchen vor vil jaren in manigerly weiß angefochten [...], Augsburg 1482.

Rodis belegerung [24 Flugschriften, HAB Wolfenbüttel: 108.17Qudl.1-42] um 1520-1522.

Roland von Patavia: Chronica. MGH SS XIX, Hannover 1866.

Rosla, Heinrich: Herlingsberga. In: Heinrich Meiboom: Rerum Germanicarum, tom. III-I. Historicus Germanicos, Helmeastad 1688, S. 775-783.

Royal MS 19 DI, British Library, f.3.

Schedel, Hartmann: Liber chronicarum, dt. von Georg Alt, Wilhelm Pleydenwurff u. Michael Wolgemut. (Faksimile-Nachdruck d. Ausgabe), Nürnberg, Koberger 1493, New York / Brüssel 1966, Blatt LXIIII.

Schwach, Johannes: Von der Artigliaria, Dresden 1624.

Stromer, Ulman: Büchel von meim geflechet und von abentewr. 1349-1407. In: Die Chroniken der deutschen Städte I, Nürnberg I, Leipzig 1862.

Taccola, Mariano: De ingeneis, Liber primus Leonis, liber secundus draconis, addenda Books I and II, on engines, and addenda (The Notebook), by Gustina Scaslia, Frank D. Prager, Ulrich Montag, Facsimile of clm 197, part II in the Bayr. Staatsbibliothek, with additional Reproductions from Add 34113 in the British Library, London and from the codex Santini in the collection of A. Santini Urbino, o.O., o.J.

Taccola, Mariano: De rebus militaribus. Mit dem vollständigen Faksimile der Pariser Handschrift, hrsg., übers. und kommentiert von Eberhard Knobloch, Baden-Baden 1984.

Tatius, Marcus: Dictyn Cretensem, wahrhaftige histori und beschreibung von dem Trojanischen Krieg, Augsburg 1540.

Thickhill Psalter, New York, Public Library Spencer ms. 26, fol. 99v.

Ulfano, Diego: Tratado de la artilleria. Deutsch, Zütphen 1630.

Urkunden und Regesten aus dem kk. Statthalterei-Archiv in Innsbruck, Teil II, hrsg. von David Schönherr (Jahrbuch der der kunsthistorischen Sammlung des Allerhöchsten Kaiserhauses, Bd. 2), Wien 1884.

Urkundenbuch der Stadt Goslar, hrsg. von der Historischen Commission der Provinz Sachsen, Bd. III, Halle 1900.

Urkundenbuch zur Berlinischen Chronik, hrsg. vom Verein für die Geschichte Berlins, Berlin 1869.

Vegetius Renatus, Flavius: De re militari. Deutsch. / Vier bucher der Rytterhafft. geschrieben mit mancherleyen gerysten. bolwercken und gebeuwen. Zu krygßleufften gehorick mit yren mosternn unnd fig. darneben verzeychent, Erfurt 1511.

Vegetius Renatus, Flavius: De re militari. Deutsch. / Vier bucher der Rytterhafft. geschrieben mit mancherleyen gerysten. bolwercken und gebeuwen. Zu krygßleufften gehorick mit yren mosternn unnd fig. darneben verzeychent. Mit einem Zusatz von Büchsengeschoß / pulver / fewrwerck. Auff ain newes gemeert unnd gebessert. Augsburg 1529.

Vegetius Renatus, Flavius: De re militari libri quatuor; post omnes omnium editiones ope veterum librorum correcti. Antwerpen 1585.

Vegetius Renatus, Flavius: De re militari libri. Accedunt Frontini Strategematibus eiusdem auctoris alia opuscula. Cum Commentariis aut Notis God. Stewechii & Fr. Modii., Antwerpen 1607.

Villard de Honnecourt. Hrsg. von: H. R. Hahnloser: Kritische Gesamtausgabe d. Bauhüttenbuches, Ms. fr19093 der Pariser Nationalbibliothek. Nachdr. der Ausgabe Wien 1935. 2. rev. und erw. Auflage, Graz 1972.

Wallhausen, Johann Jacobi von: Manuale Militare oder Kriegsz Manual, Frankfurt 1616.

Walter von Milimete: De nobilitatibus, Oxford, Bibl. der Christ Church MS92, fol. 67r; 70v.

Wilhelm von Tyrus, RHC Occ. I, Paris 1844.

Wilhelm von Tyrus: Historia, Ms 828, bibliotheque municipale de lyon, fol. 33r.

Wilhelmi conquistoris gesta a Wilhelmo Pictavensi Lexoviorum archidiacono, contemporaneo scripta. Migne PL 149, Paris 1853, Sp. 1217.

Wolfram von Eschenbach: Parzival, hrsg. von Karl Lachmann, Berlin 1891.

Zimmersche Chronik, urkundlich berichtet von Graf Froben Christoph von Zimmern und seinem Schreiber Johannes Müller, nach der von Karl Barack besorgten zweiten Ausgabe neu hrsg. von Paul Herrmann, 4 Bde., Meersburg 1932.

Literatur

Abattouy, Muhammad: The Arabic Tradition of Mechanics: General Survey and a first Account on the Arabic Works on the Balance (International Workshop: Experience and knowledge Structures in Arabic and Latin Sciences), hrsg. v. Max-Planck-Institut für Wissenschaftsgeschichte, Reprint 76, Berlin 1997.

Anderson, William: Burgen Europas – Von der Zeit Karls des Großen bis zur Renaissance, München 1971.

Angermann, Heinrich: Ausweitung des Kampfgeschehens und psychologische Kriegsführung im frühen Mittelalter, Diss.Würzburg 1971.

Ayton, Andrew; Price, J.L.: The Medieval Military Revolution, New York 1995.

Baatz, Dietwulf: Recent finds of Ancient Artillery, In: Britannia IX (1978), S. 1-17.

Barcio, Bernhard F.: Catapult Design, Construction and Competition, Pompeiiana, Indianapolis, Indiana 1978.

Becher, Matthias: Eid und Herrschaft – Untersuchungen zum Herrscherethos Karls des Großen (=Vorträge und Forschungen, hg. vom Konstanzer Arbeitskreis für mittelalterliche Geschichte, Sonderband 39), Sigmaringen 1993.

Beffeyete, Renaud: Les machines de guerre au Moyen Age, Rennes 2000.

Bergdolt, Klaus: Der schwarze Tod in Europa, München 1994.

Bergdolt, Klaus: Die Pest 1348 in Italien. 50 zeitgenössische Quellen. Mit einem Nachwort von Gundolf Keil. München 1989.

Berwinkel, Holger: Friedrich Barbarossas Krieg gegen Mailand (1158-1162) unter besonderer Berücksichtigung der Belagerungen. (= Diss. phil. masch. Philipps-Universität) Marburg 2004.

Biener, Clemens: Waffennamen zur Zeit Kaiser Maximilians I. In: Wörter und Sachen – Kulturhistorische Zeitschrift für Sprach- und Sachforschung, Bd. XVI, 1934.

Blesson, Louis: Geschichte des Belagerungskrieges oder der offensiven Befestigung, Berlin 1835.

Bonaparte, Louis Napoleon: Über die Vergangenheit und Zukunft der Artillerie, übers. u. hrsg. von H. Müller, Berlin 1857.

Bradbury, Jim: The medieval siege, Woodbridge 1992.

Brockhaus/Wahrig: Deutsches Wörterbuch, Bd. 1, Wiesbaden 1980.

Brockman, Eric: The two sieges of Rhodos 1480-1522, London 1969.

Brunner, Horst (Hrsg.): Der Krieg im Mittelalter und in der frühen Neuzeit: Gründe, Begründungen, Bilder, Bräuche, Recht (=Imagines medii aevi, Bd. 3), Wiesbaden 1999.

Buchanan, Brenda J.: Gunpowder – The History of an International Technology.

Chevedden, Paul E.; Eigenbrod, Les; Foley, Vernard; Soedel, Werner: Das Trebuchet – Die mächtigste Waffe des Mittelalters. In: Spektrum der Wissenschaft, 9/95, S. 80-86.

Chevedden, Paul E.: Artillery in Late Antiquity: Prelude to the Middle Ages. In: Corfis, I.A.; Wolfe, M.: The medieval city under siege, Woodridge 1995, S. 131-176.

Chevedden, Paul E.; Shiller, Zvi; Gilbert, Samuel R.; Kagay, Donald J.: The Traction Trebuchet: A Triumph of Four Civilizations. In: Viator 31, 2000, S. 433-486.

Chevedden, Paul E.: The Citadel of Damascus – Ann Arbor / Mich.: Univ. Microfilms internat., 1990. Autorized facs.- Los Angeles/Calif., Univ. of California, (= Diss.1986).

Clephan, Robert C.: The defensive armour and the weapons and engines of war of medieval times and of the „Rennaisance“, London 1900.

Contamine, Philippe: War in the Middle Ages, Oxford 1984.

Crosland, J.: William the Marshal, London 1962.

Daniels, E.: Geschichte d. Kriegswesens, Bd. II – Das mittelalterliche Kriegswesen, Leipzig 1910.

De Vries, Kelly: Medieval Military Technology, Broadview Press 1992.

Demmin, August: Die Kriegswaffen in ihren geschichtlichen Entwicklungen von den ältesten Zeiten bis auf die Gegenwart. Band I, Leipzig 1893, Nd. Hildesheim 1964.

Demmin, August: Die Kriegswaffen in ihren geschichtlichen Entwicklungen von den ältesten Zeiten bis auf die Gegenwart. Band II – Ergänzungen zu den vier Auflagen, Wiesbaden 1895/96, Nd. Hildesheim 1964.

Dick, Hans-Gerd / Wagner, Paul: Kailber 344 Millimeter – ein mittelalterliches Blidengeschoß aus Zülpich. In: Archäologie im Rheinland 2001, hrsg. v. Landschaftsverband Rheinland, Stuttgart 2002, S. 135-137.

Dictionary of scientific biography, New York 1970.

Die Deutsche Literatur des Mittelalters. Verfasserlexikon. Begr. v. Wolfgang Stammler, hrsg. von Kurt Ruh zus. mit Gundolf Keil, Berlin/New York, Bd. 5, 1985.

Dittmar, Karl: Über den Einfluß der Entwicklung der technischen Kampfmittel auf die Kampfführung. (Militärwissenschaftliche Aufsätze, H. 18), Berlin (Ost) 1958.

Duby, Georges: Guillaume le Maréchal oder der beste aller Ritter, Frankfurt/M 1986.

Du Cange: Glossarium mediae et infimae latinitatis, Bd. VIII, Niort 1887.

Dufour, G. H.: Memoire sur l'artillerie des anciens et sur celle du moyen-age, Paris 1840.

Erben, W.: Beiträge zur Geschichte des Geschützwesens im Mittelalter. III: Der Onager bei Ammian, ZhWK VII (1936), S. 117-122.

Erben, Wilhelm: Kriegsgeschichte des Mittelalters. (Historische Zeitschrift, Beih.16), München 1929.

Evans, Joan (Hrsg.): Blüte des Mittelalters, München 1980.

Favé, J.; Louis Napoleon Bonaparte: Etudes sur le passe et l`avenir de l`artillerie, Paris 1846-71.

Feldhaus, F. M.: Die Technik der Antike und des Mittelalters, Potsdam 1930.

Feldhaus, F. M.: Die Technik der Vorzeit, der Geschichtlichen Zeit und der Naturvölker – Ein Lexikon, 2. Aufl. 1964.

Feuerle, Mark: Blide, Balliste, Onager – Beiträge in: Kein Krieg ist heilig – Die Kreuzzüge, Katalog zur Ausstellung des Bischöflichen Dom- und Diözesanmuseums Mainz, hrsg. v. H.-J. Kotzur, Mainz 2004.

Feuerle, Mark: Das Hebelwurfgeschütz – Eine technische Innovation des Mittelalters. In: Technikgeschichte (TG) Bd. 69 (1/2002), S. 1-39.

Feuerle, Mark: Garnison und Gesellschaft – Nienburg und seine Soldaten (Schriftenreihe der Neuhoff-Fricke Stiftung), Bremen 2004.

Feuerle, Mark: Springolf, Mange, Trebuchet – Die Belagerungstechnik des Mittelalters. In: Karfunkel – Zeitschrift für erlebbare Geschichte, H. 3, 2004.

Fries, N.: Das Heerwesen der Araber zur Zeit der Omaijjaden nach Tabari, Tübingen, 1921.

Fuller, J. F. C.: Armament and History, London 1946.

Funcken, Liliane u. Fred: Historische Waffen und Rüstungen des Mittelalters, München 1990.

Gessler, E.A.: Das schweizerische Geschützwesen zur Zeit des Schwabenkrieges, 1499 (Neujahrsbl. der Feuerwerker-Ges.), Zürich 1927-1929.

Gillmor, C. M.: Introduction of the Traction Trebuchet into the Latin West, In: Viator 12, 1981, S. 1-8.

Gmür, H.: Thomas von Aquino und der Krieg. (Beiträge zur Kulturgeschichte d. Mittelalters und der Rennaissance 51), o.O. 1933.

Gohlke, Wilhelm: Das Geschützwesen des Altertums und des Mittelalters. In: ZhWK 5, 1909-11, S. 193-199 u. 379-393 und ZhWK 6, S. 12-21 u. 61-64.

Goodrich, Norma Lorre: Die Ritter von Camelot – König Artus, der Gral und die Entschlüsselung einer Legende, München 1994.

Grabherr, Norbert: Das Antwerk. Seine Wirkungsweise und sein Einfluß auf den Burgenbau. In: Burgen und Schlösser 4 (1963), H. 2, S. 45-50.

Grassi, Giulio: Ein Kompendium spätmittelaterlicher Kriegstechnik aus einer Handschriftenmanufaktur (ZBZ, Ms. Rh. hist. 33b). In: Technikgeschichte, Bd. 63 (1996), Nr. 3., S. 195-236.

Grassi, Giulio: Ms. Rh. Hist. 33b – Eine kriegstechnische Bilderhandschrift aus dem Spätmittelalter im Besitze der Zentralbibliothek Zürich. Lizentiatsarbeit am Historischen Seminar Zürich, Typoskript, Zürich 1994.

Gravett, Christopher: Medieval siege warfare, London 1990.

Grimm, J.: Deutsches Wörterbuch, Bd. 11, 1. Abteilung, 2.Teil, Leipzig 1952.

Grote u. Brönneberg: Hannoversches Stadtrecht. In: Vaterländisches Archiv des historischen Vereins für Niedersachsen 1844.

Haase, C.: Die mittelalterliche Stadt als Festung. Wehrpolitisch-militärische Einflußbedingungen im Werdegang der mittelalterlichen Stadt, Neudruck in: Haase, C. (Hrsg): Die Stadt des Mittelalters, Bd. 1, Frankfurt 1978.

Haeger, John W.: Marco Polo in China? Problems with internal evidence. In: The bulletin of Sung and Yüan studies, Nr. 14, 1978.

Hagenmeyer, Christa: Kriegswissenschaftliche Texte des ausgehenden 15. Jahrhunderts: Schermers Basteibau, Wagenburgordnung, Feuerwerksrezepte. In: Leuvense Bijdragen: Tijdschrift voor moderne Filologie 56 (1967), S. 169-197.

Hägermann, Dieter: Das Karolingische Imperium – Ein Resultat kriegstechnischer Innovationen? In: Technikgeschichte Bd. 59 (1992) Nr. 4, S. 305-317.

Hall, Bert S.: The so-called „Manuscript of the Hussite Wars` Engineer“ and its technological Mileu. A study and Edition of Codex latinus monacensis 197, Part 1, Los Angeles 1971.

Hall, Rupert A.: Military Technology. In: Ch. Singer (Hrsg.): A History of Technology, Vol. III, Oxford 1957, S. 347-376.

Haman, Manfred: Überlieferung, Erforschung und Darstellung der Landesgeschichte in Niedersachsen. In: Patze, Hans (Hrsg.): Geschichte Niedersachsens, Bd. I, Hildesheim 1977.

Hansen, Peter Vemming: Experimental Reconstruction of a Medieval Trebuchet. In: Acta Archaeologica, vol.63, 1992, S. 189-208.

Hansen, Peter Vemming: Reconstructing a Medieval Trebuchet. In: Military Illustrated Past and Present, No. 27, 1990, S. 9-11 u. 14-16.

al-Hassan, Ahmad Y.: Islamic technology: an illustrated history. o.O. o.J.

Heimpel, H.: Conrad Kyeser aus Eichstätt – Bellifortis. Umschrift und Übersetzung G. Quarg. In: Göttingische Gelehrte Anzeigen 223,1/2, 1971, S. 115-118.

Heine, Hans-Wilhelm: ...und buweden vor 5 nige slote. In: Archäologie in Niedersachsen, Bd. 6 (2003), S. 59-63.

Hill, Donald: Trebuchets. In: Viator 4 (1973), S. 99-116.

Hogg, Jan: Fortress – a history of military defence. London 1977.

Hucker, Bernd Ulrich: Drakenburg – Weserburg und Stiftsflecken, Drakenburg 2000.

Hucker, Bernd Ulrich: Otto IV. – Der wiederentdeckte Kaiser, Frankfurt (M)/Leipzig 2003.

Hutchinson dictionary of scientific biography, ed. Roy Porter, 2. ed., Oxford 1994.

Huuri, Kalervo: Zur Geschichte des mittelalterlichen Geschützwesens aus orientalischen Quellen, Helsinki 1941.

Jähns, Max: Atlas zur Geschichte des Kriegswesens – Von der Urzeit bis zum Ende des 16. Jahrhunderts, Berlin 1878.

Jähns, Max: Geschichte der Kriegswissenschaften, Bd. I (Geschichte der Wissenschaften in Deutschland, Bd. 21), München/Leipzig 1889.

Jähns, Max: Handbuch einer Geschichte des Kriegswesens, Leipzig/Berlin 1878-80.

Johannsen, Otto: Biringuccios Pirotechnia. Ein Lehrbuch der Chemisch-metallurgischen Technologie und des Artilleriewesens aus dem 16. Jh., Braunschweig 1925.

Jones, Terry / Ereira, Alan: Die Kreuzzüge, München 1995.

Karlen, Arno: Die fliegenden Leichen von Kaffa – Eine Kulturgeschichte der Plagen und Seuchen, New York 1995

Keen, Maurice H.: The Laws of War in the Late Middle Ages. London 1965.

King, Gorgiana Goddard: Divigations on the Beatus. In: Art Studies VIII (1930), 57.

Kirchschlager, Michael: Bliden und Triböcke. Die schwere Artillerie des Mittelalters. In: Kreddigkeit, J. (Hrsg.): Burgen, Schlösser, Feste Häuser. Kaiserslautern 1997, S. 119-128.

Kirchschlager, Michael: Das teuflische Werkzeug, Weißensee/Thür. 1995.

Kirchschlager, Michael / Berwinkel, Holger u.a.: Die Geschichte der Stadt Weißensee – Von den Anfängen bis zur Gegenwart. Festschrift anläßlich des 800 jährigen Marktrechtes der Stadt Weißensee 1998, hrsg. v. der Stadt Weißensee, Erfurt 1998.

Klemm, Friedrich: Geschichte der Technik, Reinbek 1983 (Erweiterte u. verbesserte Auflage der Ausgabe Freiburg 1961).

Klink, Lieselotte: Johann Renner – Chronica der Stadt Bremen, Bremen 1995.

Köchly, H.; Rüstow, W.: Griechische Kriegsschriftsteller, Osnabrück 1969 (Reprint d. Ausgabe Leipzig 1853/55).

Köhler, Gustav: Die Entwicklung des Kriegswesens und der Kriegsführung in der Ritterzeit. 3 Bde., Breslau 1886-89.

Kolias, Taxiarchis G.: Byzantinische Waffen – Ein Beitrag zur byzantinischen Waffenkunde von den Anfängen bis zur lateinischen Erorberung (=Byzantina Vindobonensia XVII), Wien 1988.

Kortüm, Hans-Henning (Hrsg.): Krieg im Mittelalter, Berlin 2001.

Kramer, Gerhard: Berthold Schwarz, Chemie und Waffentechnik im 15. Jh., München 1995.

Kromayer, Johannes; Veith, Georg: Heerwesen und Kriegführung der Griechen und Römer, hrsg. von Walter Otto, München 1928.

Kurze, Friedrich: Über die fränkischen Reichsannalen und ihre Überarbeitung; in: Neues Archiv 19, (1894), S. 295-329; 20, (1895), S. 9-49; 21, (1896), S. 9-82; 26, (1901), S. 153-164; 28, (1903), S. 619ff; 29, (1904); 39, (1914).

Lammert, R.: Die antike Poliorketik und ihr Weiterwirken. In: Klio 31 (1938), S. 389-411.

Langendorf, J.-S.: Guillaume-Henri Dufour, General – Kartograph – Humanist, Luzern 1987.

Lendle, Otto (Hrsg.): Palingenesia XIX, Texte und Untersuchungen zum technischen Bereich der antiken Poliorketik, Wiesbaden 1983.

Leng, Rainer: Ars belli – Deutsche taktische und kriegstechnische Bilderhandschriften und Traktake im 15. und 16. Jahrhundert, 2 Bde., Wiesbaden 2002.

Leng, Rainer: Anleitung Schießpulver zu bereiten, Büchsen zu laden und zu beschießen: eine kriegstechnische Bilderhandschrift im cgm 600 der Bayerischen Staatsbibliothek München (=Imagines medii aevi, Bd. 5). Hrsg. v. Rainer Leng. Wiesbaden, 2000.

Leng, Rainer: getruwelich dienen mit Buchsenwerk. Ein neuer Beruf im späten Mittelalter: Die Büchsenmeister. In: Strukturen der Gesellschaft im Mittelalter – Interdisziplinäre Mediävistik in Würzburg, hrsg. v. Dieter Rödel u. Joachim Schneider, Wiesbaden 1996, S. 302-321.

Lindgren, Uta (Hrsg.): Europäische Technik im Mittelalter – 800 bis 1200 Tradition und Innovation, 2. Aufl. Berlin 1997.

Lorenz, Ottokar: Deutschlands Geschichtsquellen im Mittelalter – seit der Mitte des Dreizehnten Jahrhunderts, Berlin 1876.

Ludwig, Karl-Heinz; Schmidtchen, Volker: Metalle und Macht, (Propyläen Technikgeschichte Bd. 3), Frankfurt/M 1992.

Mäesalu, Ain: Heitemasinad muistses vabadusvoitluses (Wurfmaschinen im frühgeschichtlichen Freiheitskampf). In: Muinasaja loojangust omariikluse läveni, Tartu 2001

Mandelsloh, Werner von: Dietrich von Mandelsloh und seine Brüder Heineke und Statius in den Wirren des Lüneburger Erbfolgestreites und der „Sate“, Berlin 1998.

Manucy, Albert: Artillery through the Ages, Washington 1949.

Marsden, E. W.: Greek and Roman Artillery. Historical Development, Oxford 1969.

Martin, Paul: Waffen und Rüstungen von Karl d. Großen bis zu Ludwig XIV, Frankfurt/Main 1967.

Mayer, Hans Eberhard: Geschichte der Kreuzzüge, Stuttgart 1965.

McNeil, Ian (Hrsg.): An Encyclopaedia of the History of Technology, London/New York 1990, S. 974f.

Merlo, J.: Kölnische Künstler in alter u. neuer Zeit, hrsg. von Firmenich-Richartz u. H. Keussen, Köln 1895.

Meyer, Werner: Deutsche Burgen, Frankfurt 1969.

Milger, Peter: Die Kreuzzüge, München 1988.

Mithoft, Wilhelm H.: Kunstdenkmale und Alterthümer im Hannoverschen, Bd. I, Hannover 1871, S. 163-165.

Mrusek, Hans Joachim: Burgen in Europa, Erfurt 1975.

Needham, J. & Yates, R.: Military Technology: Missiles and Sieges. In: Science and Civilizations in China, Bd. V/6, Cambridge 1995.

Needham, J.: Chinas trebuchets, manned and counterweighted. In: B.S. Hall & D.C. West (Hrsg.): On pre-modern technology and science, Malibu 1976, S. 107-145.

Nicolle, David C.: Arms and Armour of the Crusading Era 1050-1350, White Plains, New York 1988.

Niesolowski, Gawin von: Ausgewählte Kapitel der Technik mit besonderer Rücksicht auf militärische Anwendungen. Vorlesungen über Naturwissenschaften, gehalten an der K.u.K. Kriegsschule, Bd. 1.2. Wien 1904.

Ohler, Norbert: Krieg und Frieden im Mittelalter, München 1997.

Parker, Geoffrey: The military Revolution: Technological Innovation and the Rise of the West, 1500-1800, Cambridge 1988.

Partington, James A.: A History of Greek Fire and Gunpowder, Cambridge 1960.

Payne-Gallwey, Ralph W. F.: A summary of the history, Construction and Effects in Warfare of the projectile-throwing engines of the ancients, London 1907.

Payne-Gallwey, Ralph W. F.: The Crossbow, London 1958 (Nd. d. Ausg. London 1903).

Piper, Otto: Burgenkunde, Augsburg 1993 (Neudr. d. 3. Aufl. 1912).

Pirenne, Jacques: Die großen Strömungen in der Weltgeschichte, Bd. 2, Bern 1945.

Pöhlmann, Martin: Untersuchungen zur älteren Geschichte des antiken Belagerungsgeschützes, Erlangen 1912.

Popplow, Marcus: Die Verwendung von lat. machina im Mittelalter und in der frühen Neuzeit. In: Technikgeschichte, Bd. 60, S. 7-24.

Popplow, Marcus: Militärtechnische Bildkataloge des Spätmittelalters. In: Krieg im Mittelalter, hrsg. v. Hans-Henning Kortüm, Berlin 2001.

Post, Paul: Waffen- und Kostümgeschichtliche Ausdeutung der Limburger Chronik. In: ZhWK 14 (1935-36) S. 177-183.

Prigge, Heinrich: Burg Tannensee bei Beckdorf im Kreise Stade. In: Harburger Jahrbuch 1958, S. 66-83.

Prigge, Heinrich: Steingeschoßfunde mittelalterlicher Wurfmaschinen. In: ZhWK 16 (1940-42), S. 136-142.

Prinz, Friedrich: Klerus und Krieg im früheren Mittelalter (Monographien zur Geschichte des Mittelalters, Bd. 2), Stuttgart 1971.

Rathgen, Bernhard: Das Drehkraftgeschütz im Streite der Meinungen. In: ZhWK X, 1923-25, S. 47-59.

Rathgen, Bernhard: Das Geschütz im Mittelalter. Neu herausgegeben und eingeleitet von Volker Schmidtchen. Reprint d. Ausgabe von 1928, Düsseldorf 1987.

Rathgen, Bernhard: Feuer- und Fernwaffen beim päpstlichen Heere im 14. Jahrhundert. In: ZhWK VII, 1915-1917, S. 1-15.

Rathgen, Bernhard: Feuer- und Fernwaffen des 14. Jahrhunderts in Flandern. In: ZhWK VII, 1915-1917, S. 275-306.

Rehm, A.; Schramm, E.: Bitons Bau von Belagerungsmaschinen und Geschützen, Griechisch und Deutsch (Abhandlungen der Bayerischen Akademie der Wissenschaften, Philosophisch-historische Abteilung, Neue Folge, 2), München 1929.

Rice, David Talbert: Islamic painting: a survey, o.O. 1971.

Sander, Erich: Der Belagerungskrieg im Mittelalter. In: HZ Nr. 165 (1942), S. 99-110.

Sander, Erich: Der Verfall der römischen Belagerungskunst. In: HZ Nr. 149 (1934), S. 457-476.

Schmidt, Erich: Untersuchung der Chronik des St. Peter-Klosters zu Erfurt. In: Zeitschrift des Vereins für thüringische Geschichte XII (1883), S. 107-184.

Schmidtchen, Volker: Bombarden, Befestigungen, Büchsenmeister. Eine Studie zur Entwicklung der Militärtechnik. Düsseldorf 1977.

Schmidtchen, Volker: Ius in bello und militärischer Alltag – Rechtliche Regelungen in Kriegsordnungen des 14. bis 16. Jahrhunderts. In: Brunner, Horst (Hrsg.): Der Krieg im Mittelalter und in der frühen Neuzeit: Gründe, Begründungen, Bilder, Bräuche, Recht (=Imagines medii aevi, Bd. 3), Wiesbaden 1999.

Schmidtchen, Volker: Kriegswesen im späten Mittelalter, Weinheim 1990.

Schmidtchen, Volker: Militärische Technik zwischen Tradition und Innovation am Beispiel des Antwerks. Ein Beitrag zur Geschichte des Kriegswesens. In: G. Keil (Hrsg.): gelerter der arzenie ouch apoteker. Beiträge zur Wissenschaftsgeschichte. Festschrift zum 70. Geburtstag v. Willem F. Daems. (=Würzburger Medizinhistorische Forschungen, Bd. 24), Pattensen 1982, S. 213-316.

Schmidtchen, Volker: Mittelalterliche Kriegsmaschinen. (=Veröffentlichungen des Stadtarchivs Soest für das Osthofentormuseum, Heft 1). Sonderdruck aus: G. Keil (Hrsg.): gelerter der arzenie ouch apoteker. Beiträge zur Wissenschaftsgeschichte. Festschrift zum 70. Geburtstag v. Willem F. Daems. (=Würzburger Medizinhistorische Forschungen, Bd. 24), Pattensen 1982, S. 213-316; Soest 1983.

Schmidtchen, Volker: Von den Mauern Jerichos zur neuzeitlichen Festung. Befestigung als technische, ökonomische und soziale Reaktion auf militärische Bedrohung im Verlauf der Geschichte. In: V. Schmidtchen (Hrsg.): Schriftenreihe Festungsforschung, Bd. 1, Wesel 1981, S. 9-32.

Schmidtchen, Volker: Waffentechnik im Mittelalter. In: Alte Burgen – Schöne Schlösser, Stuttgart/Zürich/Wien 1980, S. 272/73.

Schneider, Klaus Jürgen (Hrsg.): Bautabellen mit Berechnungshinweisen, Düsseldorf 1992.

Schneider, Rudolf: Die Artillerie des Mittelalters, Berlin 1910.

Schramm, Erwin: Die antiken Geschütze der Saalburg – Bemerkungen zu ihrer Rekonstruktion. (Neubearbeitung der Schrift „Griechisch-römische Geschütze"), hrsg. von der Saalburgverwaltung, Berlin 1918. (=Beiheft zum Saalburg-Jahrbuch 1980), Bad Homburg 1980 (Nachdruck der Ausgabe 1918).

Schramm, Erwin: Poliorketik. In: Kromayer, Johannes; Veith, Georg: Heerwesen und Kriegführung der Griechen und Römer, hrsg. von Walter Otto, München 1928, Kap. V.

Schultz, Alwin: Das höfische Leben zur Zeit der Minnesänger. 2. verm. u. verb. Aufl., Bd. 1.2., Leipzig 1889.

Schultz, Alwin: Deutsches Leben im XIV. und XV. Jahrhundert, Prag/Wien/Leipzig, 1892.

Sezgin, Fuat: Ibn Aranbuga az-Zardkas, Kitab al-Aniq fi l-managniq („hübsches Buch über Wurfmaschinen"). In: Kein Krieg ist heilig – Die Kreuzzüge, Katalog zur Ausstellung des Bischöflichen Dom- und Diözesanmuseums Mainz, hrsg. v. H.-J. Kotzur, Mainz 2004, S. 478.

Singer, Charles (Hrsg.): A History of Technology, edit. by Charles Singer, E.J. Holmyard, A.R. Hall and Trevor I. Williams, Vol. II., Oxford 1957.

Spence, Jonathan: Marco Polo – Fact or Fiction. In: Far Eastern Economic Review, Aug.22., 1996, S. 37-45.

Staatsbibliothek Preussischer Kulturbesitz: Kostbare Handschriften u. Drucke (Ausstellungskatalog Nr. 9), Wiesbaden 1978, S. 35-37.

Sybel, H.: Geschichte des ersten Kreuzzuges, 2. Aufl. Leipzig 1881.

Tarver, W. T. S.: The Traction Trebuchet: A Reconstruction of an Early Medieval Siege Engine. In: Technology and Culture, Januar1995, Vol. 36, Nr. 1, S. 136-167.

Toch, Michael: The Medieval German City under Siege. In: Corfis, I.A.; Wolfe, M.: The medieval city under siege, Woodridge 1995, S. 35-48.

Tschang-Un Hur: Die Darstellung der großen Schlacht in der deutschen Literatur des 12.u.13. Jahrhunderts. (Diss.), München 1971.

Villena, Leonardo (Hrsg.): Glossaire. Burgenfachwörterbuch des mittelalterlichen Wehrbaus in deutscher, engl., franz., ital., span. Sprache. Hrsg. vom Internationalen Burgeninstitut IbI, Frankfurt/M 1975.

Viollet-Le-Duc, Eugene Emmanuel: An Essay on the Military Architecture of the Middle Ages, Washington 1977 (Reprint d. Ausg. Oxford 1860).

Wackernagel, R.: Die Geschichte der Stadt Basel, Bd. I, Basel 1907.

Warner, Philip: Sieges of the Middle Ages, London 1968.

Warner, Philip: The medieval castle, London 1972.

Wattenbach, W.: Deutschlands Geschichtsquellen im Mittelalter bis zur Mitte des dreizehnten Jahrhunderts, 2 Bde, Berlin 1885/86.

Wattenbach-Levison: Deutschlands Geschichtsquellen im Mittelalter – Vorzeit und Karolinger, Heft I-V, bearb. Von Wilhelm Levison und Heinz Löwe, 1952-1973.

Wiedemann, E.: Beiträge zur Geschichte d. Naturwissenschaften. VI.: Zur Mechanik und Technik bei den Arabern. In: Sitzungsberichte der Physikalisch-medizinischen Sozietät in Erlangen, Bd. 37, Erlangen 1905, S. 1-56.

White, Lynn: Die mittelalterliche Technik und der Wandel der Gesellschaft, München 1968.

White, Lynn: Medieval Religion and Technology – Collected Essays, Berkeley/Los Angeles/London 1978.

White, Lynn: Medieval Technology and social change, Oxford 1962.

White, Lynn: Technology and Invention in the Middle Ages. In: Speculum 15 (1940), 141-59.

Winkle, Stefan: Kulturgeschichte der Seuchen, Düsseldorf / Zürich 1997.

Wood, Frances: Did Marco Polo go to China?, London 1995.

Zelenkovs, Andris: Dazas piezimes par metamo iericu pielietosanu Livonija 13.-14. gadsimta. In: Latvijas Kara muzeja gadagramata. II, Riga 2001, S. 8-32.

Zentner, Christian (Hrsg.): Weltgeschichte, Bd. 2, Köln 1988.

Zinn, K.G.: Historischer Evolutionsbruch oder Evolutionsbeschleunigung, Die Pestpandemie des 14.Jh. als Faktor sozialwissenschaftlichen Wandels. Eine Innovationstheoretische Deutung. In: Unternehmer u. technischer Fortschritt, hrsg. von Francesca Schinzinger, München 1996.

Zinn, K. G.: Kanonen und Pest, über die Ursprünge der Neuzeit im 14. und 15. Jahrhundert, Opladen 1989.

NEUERSCHEINUNGEN BEI GNT

Roland Hensel

Aufgebrochen.

Spur des Ostens: Deutsche Porträts mit Wirkung.

Gebundene Ausgabe, 16,7 × 24 cm

352 S., 82 Abb., ***34,80 €***
ISBN 978-3-86225-148-3

↗ gnt-verlag.de/1148

1969 beginnt in Jena ein Physiker-Jahrgang sein Studium. Er geht durch DDR, Wende und Gegenwart, erlebt Brüche, Aufbrüche und Erfolge. 37 Porträts zeigen aus erster Hand, wie ostdeutsches Know-how dieses Land mitprägte.

Von Laserforschung an der Universität bis zur Polymerforschung in Dresden: Wer sich in „MINT" bewegt – Mathematik, Ingenieur- und Naturwissenschaften sowie Technik –, lernt Ungewissheit zu meistern. Daraus entsteht Haltung. Daraus entsteht Gestaltungskraft. Daraus entsteht Motivation.

Wolfgang Ziegler u. a. (Hrsg.)

Friedrich Hunds langer Weg nach Göttingen

Wanderjahre und Grenzgänge eines Physikers in Leipzig und Jena 1945–1951

Gebundene Ausgabe, 14,8 × 21 cm

218 Seiten, 60 Abb., ***34,80 €***
ISBN 978-3-86225-146-9

↗ gnt-verlag.de/1146

Friedrich Hund gehörte zu den prägenden Köpfen der modernen Physik. Als Theoretiker lieferte er fundamentale Beiträge zur Elektronenstruktur von Atomen, als Hochschullehrer bewies er in den Umbruchjahren nach 1945 Haltung und Rückgrat.

Auf der Grundlage von Interviews, Dokumenten und Erinnerungen entsteht das lebendige Porträt eines Physikers, der Grenzen überschritt, ohne sich selbst zu verlieren. Ein Buch über Haltung, Mut, Maßstäbe und die Freiheit des Denkens.

Frank Kuschel

Zerrissene Wissenschaft

Der Physikochemiker Karl Lothar Wolf (1901–1969) in der Chemie des 20. Jahrhunderts

Gebundene Ausgabe, 14,8 × 21 cm

184 S., 68 Abb., ***34,80 €***
ISBN 978-3-86225-147-6

↗ gnt-verlag.de/1147

Karl Lothar Wolf war ein Getriebener – rastlos in der Forschung, ambitioniert in der Hochschulpolitik, oft konfliktreich im persönlichen Umgang. Als Physikochemiker hinterließ er wichtige Beiträge zur Molekülordnung und Grenzflächenforschung.

Früh bekannte er sich zum Nationalsozialismus und die politischen Umbrüche nutzte er, um seine Vorstellungen von akademischer Macht durchzusetzen – mit folgenreichen Konflikten für Kollegen, Institutionen und für ihn selbst.

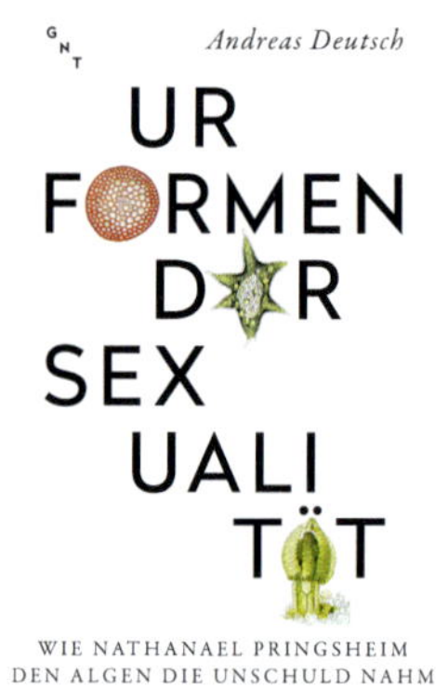

Alexander Kraft

Berliner Blau

Vom frühneuzeitlichen Pigment zum modernen Hightech-Material

Gebundene Ausgabe, 14,8 × 21 cm
312 Seiten., 90 überwiegend farbige Abb., **39,80 €**
ISBN 978-3-86225-118-6

↗ gnt-verlag.de/1118

Das Buch erzählt die spannende Geschichte eines tiefblauen Farbpigments, das vor drei Jahrhunderten als „Berliner Blau“ oder „Preußisch Blau“ seinen Siegeszug um die Welt begann und heute als Hightech-Material verwendet wird.

Mit der Darstellung der Kulturgeschichte und der heutigen Anwendungen legt der Autor eine umfassende Stoffgeschichte vor.

Andreas Deutsch

Urformen der Sexualität

Wie Nathanael Pringsheim den Algen die Unschuld nahm

Softcoverausgabe, 14,8 × 21 cm
260 Seiten, 160 Abb., **39,80 €**
ISBN 978-3-86225-142-1

↗ gnt-verlag.de/1142

Algen haben unsere Welt mit erschaffen, sie wandeln CO_2 in Sauerstoff um und ermöglichen unser Leben. Nathanael Pringsheim (1823 – 1894) war ein Zeitgenosse von Darwin und ein Nachfolger von Goethe in Jena.

Durch seine Algenforschung entdeckte er die Sexualität als grundlegendes Prinzip auch des „niederen“ Lebens und revolutionierte das damalige Verständnis der Biologie.

Bettina Braunschmidt

Geschichte der Rettung

Die Entstehung des Hamburger Rettungsdienstes zu Wasser, zu Land und aus der Luft

Gebundene Ausgabe, 14,8 × 21 cm
462 S., 43 Abb., **39,80 €**
ISBN 978-3-86225-121-6

↗ gnt-verlag.de/1121

Nichts im Ablauf eines Rettungseinsatzes ist selbstverständlich, das komplexe Zusammenspiel von Kommunikation, Technik und Berufsgruppen hat eine wechselhafte Entstehungsgeschichte.

Das vorliegende Buch erzählt davon, wie heutige Standards entstanden sind und sich stetig weiterentwickeln.

Bestellungen

versandkostenfrei direkt beim Verlag oder über jede Buchhandlung.

GNT Publishing GmbH
Lasiuszeile 2, D-13585 Berlin
Telefon +49 (0)30 375 88 581
Telefax +49 (0)5441 594 7979
info@gnt-verlag.de
www.gnt-verlag.de

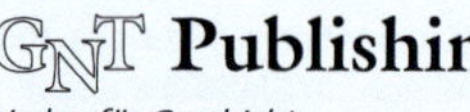

Verlag für Geschichte der Naturwissenschaften und der Technik

WWW.GNT-VERLAG.DE

Für Autoren

Manuskriptanfragen senden Sie bitte mit Exposé, Inhaltsverzeichnis, Probekapitel und Kurzbiografie an:

Ralf Hahn M.A.
hahn@gnt-verlag.de

Die Titel sind auch als E-Book erhältlich.

*5/260224